纺织服装类"十四五"部委级规划教材

新形态教材—纺织品技术丛书

国际纺织品检测技术

杨慧彤　李喜明　林丽霞　主编

徐焕立　刘宇翔　副主编

东华大学出版社·上海

图书在版编目(CIP)数据

国际纺织品检测技术/杨慧彤,李喜明,林丽霞主编;
徐焕立,刘宇翔副主编. —上海:东华大学出版社,
2023.9
ISBN 978-7-5669-2262-5

Ⅰ.①国… Ⅱ.①杨… ②李… ③林… ④徐… ⑤刘
… Ⅲ.①纺织品—检测 Ⅳ.①TS107

中国国家版本馆 CIP 数据核字(2023)第 173736 号

国际纺织品检测技术

杨慧彤　李喜明　林丽霞　**主编**

徐焕立　刘宇翔　**副主编**

责任编辑 / 杜燕峰
封面设计 / 101STUDIO

出　　版 / 东华大学出版社(上海市延安西路 1882 号,200051)
本社网址 / http://www.dhupress.edu.cn
淘宝书店 / http://dhupress.taobao.com
营销中心 / 021-62193056　62373056　62379558
印　　刷 / 句容市排印厂
开　　本 / 787mm×1092mm　1/16
印　　张 / 15.75
字　　数 / 383 千字
版　　次 / 2023 年 9 月第 1 版
印　　次 / 2023 年 9 月第 1 次印刷
书　　号 / ISBN 978-7-5669-2262-5
定　　价 / 59.00 元

序　言

　　非常感谢杨慧彤、李喜明、林丽霞等老师和专家们急师生与厂家所急,群策群力编写了本书。该书全面、系统地介绍了纺织品检测的基本原理以及国内外相关检测标准、检测方法和典型仪器,既有理论阐述,也有应用实践,一方面可供纺织院校选作教材,另一方面也极大地满足了广大从业技术人员阅读参考的需求,是一本涵盖面广、专业性强又通俗易懂的纺织科技类书籍,将为纺织行业技术人才的培养、提升国内纺织品参与国际市场竞争的实力和技术水平提供可靠的保障。

　　长期以来,广东省的纺织和服装出口额一直居于中国纺织行业前列,轻工纺织业被广东省委省政府列为战略性支柱产业集群,得到了政府大力的支持,得以长足发展。2022年下半年至今,广东省政府又连续出台了《关于进一步推动纺织服装产业高质量发展的实施意见》《广东省纺织服装行业数字化转型指引》等系列政策,制定了"六化三地"高质量发展路径。当前,国际贸易格局正发生着深刻的变化,中国的科技和优势产业的发展面临世界愈演愈烈的竞争环境,这对以出口为主要特色的广东省纺织产业的发展带来了严峻的考验;省内众多纺织企业,在绿色发展作为刚性需求、人力和土地资源日益匮乏的情况下,正在进入一个产业优化配置、提质升级的调整阶段。因此,如何顺应形势变化,满足全球对可持续发展和可循环纺织品的客观要求,同时提升国内纺织品在品质、标准、检测、认证、设计与品牌等方面在国际市场的话语权,以保证中国纺织品的竞争优势,对当前我省纺织产业的整体规划与调整提出了新的更高的要求。

　　我相信,该书的出版和发行是非常及时的,将对我省纺织行业在人才教育和培养、产学研结合、产业提质升级、规范产品质量和市场准入的管理、保持行业竞争优势和高质量发展都有着积极和现实的意义。

　　再次感谢参与该书编写的各位老师和专家的辛勤劳动和付出!感谢各相关院校、检测机构和企业的大力支持和帮助!

广东省纺织工程学会理事长　陆少波

2023 年 9 月

前　言

广东是轻工纺织大省，"十三五"期间，全省轻工纺织产业规模以上企业实现工业增加值约占全省制造业营业收入的20%，占全国轻工纺织产业营业收入的20%。近年来，由于各类要素成本持续上涨、国际贸易壁垒增多，产品出口增速逐年下降。《广东省发展现代轻工纺织战略性支柱产业集群行动计划（2021—2025年）》提出了加速数字化赋能、推动产业重塑、供给创新、改善供给结构、加强质量建设、提升品牌质量和扩大开放合作水平的总体发展战略，强调要借助"一带一路"倡议及粤港澳大湾区建设契机，积极引导优势企业整合全球资源，加强国际先进技术、项目和人才引进力度；支持纺织、服装、皮革等行业提升现有专业贸易商圈；充分利用有基础的专业展会平台，打造行业的全球研发设计中心、供应链服务中心、展览中心和品牌营销中心。本书就是在此背景下产生的，以期通过校企合作，为地方产业服务，培养合适的技术人员，为产业升级赋能。

本书由浅入深、较系统地阐明了纺织品测试的基本原理，对国内外发展的新测试标准、方法和典型仪器进行了介绍。全书内容既有理论阐述，又有应用实践；既有知识层面的覆盖广度，又有教学应用层面的深度。项目教学还结合了教育部全国职业院校技能大赛"纺织品检测与贸易"中纺织品检测比赛相关项目，通过课赛结合，有利于培养符合国家战略发展的工匠型人才。

本书是一本内容较为完整的纺织测试技术书籍，是涉及基础和专业知识以及多学科交叉的教科书，可供纺织院校本科生、高职院校学生作为教材使用，也可供生产企业、测试中心、检验机构和研究单位的专业技术人员阅读参考。

为了提高学生使用本教材进行学习的直观效果，本书与广东省南粤质量技术研究院进行校企双元合作，在江门职业技术学院精品课程网站展示有课程相关的教学资料。

本教材主要由江门职业技术学院杨慧彤和林丽霞老师、广东省南粤质量技术研究院李喜明高级工程师、五邑大学纺织材料与工程学院徐焕立老师、广东省纺织工程学会刘宇翔先生共同编写。全书由杨慧彤副教授和李喜明高级工程师主编，林丽霞副教授负责定稿，具体章节编写人员如下：

项目一　纺织品检测与评价基础（李喜明/刘宇翔）

项目二　纺织标准基础（杨慧彤/徐焕立）

项目三　纺织纤维鉴别（林丽霞/刘宇翔）

项目四　常见纱线识别与检测（徐焕立/林丽霞）

项目五　面料识别与检测(林丽霞/徐焕立)

项目六　织物基本结构检测(李喜明/徐焕立)

项目七　纺织品耐用性检测(杨慧彤/李喜明)

项目八　纺织品外观保持性检测(杨慧彤/李喜明)

项目九　纺织品功能性检测(杨慧彤/李喜明)

项目十　纺织品舒适性检测(杨慧彤/李喜明)

项目十一　纺织品色牢度检测(杨慧彤/刘宇翔)

项目十二　纺织品生态安全性能检测(李喜明/徐焕立)

项目十三　纺织品检测实验室安全规则(徐焕立/林丽霞)

　　本书作为新形态教材加入了试验操作视频二维码,多媒体视频资料制作得到了浙江温州市大荣纺织仪器有限公司的大力协助,在此表示感谢。

　　由于国际纺织标准与测试技术发展迅速,尤其在数字化赋能下,检测技术发展更是日新月异,编者水平有限,本书在编写中有不当之处,望读者批评指正。

编者

2023.5

目 录

项目一

纺织品检测与评价基础

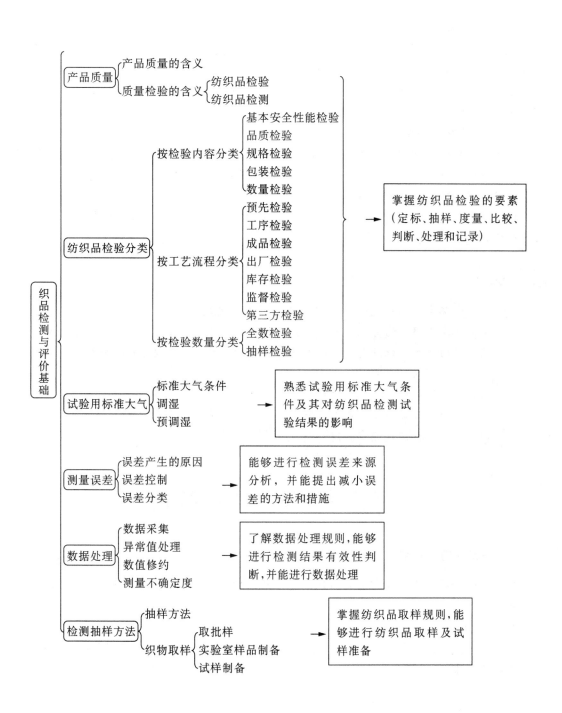

课程思政：了解国内外纺织产品检验的分类方法，纺织产品检验的发展方向与趋势，树立纺织品基本安全性能检验的重要性的意识和较强的质量意识、安全意识、环保意识。

任务一 产品质量的概念

1. 产品质量的含义

ISO 9000：2000 国际标准中对质量的描述："质量是指产品、体系或过程的一组固有的特性满足顾客和其他相关方要求的能力。"

纺织品质量（品质）是用来评价纺织品优劣程度的多种有用属性的综合，是衡量纺织品使用价值的尺度。

2. 质量检验的含义

对纺织产品而言，纺织品检验主要是运用各种检验手段对纺织品的品质、规格、等级等检验内容进行测试，确定其是否符合标准或贸易合同的规定。而纺织品检测是按规定程序确定一种或多种特性或性能的技术操作。

纺织品检验的结果不仅能为纺织品生产企业和贸易企业提供可靠的质量信息，而且也是实行优质优价、按质论价的重要依据之一。

想一想

1. 按纺织品生产工艺流程分类，纺织品检验分哪几类？
2. 国际标准中规定的标准大气条件包括哪些？
3. 为什么纺织品在标准大气环境中进行调湿时一定要由吸湿达到平衡？
4. 什么是吸湿滞后现象？
5. 数值修约的规则包括哪几项？
6. 纺织品检测误差产生的原因有哪些？如何进行误差因素的控制？
7. 织物检测取样应遵循哪些规则？

任务二 纺织品检验形式和种类

一、按检验内容分类

纺织品检验按其检验内容可分为基本安全性能检验、品质检验、规格检验、包装检验和数量检验等。

1. 基本安全性能检验

为保证纺织品在生产、流通和消费过程中，对人体健康无害，纺织品必须符合以下基本安全性能的要求：

$$\text{基本安全性能} \begin{cases} \text{甲醛含量} \\ \text{水萃取液 pH 值} \\ \text{色牢度} \begin{cases} \text{耐水色牢度(变色、沾色)} \\ \text{耐酸汗渍色牢度(变色、沾色)} \\ \text{耐碱汗渍色牢度(变色、沾色)} \\ \text{耐干摩擦色牢度(沾色)} \\ \text{耐唾液色牢度(变色、沾色)} \end{cases} \\ \text{禁用偶氮色料} \\ \text{重金属含量} \\ \text{异味} \end{cases}$$

想一想

为什么基本安全性能检验项目中不包括耐皂洗色牢度检测和湿摩擦色牢度检测？

2. 品质检验

影响纺织品品质的因素概括起来可以分为内在质量和外观质量，这也是客户选择纺织品时主要考虑的两个方面。

（1）内在质量检验：纺织品的内在质量是决定其使用价值的一个重要因素。其检验俗称"理化检验"，指借助仪器对纺织品物理量的测定和化学性质的分析，检查纺织品是否达到产品质量所要求的性能的检验。

（2）外观质量检验：纺织品的外观质量检验大多采用官能检验法。目前，已有一些外观质量检验项目用仪器检验替代了人的官能检验，如纺织品色牢度、起毛起球评级等。

$$\text{品质检验} \begin{cases} \text{内在品质} \begin{cases} \text{组成：纤维成分与含量} \\ \text{结构与规格：织物组织、密度、厚度、质量及幅宽} \\ \text{稳定性：尺寸变化率、外形稳定性} \\ \text{色牢度：耐皂洗色牢度、耐摩擦色牢度、耐光、汗复合色牢度、耐水浸/唾液/海水色牢度、} \\ \text{　　　　耐热压色牢度、耐氯化水(游泳池水)色牢度、耐日晒色牢度、耐汗渍色牢度、} \\ \text{　　　　耐氯漂色牢度} \\ \text{物理性能：拉伸断裂性能、撕裂性能、耐起毛起球、顶破强力、脱缝程度、} \\ \text{　　　　折皱回复性、缝缩性等} \\ \text{功能性能：悬垂性、拒水性能、阻燃性能、抗静电性能、防紫外线性能、透气性能、} \\ \text{　　　　透湿性能、刚柔性、热阻与湿阻} \end{cases} \\ \text{外在品质：色差、纬斜、外观疵点(局部性疵点、散布性疵点)} \end{cases}$$

3. 规格检验

纺织品的规格检验一般是对其外形、尺寸（如织物的匹长、幅宽）、花色（如织物的组织、图案、配色）、式样（如服装造型、形态）和标准量（如织物平方米质量）等的检验。

4. 包装检验

纺织品包装检验的主要内容包括核对纺织品的商品标记（包装标志）、运输包装（俗称大包装或外包装）和销售包装（俗称小包装或内包装）是否符合贸易合同与相关标准，以及其他有关规定。正确的包装还应具有防伪功能。

5. 数量检验

各种不同类型纺织品的计量方法和计量单位是不同的，如机织物通常按长度计量；针织物通常按质量计量;服装按数量计量。

由于各国采用的度量衡制度有差异,同一计量单位所表示的数量亦有差异。

如果按长度计量,必须考虑大气温湿度对其的影响,检验时应加以修正;如果按质量计量,则必须考虑包装材料的质量和水分及其他非纤维物质的影响。

常用的计算质量的方法有以下几种:

(1) 毛重:指纺织品本身质量加上包装质量。

(2) 净重:指纺织品本身质量,即除去包装质量后的纺织品实际质量。

(3) 公量:由于纺织品具有一定吸湿能力,其所含水分质量又受到环境条件的影响,故其质量很不稳定。为了准确计算质量,国际上采用"按公量计算"的方法,即用科学的方法除去纺织品所含的水分,再加上贸易合同或标准规定的水分所求得的质量。

二、按纺织品生产工艺流程分类

按纺织品生产工艺流程分类可分为预先检验、工序检验、成品检验、出厂检验、库存检验、监督检验、第三方检验等。

1. 预先检验

指加工投产前对投入原料、坯料及半成品等进行的检验,也称为投产前检验。例如,纺织厂对纤维、纱线的检验,印染厂对坯布的检验,服装厂对服装面料、里料及衬料等的检验。

2. 工序检验

指生产过程中,一道工序加工完毕,并准备做制品交接时,或当需要了解生产过程的情况时进行的检验,也称为生产过程中检验或中间检验。例如,纺织厂的坯布检验,服装厂流水线各工序间的检验。

3. 成品检验

指对成品的质量作全面检查,以判定其合格与否或质量等级。对可以修复又不影响产品使用价值的不合格产品,应及时交有关部门修复。同时也要防止具有严重缺陷的产品流入市场,做好产品质量把关工作,也称最后检验。

4. 出厂检验

对于成品检验后立即出厂的产品,成品检验即出厂检验。经成品检验后尚需入库贮存较长时间的产品,在其出厂前对产品的质量尤其是色泽、虫蛀、霉变等再进行一次全面的检验,也就是出厂检验。

5. 库存检验

对库存纺织品检验,防止质量变异。

6. 监督检验(质量审查)

一般由诊断人员负责诊断企业的产品质量、质量检验职能和质量保证体系的效能。

7. 第三方检验

当买卖双方发生质量争议需要仲裁以及国家(政府)为了监督产品质量、贯彻执行标准等情况时,需要第三方检验。第三方检验的条件是精良的技术、公正的立场和非营利目的,具有较强的专业性、更高的权威性,在法律上具有一定的仲裁性。

第三方检验是由上级行政主管部门、质量监督与认证部门以及消费者协会等第三方,或者客户委托的第三方,为维护买卖双方和消费者利益所进行的质量检验。如质量技术监督机构、商检机构及经权威机构认可的检验检疫机构等进行的检验。

生产企业为了表明其生产的产品质量符合规定的要求,也可以申请第三方检验,以示公正。

三、按检验数量分类

按检验产品的数量可分为全数检验和抽样检验。

1．全数检验

全数检验指对受检批中的所有单位产品逐个进行检验,也称全面检验或100%检验。

(1) 优点:具有较高的产品质量置信度。

(2) 缺点:批量大时,消耗大量人力、物力和时间,检验成本过高。

(3) 适用:适用于批量小、价值高、质量要求高、安全风险较大、质量特性单一、检验容易、不需要进行破坏性检验的产品。

2．抽样检验

抽样检验指按照统计方法从受检批中或一个生产过程中随机抽取适当数量的产品进行检验。从样本质量状况统计推断整批或整个过程产品质量的状况。

(1) 优点:检验批量小,避免了过多人力、物力、财力和时间的消耗,检验成本低,有利于及时交货。

(2) 缺点:产品质量置信度较低。

(3) 适用:适用于批量大、价值低、质量要求不高、安全风险较小、质量特性复杂、检验项目多、需要进行破坏性检验的产品。

任务三　纺织品试验用标准大气与测量误差

课程思政:掌握不同国家试验用标准大气条件适用情况和差异。掌握影响纺织品检测试验结果的因素,并能分析这些因素是如何影响测试结果的。养成努力解决实际问题,实事求是的科学态度。

一、纺织品试验用标准大气

纺织材料大多具有一定的吸湿性,其吸湿量主要取决于纤维的内部结构,同时大气条件对吸湿量也有一定影响。在不同大气条件下,特别是在不同相对湿度下,纺织材料的平衡回潮率不同。环境相对湿度增高会使材料吸湿量增加而引起一系列性能变化,如质量增加、纤维截面积变大、纱线变粗、织物厚度增加、织物长度缩短、纤维绝缘性能下降、静电现象减弱等。为了使纺织材料在不同时间、不同地点测得的结果具有可比性,必须统一规定测试时的大气条件,即标准大气条件。所谓的标准大气是指相对湿度和温度受到控制的环境,纺织品在此环境温度和湿度下进行调湿和试验。

标准大气亦称大气的标准状态,有温度、相对湿度和大气压力三个基本参数。其中相对湿度是指在相同的温度和压力条件下,大气中水蒸气的实际压力与饱和水蒸气压力的比值,以百分率表示。国际标准中规定的标准大气条件为:温度(T)为20 ℃(热带地域为27 ℃),相对湿度(RH)为65%,大气压力在86～106 kPa范围内(视各国地理环境而定,温带标准大气与热带标准大气的差异在于温度,其他条件均相同)。我国规定大气压力为1个标准大气压,即101.3 kPa(760 mm 汞柱)。

(1)国家标准GB/T 6529对纺织品调湿和试验用大气条件作出统一规定,见表1-1。

表1-1　GB/T 6529—2008 规定的纺织品试验用标准大气条件

项目		温度(℃)		相对湿度(%)	
		标准温度	允差	相对湿度	允差
标准大气		20	±2	65	±4
可选标准大气	特定标准大气	23	±2	50	±4
	热带标准大气	27	±2	65	±4

注:可选标准大气,仅在有关各方同意的情况下使用。

(2)ISO 139对纺织品调湿和试验用大气条件作出统一规定,见表1-2。

表1-2　ISO 139—2005 规定的纺织品试验用标准大气条件

项目		温度(℃)		相对湿度(%)	
		标准温度	允差	相对湿度	允差
标准大气		20	±2	65	±4
可选标准大气	特定标准大气	23	±2	50	±4

(3)ASTM D1776/D1776M,适用于ASTM 和 AATCC标准中有调湿和大气条件要求的测试。标准中规定了纺织品调湿和测试的标准大气的温度为(21±2)℃,相对湿度为(65±5)%。

二、调湿

纺织材料的吸湿或放湿平衡需要一定时间。同样条件下,由放湿达到平衡较由吸湿达到平衡时的平衡回潮率要高,这种因吸湿滞后现象带来的平衡回潮率误差,会影响纺织材料性能的测试结果。因此,在测定纺织品的物理机械性能之前,检验样品必须在标准大气下放置一定时间,并使其由吸湿达到平衡回潮率,这个过程称为调湿处理。

验证达到调湿平衡的常用办法是:将进行调湿处理的纺织品放置在标准大气环境下进行调湿,每隔2 h连续称重,其质量递变(递增)率不大于0.25%,则可视为达到平衡状态。当采用快速调湿时,纺织品连续称量的间隔为2~10 min。

若不按上述办法验证,一般纺织材料调湿24 h以上即可,合成纤维调湿4 h以上即可。但必须注意,调湿期间应使空气能畅通地通过需调湿的纺织品,调湿过程不能间断,若被迫间断,必须重新按规定调湿。

ASTM D1776/D1776M规定在标准大气环境中调湿平衡时,除非另有规定,纺织品间隔不少于2 h连续称量的质量递变率不超过0.2%时,即可认为达到平衡状态。对于织物单层平铺调湿时,可以按规定的时间进行调湿,调湿时间分别为动物纤维(羊毛、羊绒等)8 h;植物纤维(棉、麻等)6 h;醋酯纤维4 h;相对湿度65%时回潮率低于5%的纤维2 h。如果织物含有多种纤维,则以平衡时间最长的纤维为准。调湿平衡后的试样需在标准大气中进行测试。

三、预调湿

为消除纺织材料的吸湿滞后现象对其检验结果的影响,使同一样品达到相同的平衡回潮率,在调湿处理中,统一规定由吸湿方式达到平衡。当样品在调湿前比较潮湿时(实际回潮率接近或高于标准大气的平衡回潮率),为了确保样品能在吸湿状态中达到调湿平衡,需要进行预调湿。

预调湿的目的是降低样品的实际回潮率,通常规定预调湿的大气条件为:温度不超过50 ℃,相对湿度为 10％～25％。样品在上述环境中每隔 2 h 连续称重,其质量递变(递减)率不超过 0.5％,即可完成预调湿。一般样品预调湿 4 h 便可达到要求。

四、测量误差

任何一种测量都不可能得到被测对象的真实值,测量值只是真实值的近似反映。通常把测量值和真实值之间的偏差,称为测量误差。测量结果的准确程度用测量误差表示,误差越小,测量就越准确。

测量误差是由各种各样的原因产生的,要完全掌握并消除一切测量误差的来源是不可能的。

1. 误差产生的原因

检测误差产生的原因是多方面的,主要表现在五个方面:计量器具与设备的误差、环境条件的误差、检测方法的误差、检测人员的误差和受检产品的误差。

2. 对误差因素的控制

(1)计量器具与设备的选择:在满足准确度的前提下,应选择相应级别的计量器具和设备进行检测。若采用高级别的计量器具和设备去检测要求低的产品,就会使检测成本增加;若使用低级别的计量器具和设备去检测要求高的产品,其检测结果就会达不到技术规定的准确度,也不符合标准要求。

(2)检测环境与检测过程的控制:纺织品质量检测应在符合要求的环境中进行,对检测环境的控制是提高检验结果准确度的必要条件之一。

(3)检测方法的选择:纺织品同一质量项目的测定在标准中常有几种检验方法。理论上讲,不同的检验方法对质量项目的检测结果应完全相同,但实际上却常有差异。这除了与检验人员的主观条件和实验室的具体情况有关外,也与同一检测项目的不同检验方法所采用的仪器设备和试剂的种类不同,造成检验结果的差异有关。

因此,在检验工作中,要求检验人员在执行标准的前提下,熟悉和掌握不同检验方法的特点和差异,根据试样的种类和性质,以及对检测结果准确度的要求,选择最合适的检验方法。

(4)对检测人员的要求:降低检测误差,提高检测结果的准确度,关键在于提高检测人员的素质。只有要求严格、训练有素的人,才能较好地完成检测任务。

(5)受检产品误差的控制:受检产品误差的控制主要涉及正确抽样和制备试样。

3. 误差分类

根据误差的性质原因,可将误差分为系统误差、随机误差和过失误差。

(1)系统误差。系统误差指在等精度的重复测量过程中产生的一些恒定的或遵循某种规律变化的误差,它是由某些固定不变的因素引起的,随实验条件的改变按一定规律变化。实验条件一经确定,系统误差就是一个客观上的恒定值,一般可以修正或消除。

（2）随机误差。随机误差又称偶然误差，指在相同的测量条件下做多次测量，以不可预定的方式变化着的误差。随机误差决定了检测的精确度，随机误差越小，测试结果的精密度越高。误差产生的原因不明，因而无法控制和补偿。随着测量次数的增加，随机误差的算术平均值趋近于零，因此多次测量结果的算术平均值将更接近于真实值。

（3）过失误差。过失误差主要由测量时操作者的过失造成，又称异常值，可能很大且无一定的规律，应查明其产生原因，在数据处理中应将其剔除。

五、数据处理

由于纺织品检测涉及大量的数据，所以只有正确地采集数据和合理地处理数据，才能保证得到正确的结果。数据处理的基本原则就是全面合理地反映测量的实际情况。

1. 数据的正确采集

（1）按标准规定进行采集。在检测中，首先要认真解读标准，按标准要求进行操作。具体如下所示：

①织物断裂强力：如果试样在钳口 5 mm 以内断裂，则作为钳口断裂，数据采集按标准处理（详见项目七）。②数值采集的时间：如厚度、弹性等，应按规定时间读取数据。③测量的精确度：如精确到 1 mm，精确到 10 N，精确到一位小数等。④纤维含量（化学分析法）：两个试样试验结果绝对差值大于 1% 时，应进行第三个试样试验，试验结果取三次试验的平均值。⑤化纤含油量：两平行试样的差异超过平均值的 20% 时，应进行第三个试样的试验，试验结果以三次试验的算术平均值表示。⑥撕破强力：如取最大值、5 峰值、12 峰值、中位值及积分值等。

（2）使用正确的方法进行采集，具体如下所示：

①读取滴定管或移液管液面数值时，试验员的视线应与凹液面水平。②在指针式仪表上读取数值时，试验员的视线应与指针正对平视。③在评级时（色牢度、色差、起球、外观、纱线条干及平整度等），试验员眼睛观察的位置应参照相应标准的规定。④读取数值的精度。在一般情况下，应读到比最小分度值多一位；若读数在最小分度值上，则后面应加个零。

2. 异常值的处理

异常值是在试验结果数据中比其他数据明显过大或过小的数据。如何处理异常值，一般有以下几种方法：

（1）异常值保留在样本中，参加其后的数据分析。

（2）允许剔除异常值，即把异常值从样本中排除。

（3）允许剔除异常值，并追加适宜的测试值计入。

（4）找到实际原因后修正异常值。

异常值出现的原因之一是试验中固有随机变异性的极端表现，它属于总体的一部分；原因之二是由于试验条件和试验方法的偏离而产生的结果，或是由观察、计算、记录中的失误造成的。所以，对异常值进行处理时，先要寻找异常值产生的原因。如确信是原因之二造成的，应舍弃或修正；若是由原因之一造成的异常值，就不能简单地舍弃，可以用统计的方法处理（详见 GB/T 6379 或 ISO 5725）。

六、数值修约

数值修约是通过省略原数值的最后若干位数字,调整所保留的末位数字,使最后所得到的值最接近原数值的过程。

在许多检验方法标准中,对试验结果计算的修约位数都有要求。比如,织物强力试验,计算结果 100 N 及以下,修约至 1 N;大于 100 N 且小于 1 000 N,修约至 10 N;1 000 N 以上,修约至 100 N。因此,数值修约首先应根据标准对最终结果的要求,然后根据数值修约的规则进行。

1. 进舍规则

四舍六进五考虑,五后非零则进一,五后皆零看奇偶,五前为奇则进一,五前为偶则不进。

2. 不允许连续修约

拟修约数字应在确定修约位数后一次修约获得结果,而不得多次连续修约。比如,修约 15.4546 至个位数,正确的做法为 15.4546 修约为 15;不正确的做法为 15.4546 先修约为 15.455,再修约为 15.46,进一步修约为 15.5,最后修约为 16。

修约的具体方法可参考 GB/T 8170(数值修约规则与极限数值的表示和判定)。

七、测量不确定度

1. 不确定度的概念

一切测量结果都不可避免地具有不确定度。不确定度反映被测量值的分散性,是与测量结果相联系的参数。不确定度的大小,反映了测量结果可信赖程度的高低,即不确定度小的测量结果可信赖程度高,反之则低。

误差是指测量值与真值之差。但是,由于真值往往是未知的,所以误差实际上是测量值与约定真值之差。同时,误差是可修正的。

不确定度是一个范围,也是一个区间。不确定度可以用统计分析的方法评定,也可以用其他的方法评定,如先验数据、经验等。

2. 不确定度的来源

(1) 被测量的定义不完善,对其理论认识不足。

(2) 实现被测量的定义的方法不理想(近似或假设)。

(3) 抽样的代表性不够,即被测量的样本不能代表所定义的被测量物品。

(4) 对测量过程受环境影响的认识不周全,或对环境条件的测量与控制不完善。

(5) 对模拟仪器的读数存在人为偏移。

(6) 测量仪器的分辨率或鉴别率不够。

(7) 赋予计量标准的值或标准物质的值不准。

(8) 引用的、用于数据计算的常量和其他参数不准。

(9) 测量方法和测量程序的近似性和假定性。

(10) 其他因素(未预料因素的影响)。

由此可见,测量的不确定度一般来源于随机性和模糊性。前者归因于条件不充分,而后者则归因于实物本身概念不明确。

3. 测量不确定度的表示

$$测量结果＝平均值±扩展不确定度$$

$$P＝置信概率$$

例如:强力＝$(780±54)$N;$P＝99\%$。

任务四　检测抽样方法及试样准备

一、抽样方法

对于纺织品的各种检验,实际上只能限于全部产品中的极小一部分。一般情况下,被测对象的总体总是比较大的,且大多数是破坏性的,不可能对它的全部进行检验。因此,通常都是从被测对象总体中抽取子样进行检验。

抽样方法主要有纯随机取样、等距取样、代表性取样和阶段性随机取样四种。其中阶段性随机取样是从总体中取出一部分子样,再从这部分子样中抽取试样。从一批货物中取得试样可分为批样、样品、试样三个阶段。

(1)批样:从要检验的整批货物中取得一定数量的包数(或箱数)。

(2)样品:从批样中用适当方法缩小成实验室用的样品。

(3)试样:从实验室样品中,按一定的方法取得做各项物理力学性能、化学性能检验的样品。

进行相关检测的纺织品,首先要取成批样或实验室样品,进而再制成试样。

二、织物的取样

取样时要先根据织物的产品标准规定或根据有关各方协议取样,在没有上述要求的情况下,推荐采用以下的取样规定。

1. 批样的取样(从一批中取的匹数)

从一批中按表1-3规定随机抽取相应数量的匹数,运输中受潮或受损的匹布不能作为样品。

表1-3　批样

一批的匹数	批样的最小匹数
$\leqslant 3$	1
$4 \sim 10$	2
$11 \sim 30$	3
$31 \sim 75$	4
$\geqslant 76$	5

2. 实验室样品的制备

试样的制备是否有代表性关系到检验结果的准确程度,所以试样的制备一般要满足以下基本要求：

（1）整幅宽。

（2）长度至少 1 m。样品的长度视检验项目及数量的不同而不同。

（3）离布端 3 m 以上。

（4）应避开折痕、疵点。

实验室对送检的样品应提出以上四项要求。

3．样品上试样的制备

（1）试样距布边至少 150 mm。

（2）剪取试样的长度方向应平行于织物的经向或纬向。

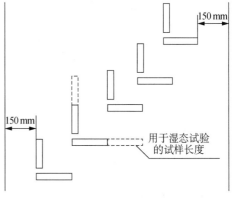

150 mm

150 mm

用于湿态试验的试样长度

图 1-1 试样取样

（3）每份试样不应包括相同的经纱或纬纱。

注意，为保证试样尺寸精度，样品要在调湿平衡后才能剪取试样。

如图 1-1 是从实验室样品上剪取试样的一个示例。

练 一 练

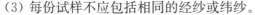

一、选择题

1．纺织品检测时，GB/T 6529 规定进入试验用标准大气时是以（ ）。

    A．吸湿状态   B．放湿状态   C．平衡状态   D．干燥状态

2．ASTM D5035 中试样的调湿条件为（ ）。

    A．相对湿度$(65\pm4)\%$，温度$(20\pm2)℃$ B．相对湿度$(65\pm4)\%$，温度$(21\pm1)℃$

    C．相对湿度$(65\pm2)\%$，温度$(20\pm2)℃$ D．相对湿度$(65\pm2)\%$，温度$(21\pm1)℃$

3．（ ）表示检测结果中系统误差的大小。

    A．正确度   B．准确度   C．精密度   D．精确度

4．GB 18401 中对色牢度的要求不包括的检测项目是（ ）。

    A．干摩擦色牢度   B．湿摩擦色牢度

    C．耐汗渍色牢度   D．耐水浸色牢度

5．规格检验不包括（ ）。

    A．匹长、幅宽   B．花色   C．标准量   D．生态指标

6．将"15.4546"修约为两位有效数字，结果应该是（ ）。

    A．15.0   B．15   C．16   D．16.0

7．GB/T 6529 中规定调湿的时间，一般天然纤维纺织品为（ ）小时，合成纤维纺织品为（ ）小时。

    A．4，24   B．24，4   C．8，4   D．8，2

二、判断对错，错误的请改正

（ ）1．预调湿：纺织品放置在相对湿度 10%～25%，温度不超过 60 ℃ 的大气条件下，使之接近平衡。

（ ）2．ASTM D5035 规定样品按 ASTM D1776 预调温和调湿，植物纤维（如棉）8 h，动物纤维和黏

胶纤维 6 h。

（　　）3. 全数检验：按照规定的抽样方案，随机从一批或一个过程中抽取少量的个体或材料进行检验，并以抽样检验的结果来推断总体的质量。

（　　）4. 随机误差指在等精度的重复测量过程中产生的一些恒定的或遵循某种规律变化的误差，它是由某些固定不变的因素引起的。

（　　）5. 纺织品检测主要运用各种检验手段对纺织品的品质、规格、等级等检验内容进行测试，确定其是否符合标准或贸易合同的规定。

（　　）6. 外观质量检验属于全数检验。

（　　）7. 受检产品的误差控制主要涉及正确抽样和制备试样及正确选用标准。

三、思考题

1. 查阅 GB 18401，说明印染布安全性能的要求。

2. 为什么要进行预调湿？

3. 纺织品检测误差产生的原因包括哪些？

项目二

//

纺织标准基础

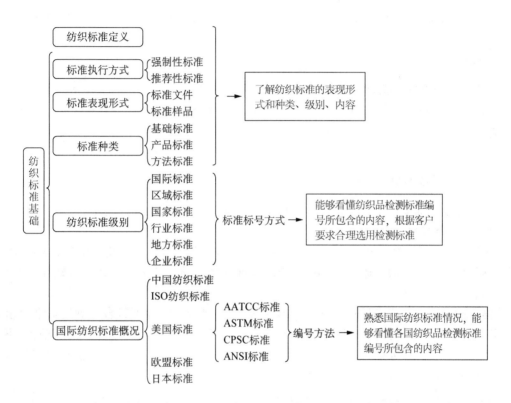

课程思政：了解世界各国常用纺织标准的制定、实施、分类、基本内容，能够辨析中国国家纺织标准、欧盟纺织标准、ASTM 标准和 JIS 标准的编号表达方法和差异，培养学生获取新知识及独立学习的能力。

辨一辨

1. 纺织标准可分为哪几类和哪几个级别？AATCC 标准和 ASTM 标准属于哪个级别的标准？

2. 我国标准对国际标准的采用程度分为哪几种？

3. 中国国家纺织标准、欧盟纺织标准、ASTM 标准和 JIS 标准的编号方式分别是如何表达的？

任务一 纺织标准的定义与执行方式

一、纺织标准的定义

纺织标准是以纺织科学技术和纺织生产实践的综合成果为基础,经有关方面协商一致,由主管机构批准,以特定形式发布,作为纺织生产、纺织品流通领域共同遵守的准则和依据。

想一想

下面两个标准在执行方式上有什么不同?

GB 18401—2010《国家纺织产品基本安全技术规范》;GB/T 9994—2018《纺织材料公定回潮率》。

二、纺织标准的执行方式

我国的纺织标准按执行方式分为强制性标准和推荐性标准两大类。

1. 强制性标准

国家通过法律的形式明确要求对于一些标准所规定的技术内容和要求必须执行,不允许以任何理由或方式加以违反、变更,这样的标准称之为强制性标准。在国家标准中以 GB 开头的属强制性标准。

强制性标准必须严格强制执行。在国内销售的一切产品,凡不符合强制性标准要求者均不得生产和销售;专供出口的产品,若不符合强制性标准要求者均不得在国外销售;不准进口不符合强制性标准要求的产品。对于违反强制性标准的,由法律、行政法规规定的行政主管部门或工商行政管理部门依法处理。

我国目前实行的强制性标准,特别是基础标准、方法标准、环境保护标准、安全卫生标准等,在执行中具有法律上的强制性。

2. 推荐性标准

除强制性标准外的其他标准是推荐性标准。在国家标准中以 GB/T 开头的属推荐性标准。

推荐性标准作为国家或行业的标准,有着它的先进性和科学性,一般都等同或等效于国际标准,国家鼓励企业自愿采用。企业若能积极采用推荐性标准,有利于提高企业自身的产品质量和国内外市场竞争能力。

任务二 纺织标准表现形式与种类

一、纺织标准的表现形式

纺织标准的表现形式可分为标准文件和标准样品两种。

1. 标准文件

仅以文字或图表形式对标准化对象作出的统一规定,这是标准的基本形态。

2. 标准样品

当标准化对象的某些特性难以用文字准确描述出来时,可制成标准样品,如颜色的深浅程度。以实物标准为主,并附有文字说明的标准,简称"标样"。

标准样品是由指定机构,按一定技术要求制作的实物样品或样照,它同样是重要的纺织品质量检验依据,可供检验外观、规格等对照、判别之用。例如,起毛起球评级样照、色牢度评定用变色和沾色分级卡等,都是评定纺织品质量的客观标准,是重要的检验依据。

随着测试技术的进步,某些对照标样用目光检验、评定其优劣的方法,逐渐向先进的计算机视觉检验的方法方向发展。

二、纺织标准的种类——按纺织标准的对象分类

按对象分类,纺织品标准一般可分为基础标准、产品标准和方法标准三大类。

1. 基础标准

基础标准指对在一定范围内的标准化对象的共性因素所作的统一规定,包括名词术语、图形、符号、代号及通用性法则等内容。它在一定范围内作为制定其他技术标准的依据和基础,具有普遍的指导意义。我国纺织标准中基础标准较少,多数为产品标准和方法标准。

2. 产品标准

产品标准指对产品的品种、规格、技术要求试验方法、检验规则、包装、贮藏、运输等所作的规定。产品标准是产品生产、检验、验收、商贸交易的技术依据。

3. 方法标准

方法标准指对产品性能、质量的检验方法所作的规定,包括对检测的类别、原理、取样、操作、使用的仪器设备、试验的条件、精度要求等所作的规定。方法标准可以专门单列为一项标准,也可以包含在产品标准中,作为技术内容的一部分。

基础标准和方法标准最终都为产品标准服务,每一个产品标准都需要相应的若干基础标准和方法标准作支持。

任务三 纺织标准的级别

按照纺织标准制定和发布机构的级别,以及标准适用的范围,纺织标准可以分为国际标准、区域标准、国家标准、行业标准、地方标准和企业标准等不同级别。

1. 国际标准

国际标准是由众多具有共同利益的独立主权国家,参加组成的世界性标准化组织,通过有组织的合作和协商,制定、发布的标准。如国际标准化组织(ISO)、国际计量局(BIPM)和国际电工委员会(IEC)发布的标准,以及国际标准化组织确认并公布的其他国际组织制定的标准。

2. 区域标准

区域标准是由区域性国家集团或标准化团体,为其共同利益而制定和发布的标准。如

欧洲标准化委员会(CEN)、泛美技术标准委员会(COPANT)、太平洋标准大会(PASC)、非洲地区标准化组织(ARSO)等。区域标准中,有部分标准被收录为国际标准。

3. 国家标准

国家标准是指由合法的国家标准化组织,经过法定程序制定、发布的标准,在该国范围内适用。如中国国家标准(GB)、英国国家标准(BS)、澳大利亚国家标准(AS)、德国标准(DIN)、法国标准(NF)等。

在我国的纺织标准中,以 GB 开头的属于强制性标准,以 GB/T 开头的属于推荐性标准。

(1) 国际标准的采用:根据我国标准与被采用的国际标准之间的技术内容和编写方法差异的大小,采用程度分为等同采用、修改采用和非等效采用(表 2-1)。

表 2-1 不同标准的代号和含义

采用程度	符号	缩写	意义
等同	≡	IDT	技术内容相同、编写方法完全对应
非等效	≠	NEQ	技术内容重大差异
修改采用		MOD	技术内容相同、编写方法修改采用

编写各级标准,如果是采用国际标准,可在标准引表中说明采用程度,并且说明被采用的国际标准号、年份和标准名称。

我国的国家标准基本上都与国际标准接轨,等同或等效采用及修改采用的标准较多。

(2) 我国标准的编号方式:我国纺织标准的编号包括标准代号、顺序号和年代号。

① 强制性国家标准编号为:GB＊＊＊＊—＃＃＃＃

其中:GB——强制性国家标准代号

＊＊＊＊——标准顺序号

＃＃＃＃——标准批准年号

② 推荐性国家标准编号为:GB/T＊＊＊＊—＃＃＃＃

其中:GB/T——推荐性国家标准代号

＊＊＊＊——标准顺序号

＃＃＃＃——标准批准年号

③ 行业标准编号:FZ/T＊＊＊＊—＃＃＃＃

其中:FZ/T——推荐性纺织行业标准代号

＊＊＊＊——标准顺序号

＃＃＃＃——标准批准年号

④ 团体标准编号:T/＊＊＊ XXX—＃＃＃＃

其中:T——团体标准代号;

＊＊＊——社会团体代号;

XXX——团体标准顺序号;

＃＃＃＃——年代号

如:T/GDTEX 23.1—2022《纺织工业互联网标识信息规范第 1 部分:基础信息》是指广

东省纺织协会和广东省纺织工程学会于 2022 年发布的第 23 号标准中的第 1 部分。

（3）欧洲标准的编号方式：标准代号 EN＋顺序号。某一标准被成员国使用，则使用双重编号。如英国使用时表示为 BS EN 71：2003。

4. 行业标准

行业标准是由行业标准化组织制定，由国家主管部门批准、发布的标准，以达到全国各行业范围内的统一。对某些需要制定国家标准，但条件尚不具备的，可以先制定行业标准，等条件成熟后再制定为国家标准。

5. 地方标准

地方标准是由地方（省、自治区、直辖市）标准化组织制定、发布的标准，它仅在该地方范围内使用。当没有相应的国家或行业标准，但需要地方范围统一时，宜制定地方标准，特别是涉及安全卫生要求的纺织产品。

6. 企业标准

企业标准是企业在生产经营活动中为达到协调统一的技术要求、管理要求和工作要求所制定的标准。企业标准由企业自行制定、审批和发布，在企业内部适用。企业的产品标准必须报当地政府标准化主管部门备案，若已有该产品的国家或行业标准，则企业标准应严于相应的国家标准或行业标准。

7. 团体标准

根据国务院印发的《深化标准化工作改革方案》（国发〔2015〕13 号），政府主导制定的标准将分为 4 类，分别是强制性国家标准和推荐性国家标准、推荐性行业标准、推荐性地方标准；市场自主制定的标准分为团体标准和企业标准。政府主导制定的标准侧重于保基本，市场自主制定的标准侧重于提高竞争力。同时建立完善与新型标准体系配套的标准化管理体制。

团体标准是指由团体按照团体确立的标准制定程序自主制定发布，由社会自愿采用的标准。团体是指具有法人资格，且具备相应专业技术能力、标准化工作能力和组织管理能力的学会、协会、商会、联合会和产业技术联盟等社会团体。国务院标准化主管部门支持专利融入团体标准，推动技术进步。

任务四　国际纺织标准概况

一、中国纺织标准

当前，我国纺织行业标准有 1 300 多项，形成了以产品标准为主体，基础标准相配套的纺织标准体系，包括术语符号标准、试验方法标准、物质标准和产品标准四类，涉及纤维、纱线、长丝、织物、纺织制品和服装等内容，从数量和覆盖面上基本满足了纺织品和服装的生产及贸易需要，为我国纺织工业的快速发展提供了有力的技术支撑。

我国已不同程度地采用了 ISO 标准中有关纺织品和服装的标准。基础标准不同程度地采用了国外先进标准，如美国标准、英国标准、德国标准和日本标准等，特别是基础的、通用的术语标准和方法标准基本上都采用了国际标准和国外先进标准，使我国的纺织品基础标准和方法标准基本上达到了国际标准或相当于国际标准的水平。

我国纺织品标准的实施有推荐性标准和强制性标准。

辨一辨

下面这些标准属于哪个地区或国家的标准，它们之间存在怎样的关系？

*GB/T 3921（耐皂洗色牢度）

ISO 105-C10（耐皂液或肥皂和苏打液洗涤色牢度）

EN ISO 105-C10（耐肥皂或肥皂和苏打洗涤的色牢度）

BS EN ISO 105-C10（耐肥皂或肥皂和苏打洗涤的色牢度）

二、国外纺织标准

1. ISO 标准

ISO 标准是指由国际标准化组织（International Organization for Standardization，简称 ISO）制定的标准。国际标准化组织是一个由国家标准化机构组成的世界范围的联合会，现有 140 个成员国。

ISO 有关纺织方面的技术委员会主要有纺织品技术委员会（ISO/TC 38）、纺织机械及附件技术委员会（ISO/TC 72），服装尺寸系列和代号技术委员会（ISO/TC 133）、颜料、染料和体质颜料技术委员会（ISO/TC 256）。

2. 美国标准及标准机构

与纺织相关的美国标准主要有 AATCC（美国纺织化学师与印染师协会）标准、ASTM（美国材料与试验协会）标准、美国消费品安全委员会（CPSC）和美国联邦贸易委员会（FTC）强制性标准、ANSI（美国国家标准学会）标准。美国没有生态纺织品标签和环境标签，中国纺织品必须接受这几个组织的监测并且符合它们的标准，才能进入美国。

美国国家标准编号有两种表示方法。

（1）标准代号＋字母类号＋序号＋颁布年份，如 ANSI D 1056-2000。

（2）标准代号＋斜线号＋原专业标准号＋序号＋颁布年份，如 ANSI/ASTM D4878-1998。

此外，如果对标准内容有补充，表示方法是在标准序号后面加一个英文小写字母，a 表示第一次补充，b 表示第二次补充，例如，ANSI/ASTM D6352a-2004。

3. 欧盟标准

欧洲标准化委员会（Comité Europben de Normalisation，CEN）是欧盟按照 83/189/EEC 指令正式认可，由国家标准化机构组成的非营利性欧洲标准化组织。其宗旨是促进成员国间标准化协作，制定本地区除电工行业以外的欧洲标准化工作。CEN 标准是 ISO 制定国际标准的重要基础，也是衡量欧盟市场上产品质量的主要依据。

欧洲标准（EN）由 CEN 技术委员会（TC）或 CEN 技术局任务组（BTTF）起草，由 CEN

---

* 注：本书为新形态教材，在将各类标准系统归类的基础上，附加了多个测试的视频二维码。为使读者更直观便捷地进行学习，本书标准表示统一采用此种格式。

技术局(BT)批准的技术规范性文件。

欧洲标准的代号是 EN,欧洲各国家在将欧洲标准转为本国标准时,将本国标准的代号放在欧洲标准编号的前面,例如,英国国家标准 BS EN ISO 105-C10:2007;德国国家标准 DIN EN 14362-3-2012。

欧盟国家是生态纺织品的摇篮,生态纺织品标准更是欧盟构筑技术性贸易壁垒的有效工具。欧盟对纺织品实施了严格的保护措施,从最早的禁用可分解出致癌芳香偶氮染料,到基于整个生产、消费过程的环境管理,满足相应生态标准的纺织品通常能够获得对应的生态纺织品标签,代表性标签有欧盟生态标签(Eco-Label)、北欧白天鹅生态标签(White Swan)、Standard 100 by OEKO-TEX 标签、荷兰生态标签(NLD Milieukeur Ecolabel)。

4. 日本标准

日本标准 JlS 是日本工业标准的代号。JIS 标准由日本工业标准调查会制定。日本工业标准调查会是日本官方机构,隶属于日本通产省工业技术院,主要任务是审批、发布 JIS 标准。这样的建制从 1949 年 7 月 1 日颁布《工业标准化法》后实施。

JIS 标准涉及日本工业体系中的各个门类,以大类划分,并按英文字母由 A 到 Z 的顺序排列。标准编号由标准代号＋字母类号＋数字类号＋制定或修订年份组成。

JIS 标准按内容的性质分为产品标准、试验方法标准和基础标准。

练 一 练

一、选择题

1. AATCC 属于( )。

    A. 国际标准   B. 区域标准   C. 国家标准   D. 行业协会标准

2. 下述说法不正确的是( )。

    A. 强制性标准必须执行,国家鼓励采用推荐性标准。

    B. FZ/T 01053—2007,标准名称是《纺织品纤维含量的标识》,是指纺织行业标准,是推荐性标准。

    C. GB 18401—2010 表示国家推荐性标准。

    D. 强制性标准可在线预览,免费下载。

3. GB/T 9994—2018《纺织材料公定回潮率》标准属于( )。

    A. 纺织产品标准   B. 区域标准

    C. 基础性技术标准   D. 纺织检测方法标准

4. 英国国家标准的代号是( )。

    A. DIN 标准   B. NF 标准   C. EN 标准   D. BS 标准

二、填空题

1. GB/T 3819—1997,其标准编号是( )。

2. 按标准的执行方式,GB 18401—2010 是( )标准;FZ/T 01057 是( )标准;T/GDTEX 28—2022 是( )标准。

3. 标准 GB/T 4666—2009(IDT ISO 22198:2006)的含义( )。

项目三

纺织纤维鉴别

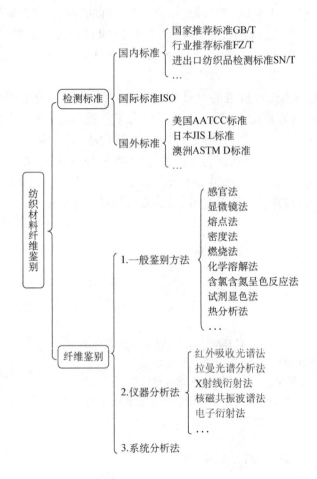

任务一 概 述

课程思政：纺织纤维鉴别是一项重要的科学工作，通过学习，培养严谨求实、客观公正、创新精神、责任担当、团队合作的科学精神，为社会和科学进步作出贡献。

一、纤维定性鉴别主要标准

国内外纺织纤维鉴别标准较多，常用的标准主要包括以下内容：

1. 国内相关标准

FZ/T 01057.1（通用说明），FZ/T 01057.2（燃烧法），FZ/T 01057.3（显微镜法），FZ/T 01057.4（溶解法），FZ/T 01057.5（含氯含氮呈色反应法），FZ/T 01057.6（熔点法），FZ/T

01057.7(密度梯度法),FZ/T 01057.8(红外光谱法),FZ/T 01057.9(双折射率法),FZ/T 01150(近红外光谱法),FZ/T 50053(着色后显微镜法)。

SN/T 1690.1(大豆蛋白复合纤维含量的测定,硝酸法),SN/T 1690.2(PTT、PBT 纤维核磁共振光谱法),SN/T 1690.3(石墨烯改性纤维的定性鉴别),SN/T 1901(聚乳酸、聚对苯二甲酸丙二醇酯、聚对苯二甲酸丁二醇酯纤维鉴别方法),SN/T 3236(拉曼光谱法),SN/T 3331(低熔点聚酯复合纤维的鉴别方法),SN/T 5245 进出口纺织品(七种再生纤维素纤维定性鉴别方法)。

CNS 2339-1 纤维混用率试验法(纤维鉴别),LY/T 2226(纺织用竹纤维鉴别试验方法),GB/T 39026[循环再利用聚酯(PET)纤维鉴别方法],GB/T 40271[差示扫描量热法(DSC)]。

2. 国外/国际相关标准

ASTM D 276 (*Standard test methods for identification of fibers in textiles*)

AATCC TM20 (*Test method for fiber analysis: quantitative*)

JISL1030—1 (*Testing methods for fiber identification*)

ISO/TR11827 (*Identification of fibers*)

二、纤维定性鉴别主要方法

(一) 一般鉴别法

1. 感官法

通过人的感觉器官,即用摸(弹性、硬挺度、冷暖感等)、看(长短、色泽、含杂等)、听(丝鸣等)、闻(竹味等)、拉(强力、断裂情况、弹性和延展性等)和观察纤维在不同湿度、温度等环境条件下的性质变化等对纺织纤维进行直观的判定,这种方法简单、快捷,但需要操作人员掌握各类纤维及其织物的感官特征,具有丰富的知识和经验。

2. 显微镜法

该法是采用投影显微镜观察、鉴别纤维的一种直观方法,此方法通过观察纤维的纵向形态与横截面形态,并且根据纤维的纵向和横截面特征综合鉴别纤维。采用此法鉴别纤维时,要求检测人员熟悉各种纤维的纵向和横截面形态特征,才能准确地鉴别纤维。

3. 熔点法

主要用于鉴别合成纤维,通过纤维不同的熔点区分种类。用化纤熔点仪或在附有加热和测温装置的偏光显微镜下观察纤维消光时的温度来测定纤维的熔点。

4. 密度法

适用于大部分纤维,根据纤维具有不同密度的特点鉴别纤维。常见的测定纤维密度的方法有:液体浮力法、比较瓶法、韦氏天平法、气体容积法和密度梯度法等。

5. 燃烧法

将所采样制成纤维细束,首先将其靠近燃烧器,继而观察纤维的状态。接着将其缓慢移到火焰中,燃烧后观察纤维离开火焰后的情况,最后观察残留物的形态并闻气味。

6. 化学溶解法

由于纤维的化学组成不同、结构不同,所以其在有机、无机溶剂中的溶解性能也各不相同。故利用纤维在不同的化学溶剂中的溶解性能可判别纤维的种类。

7. 含氯含氮呈色反应法

纺织纤维中有部分含有氯、氮元素,含有这些元素的纤维用火焰、酸碱法检测,会呈现特定的呈色反应。取干净的铜丝,用细砂纸将表面的氧化层除去,将铜丝在火焰中烧红后立即与试样接触,然后将铜丝移至火焰中,观察火焰是否呈绿色,如纤维中含氯元素就会呈现绿色的火焰。试管中放入少量切碎的纤维,并用适量碳酸钠覆盖,在酒精灯上加热试管,试管口放上红色石蕊试纸,如红色石蕊试纸变蓝色,说明有氮元素存在。本方法适用于鉴别纤维中是否含有氯、氮元素,以便将纤维粗分类。

8. 热分析法

指在温度程序控制下,全过程连续测试样品的某种物理性质随温度而变化的方法。热分析的方法有多种,常见的有差热分析(DTA)、差示扫描量热分析(DSC)、重分析(TG/TGA)、微分热重分析(DTG)等方法。热分析方法得到的曲线能够反映出纤维各自的物理作用及化学反应的特征,因而可以用来鉴别纺织纤维。

9. 试剂显色法

显色反应是利用纤维在各种显色试剂(常用碘-碘化钾)或各种纤维对染料上色反应的不同而加以区分。此法仅适用于本色纤维或其制品,对有色的纤维或其制品需要进行脱色处理,然后才能进行鉴别。

(二) 仪器分析法

一般鉴别方法大多具有破坏性,还可能需要相对较大的样本。在处理脆弱和有价值的特殊产品时,现在多用仪器分析方法。仪器分析法是非侵入性的或只需要微量样品,如光谱分析法、核磁共振波谱法、X射线衍射法、电子衍射法、离子探针法、电子探针法等,仪器分析通常与复杂的计算分析相结合。

光谱分析法是仪器分析法中最常用的方法,它是一种利用光谱学原理对物质进行分析的方法,可以通过测量物质在不同波长处的吸收、发射或散射光谱来确定其成分和结构。分子光谱一般有三种类型:转动光谱、振动光谱和电子光谱。光谱分析可以检测到非常微小的物质成分变化,准确度很高,可以避免误差较大的化学分析方法带来的误导,可以同时对多个样品进行分析,检测结果可靠。光谱分析需要样品具有特定的化学成分和结构,只能测量有机物质,对于无机物质和离子化合物则无法测量,需要使用特定的光谱仪器和专业技术人员进行分析。

1. 红外吸收光谱法(FT-IR)

纤维中的分子受频率连续变化的红外光照射时,将会选择性的吸收某些频率的红外光,从而引起偶极矩的变化,产生分子振动和转动能级从基态向激发态跃迁,并使得红外透射光强度减弱。利用检测装置记录出不同频率时的红外光吸收情况,绘出表征分子结构红外光谱图。通过谱图分析,对各种纤维中特有官能基团的特征峰进行识别,从而鉴别不同的纺织纤维。

2. 拉曼光谱分析法

拉曼光谱法的检测是用激光来检测处于红外区的分子的振动和转动能量,它是一种间接的检测方法,即通过差频(即拉曼位移)的方法来检测。其原理是借助单色激光照射到物质上,发生弹性散射和非弹性散射,非弹性散射称为拉曼散射。拉曼散射的频率与入射激光频率之差即拉曼位移。

3. X 射线衍射法

X 射线衍射法可用于鉴别一些未知纤维及其内部结构,包括纤维的晶区结构、晶胞参数、纤维结晶度、纤维中晶区的取向及晶粒尺寸和晶格畸变等数据,从而得到纤维所具有的区别于其他纤维的结构特征,以达到鉴别纤维或确定未知纤维的目的。

仪器分析鉴别方法需要采用价格昂贵的仪器,测试需要专门培训的人员进行操作,并需要掌握高分子化学等方面的知识并积累一定的经验,才能进行准确的检测。

(三) 系统分析法

纺织纤维在鉴别过程中,受到各种方法限制,需要综合运用多种鉴别方法和技术,并借助相关的数据库和参考资料,对纺织纤维进行全面、准确的鉴别,此方法称为纺织纤维系统分析法。系统分析法的优势在于它综合运用多种方法,相互印证,提高了鉴别的可靠性和精确性。这种方法常由专业的纺织品鉴定实验室或专业技术人员进行操作,以确保鉴别结果的可靠性和准确性。

三、常用鉴定法与设备(表 3-1 和表 3-2)

表 3-1 纺织纤维常用鉴定方法

Methods	鉴定方法
Microscopy (Microscopic Appearance)	显微镜法
Burning Behavior (Flame Tests)	燃烧法
Solubility (Solubility Tests)	溶解法
Qualitative Observation of Colour-production for Chlorine and Nitrogen (Existence of Chlorine and Nitrogen)	含氯含氮呈色反应法
Infrared Absorption Spectrum	红外光谱法
Fiber Melting Point	纤维熔点法
Birefringence	双折射率法
Density Gradient Column Method	密度梯度法
Density Measurement Methods	密度法分析
Thermal Analysis	热分析
Stain Method 　A. Colouration Test with Iodine/ Potassium Iodide Solution 　B. Xanthoproteic Reaction	着色剂法 　A. 碘/碘化钾溶液着色试验 　B. 蛋白反应试验

表 3-2 纺织纤维鉴定仪器设备

Apparatus	设备
Light Microscopy (using transmitted light and magnification)	光学显微镜（使用透射光和放大倍数）
Scanning Electron Microscopy (using magnification)	扫描电子显微镜（使用放大倍数）
Bunsen Burner or Other Flame Source	本生燃烧器或其他火焰源
Infrared Spectrometer 　　Attenuated Total Reflection (ATR) Spectroscopy Device 　　Fourier Transform Infrared (FT-IR) Spectrometer	红外光谱仪 　　衰减式全反射（ATR）光谱装置 　　傅里叶变换红外（FT-IR）光谱仪
Melting Point Device (heated block)	熔点装置（加热块）
Differential Scanning Calorimeter (DSC)	差示扫描量热仪（DSC）
Thermal Gravimetric Analysis (TGA) device (thermobalance)	热重力分析（TGA）装置（热平衡）
Gravimetric Device (density gradient column)	重力装置（密度梯度柱）
Energy Dispersive X-ray (EDX) device	能量色散 X 射线（EDX）装置

任务二　纤维鉴别前试样的预处理

课程思政：溶液配制要计算要准确；取试剂前必须阅读相关化学品安全周知卡，掌握应急处理方法；操作时要选择正确量具与容器，注意安全与精度，不能浪费试剂；操作过程中注意力要集中，观察要仔细；鉴别完毕废弃溶液要倒入专用收集容器，不得随意倾倒；要关闭相关设备电源；实验工具清理和摆放好。任务执行过程中，培养严谨求证、开放求真的科学态度，提高安全责任意识和绿色低碳的生产理念。

纺织纤维的鉴别是采用物理或化学的方法来测定未知纤维所具有的特征或基本性能，并且与已知纤维具有的各种性能和特征进行比较，从而确定未知纤维的品种。为了使鉴别快速而准确地进行，必须对待鉴别的未知纤维进行必要的试样预处理，将浆料和染整时附着在纤维表面的染料和各种整理助剂去除。试样预处理的具体方法如下：

1. 脱脂处理

试样用四氯化碳浸透 10 min 后，取出挤干，再换用新的四氯化碳浸透 10 min 后，取出干燥以除去四氯化碳，最后在热水中处理 5 min，进行水洗并干燥。也可以用三氯乙烷、乙醚或乙醇等有机溶剂洗涤或萃取脱脂，但不能选用同时也能溶解纤维的有机溶剂。脱脂处理不仅能去除油脂，还能去除试样中夹带的蜡质、尘土或者其他会掩盖纤维特征的杂质。

2. 退浆处理

纤维素纤维制品用碳酸钠稀热溶液洗净；也可以在浓度为 2%～5%、温度为 50～60 ℃的淀粉酶溶液中浸渍 1 h，再用水洗净并干燥；还可以在 0.25% 盐酸溶液中沸煮 15 min，再分别用热水、0.2% 氨水和水依次洗净并干燥。蛋白质纤维制品不能用碱液处理，可用上述的稀酸退浆方法处理。

3. 脱树脂处理

一般定性分析时,纤维上的树脂或其他整理剂大多对鉴别没有妨碍,只是对着色的纤维鉴别试验结果有干扰,故进行着色鉴别试验前必须先除之。

脱树脂处理可将试样放在 0.5％稀盐酸中沸煮 30 min,水洗后再在 1％碳酸钠溶液中沸煮 30 min。也可用前面所述的稀酸退浆方法脱除树脂。脱尿素-甲醛树脂时,将试样放入带回流冷凝器的圆底烧瓶或微型蒸馏精制仪中,用 0.02％稀盐酸溶液沸煮 30 min 后,用温水洗净。脱三聚氰胺-甲醛树脂时,将试样放入含有 2％磷酸、0.15％尿素的溶液中,在 80 ℃条件下处理 20 min 后,再用温水洗净。硅整理剂通常用肥皂及 0.5％碳酸氢钠溶液处理,但很难彻底洗除。

4. 脱色处理

对染色纤维上的染料,通常不需要去除。若染料对纤维鉴别结果会造成误差干扰,可采用不损伤纤维或不改变纤维性质的方法进行处理,处理后将试样洗净并干燥。表 3-3 所示为处理常用试剂。

脱色处理方法主要有以下几种:

(1)氧化漂白剂脱色法:多用于纤维素纤维制品。

(2)中性还原处理法:用 5％亚硫酸氢钠溶液,滴入 2 滴 1％氨水溶液,升温至沸腾,一直持续微微沸腾至试样脱色为止。

(3)5％亚硫酸氢钠法:用 50 ℃的亚硫酸氢钠-氢氧化钠溶液(2 g 亚硫酸氢钠和 2 g 氢氧化钠溶于 100 mL 水中)处理 30 min,然后用温水洗净,此方法不适用于动物纤维及醋酸纤维。

(4)氨水溶液脱色法:对于蛋白质纤维制品,可用氨水溶液脱除直接染料或酸性染料。

(5)溶剂脱色法:①吡啶法,采用 20％吡啶溶液,用萃取器洗涤,能除去直接染料和分散染料;②二甲基甲酰胺法,用萃取器萃取,能除去棉纤维上的偶氮染料及某些还原染料;③氯苯法,将试样放入氯苯中,在 100 ℃以下可从醋酸纤维上除去分散染料,采用萃取器或微型精密装置则可从聚酯纤维上除去分散染料;④5％乙酸法,将试样放入沸液中处理,可除去碱性染料。

表 3-3　预处理常用试剂

化学药剂	中文名称
Sodium hydroxide and calcium oxide	氢氧化钠和氧化钙
Iodine/potassium iodine solution	碘化钾溶液
Zinc chloride/iodine solution	氯化锌/碘溶液
Chlorine bleaching solution	氯漂白溶液
Zinc chloride/formic acid solution	氯化锌/甲酸溶液
Sodium carbonate	碳酸钠
Chloroform/trichloroacetic acid solution	氯仿/三氯乙酸溶液
Ethanol/potassium hydroxide solution	乙醇/氢氧化钾溶液
Analytical grade	分析等级

任务三　感官法鉴别纤维

课程思政:操作前多阅读相关材料特点,操作过程中要仔细观察,多进行比较分析,做好资料收集,鉴别完毕后废弃纤维要倒入专用收集容器,不得随意倾倒,实验结束后工具要清理和摆放好。任务执行过程培养细致、严谨的工作态度,培养环保、安全的生产理念。

一、感官法概念

所谓感官法是指利用人的感觉器官(眼、手、耳、鼻)对纺织纤维进行直观的判定,通过观察纺织纤维的外观形态,如光泽、长短、粗细、曲直、软硬、弹性、强度等特征,结合各种纺织纤维的外观形态、纱线的组织结构、织物的风格特征等综合判断纤维种类。

采取此法来鉴别纺织纤维既直接又简单,无需使用任何仪器和化学药品,是物理鉴别方法中经常使用的一种。但是需要鉴别人员具有较为丰富的经验,对各种纤维的形态特征和基本性能比较熟悉。

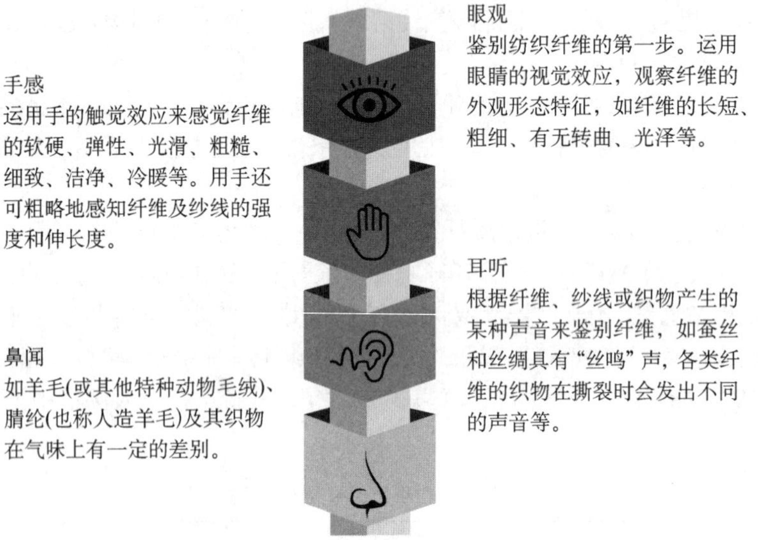

手感
运用手的触觉效应来感觉纤维的软硬、弹性、光滑、粗糙、细致、洁净、冷暖等。用手还可粗略地感知纤维及纱线的强度和伸长度。

眼观
鉴别纺织纤维的第一步。运用眼睛的视觉效应,观察纤维的外观形态特征,如纤维的长短、粗细、有无转曲、光泽等。

耳听
根据纤维、纱线或织物产生的某种声音来鉴别纤维,如蚕丝和丝绸具有"丝鸣"声,各类纤维的织物在撕裂时会发出不同的声音等。

鼻闻
如羊毛(或其他特种动物毛绒)、腈纶(也称人造羊毛)及其织物在气味上有一定的差别。

图 3-1　感官法鉴别纺织纤维

二、感官法鉴别纤维

对于呈散纤维状态的纺织原料或从织物边上拆下来的纤维,可根据外观形态、色泽、手感、伸长度和强度等来区分。

1. 纤维长度区分

天然纤维中,棉、麻、毛是短纤维。细绒棉的长度在 $23\sim33$ mm,长绒棉在 $33\sim64$ mm,苎麻纤维在 $50\sim120$ mm,亚麻纤维在 $15\sim20$ mm,羊毛纤维在 $60\sim120$ mm。

蚕丝加工方式不同,其制品所用的纤维长度也不同,真丝制品为长丝,绢和䌷是短纤维状态。

化学纤维亦有长丝和短纤维两种,但因化学纤维的短纤维是将长丝切断加工而成的,其特点为长度整齐划一,与天然纤维长度参差不齐有明显差别。

2. 常见纤维光泽手感特点(表 3-4)

表 3-4 常见纤维光泽手感特点

纤维	长度整齐度	外观和光泽	手感	其他
棉纤维	棉纤维细而短,长度整齐度较差	有天然转曲,光泽暗淡,有棉结杂质	柔软,有温暖感,弹性较差	纤维强力稍大,湿水后强力变大,伸长度较小
麻纤维	比棉纤维长,但短于羊毛,纤维间长度差异大于棉纤维	呈小束状,较平直,几乎无转曲,光泽较差,在长度方向上有结节	较粗硬,有凉爽感,无弹性	强度比棉纤维高,湿水后强力变大,拉伸时伸长度小
羊毛	纤维长度较棉、麻长,细毛为 60~120 mm,半细毛为 70~180 mm,粗毛为 60~400 mm	天然卷曲,光泽柔和	柔软、滑糯、温暖、蓬松,极富弹性	强力较低,拉抻时伸长度较大
山羊绒	极细软,长度较羊毛短	卷曲率低于羊毛,光泽柔和	轻、暖、软、滑	强度、弹性和伸长度均优于羊毛
马海毛	长度一般为 120~150 mm	纤维卷曲形状呈大弯曲波形,很少呈小弯曲;表面平滑,对光的反射较强	硬	断裂强度高于羊毛,而伸长度低于羊毛
驼绒	细而匀,平均长度在 28 mm 以上	卷曲较多,有光泽,颜色有乳白色、浅黄色、黄褐色、棕褐色等	柔软、蓬松、温暖	断裂强度略低于马海毛,而伸长度略优于马海毛
兔毛	一般为 35~100 mm	纤维松散不结块,含水、含杂质少,色泽洁白光亮,卷曲少	柔软、蓬松、温暖	强度小
蚕丝	包括长丝和短纤维	光滑、平直,光泽明亮柔和	柔软,有凉感,富有弹性	强度较好,伸长度适中,用手揉搓时会产生"丝鸣"的响声
黏胶纤维	长丝和短纤维两类	分有光丝和无光丝。有平直光滑的,也有卷曲蓬松的	柔软、滑爽,弹性较差,悬垂性特别好,用手攥织物时产生皱褶且不易恢复	强度较低,特别是湿水后强力下降较多,其伸长度适中
天丝	纤维等长	丝一般的光泽	柔软、光滑,富有弹性	干、湿强力均较高,伸长度适中,水膨胀度较低。
莫代尔纤维	纤维细而等长	真丝一般的光泽,分有光丝和消光丝	棉的柔软,麻的滑爽	纤维干强较高,湿强约为干强的 55%~60%,伸长度适中
大豆蛋白纤维	纤细	有蚕丝一般的光泽	柔软、滑糯、蓬松,保暖性强	类似麻纤维的吸湿快干特点
聚乳酸纤维	纤维等长	有蚕丝一般的光泽	柔软、光滑、蓬松,有良好的肌肤触感	强力略高于锦纶,伸长度较好

（续表）

纤维	长度整齐度	外观和光泽	手感	其他
涤纶	纤维等长	金属光泽,色泽淡雅	有凉感,挺括有涩滞感,刚性较好,垂感好,不易皱折	强力高,弹性好,吸湿性极差,拉伸时伸长小
锦纶	纤维等长	有蜡状光泽	身骨比涤纶差,光滑接近于蚕丝,有凉爽感,弹性较好	
腈纶	纤维等长	光泽不柔和,蜡状,人造毛感强	蓬松,手感温暖,用食指和拇指搓捏织物时有涩滞感,缺少羊毛那种滋润感	用牙咬有"咯吱"响声
维纶	纤维等长,形态与棉纤维类似	光泽较差,比棉要好	不如棉纤维柔软,有凉感,抗皱性差感,弹性差	
丙纶	纤维等长	浅色,光泽较差,有蜡状感	生硬、光滑	完全不吸湿,强力较好
氯纶	纤维等长	色泽较差	温暖,弹性较差	摩擦易产生静电
氨纶	纤维等长	光泽较差	柔软、光滑	弹性和伸长度在合成纤维中最大,伸长率可达到$400\%\sim700\%$

如果是纤维材料单一的纯纺织物,用手感目测法区分较为可靠。经验积累较多时,区分不同材料的混纺织物和交织物也具有一定的可信度。

但需注意,近年来各种仿真纤维的研发力度很大,与此同时改良的天然纤维鉴别难度也在不断加大。如棉的丝光整理工艺;麻的防刺痒整理和新型脱胶工艺;丝的抗皱、防缩整理工艺;毛的丝光、防缩整理工艺等。这些工艺在改善棉、麻、丝、毛性能的基础上也赋予了它们新的外观和手感,加上化纤仿天然纤维加工技术水平的提高,很多天然纤维和化学纤维制品已达到真假难辨的地步,这给感官鉴别带来了难度。另外,不同编织方法编织的织物手感、弹性等均有明显差别,如同样纤维材料的针织物和机织物在手感、弹性等方面有较大的不同。

因此纤维鉴别中,感官鉴别法一般会与其他鉴别法结合使用,其主要作用是减小检验强度、缩短检验时间、提高检验准确度。

任务四　燃烧法鉴别纤维

课程思政:操作时注意用火安全,人员离开时必须熄灭酒精灯;操作过程中注意力要集中,观察要仔细,鉴别完毕废弃纤维要倒入专用收集容器,不得随意倾倒,实验结束工具清理和摆放好。任务执行中,培养严肃认真、持之以恒的科学精神,做到杜绝浪费、安全第一的生产责任意识。

纺织纤维基本是有机高分子聚合物,纤维的化学组成除少数相同外,绝大部分都存在较大的差异,因此纤维燃烧时所产生的化学反应及燃烧特征是不同的,据此可对化学组成不同的纤维进行鉴别。燃烧法是鉴别纤维材料的常用方法之一。

一般天然纤维或纤维大类燃烧特征比较明显,适合用此法判别,合成纤维、化学组成相同的纤维品种(如再生纤维素纤维)以及具有特殊阻燃功能的改性纤维一般不适合用此方法。

1. 燃烧法鉴别纤维特点

(1)操作简单,快捷。

(2)不适用于混纺纱的鉴别,交织物必须拆纱后分别燃烧。

(3)阻燃合成纤维不能用此法鉴别。

(4)仅适用于区分大类,如合成纤维、纤维素纤维、蛋白质纤维等,不适合具体分类。

(5)不能用燃烧法作唯一的确认方法,需与其他方法结合使用,如显微镜法等。

2. 观察纤维燃烧时应注意要素

检测首先从织物边上抽出几根经纱和纬纱(如果是散纤维可适当捻搓一下,针织物直接抽取线圈纱线),退捻使其形成松散状作为试样,放在酒精灯外焰上燃烧,观察纤维靠近火焰、接触火焰、离开火焰时所产生的各种不同现象(如燃烧难易、燃烧速度)、燃烧时所产生的气味、燃烧后残留物形态来辨别纤维类别。

视频 3-1
燃烧法

(1)纤维束靠近火焰受热后,是否存在收缩及熔融现象。

(2)纤维束接触火焰时,其燃烧难易程度,燃烧时火焰的颜色、大小及燃烧的速度,是否伴随冒烟现象,烟雾的浓度及其颜色。

(3)纤维束离开火焰后,是否继续燃烧。

(4)燃烧时散发的气味。

(5)纤维束燃烧后灰烬的颜色和性状等。

3. 实验工具

酒精灯,镊子,剪刀,放大镜,表面皿。

表 3-5　常见纺织纤维燃烧性状

纤维	靠近火焰	接触火焰	离开火焰	气味	残留物特征
棉、麻、黏胶纤维、铜氨纤维、竹纤维、天丝、莫代尔纤维	不缩不熔	迅速燃烧	继续燃烧	烧纸的气味	少量灰黑或灰白色灰烬
醋酯纤维	熔缩	熔融,燃烧	熔融,燃烧	醋味	硬而脆黑色块状
蚕丝、动物毛绒	卷曲且熔化	卷曲、熔化、燃烧	缓慢燃烧,有时自行熄灭	烧毛发的气味	松而脆黑色颗粒
大豆蛋白	熔缩	缓慢燃烧	继续燃烧	特异味	黑色焦炭状硬块
涤纶	熔缩	熔融,冒烟,燃烧	继续燃烧,有时自行熄灭	特殊芳香甜味	硬的黑色圆珠
锦纶	熔缩	熔融,冒烟	自灭	氨基味	坚硬淡棕透明圆珠
腈纶	熔缩	熔融,冒烟	继续燃烧,冒黑烟	辛辣味	黑色不规则小珠,易碎

纤维	靠近火焰	接触火焰	离开火焰	气味	残留物特征
丙纶/乙纶	熔缩	熔融，燃烧	熔融，燃烧，液态下落	石蜡味	灰白色硬质透明圆珠
维纶	熔缩	收缩，燃烧	继续燃烧，冒黑烟	特有香味	不规则焦茶色硬块
氨纶	熔缩	熔融，燃烧	自灭	特异味	白色胶状
氯纶	熔缩	熔融，燃烧，冒黑烟	自灭	刺鼻气味	深棕色硬块
碳纤维	不熔不缩	烧铁丝一样发红	不燃烧	辛辣味	原有状态

在实操中，由于纤维素纤维燃烧后产物的颜色深浅度和合成纤维燃烧中所产生的气味都随观察者的不同会有较大出入，因此燃烧法后需要结合其他鉴别方法进行进一步准确分析。

任务五　显微镜法鉴别纤维

课程思政：操作前必须掌握仪器设备使用方法，操作要轻、稳，观察要仔细，保护好显微镜镜头，鉴别完毕要关闭设备电源，实验工具要清理和摆放好，废弃纤维要倒入专用收集容器。任务执行中，培养创新探索和公正客观的科学精神，提高作为科技人员的批判和诚信意识。

显微镜法鉴别纤维是根据各种纤维的纵、横向形态特征来鉴别纤维，是最广泛采用的一种方法。

显微镜法鉴别纤维属于初步鉴定，确定所检测材料是纯纺织物还是混纺织物以及混纺织物中的纤维种类或大类。其优缺点如下：

1. 优点

（1）显微镜法可以提供高倍放大的观察效果，使纤维的微观结构和细节更加清晰可见，有助于对纤维类型进行细致准确的鉴别。

（2）显微镜法对于一些细而长的纤维或细丝类纤维的鉴别非常有效，因为这些纤维在肉眼观察时很难辨认。

（3）使用显微镜法进行鉴别不会破坏纤维样品，因此可以保留样品进行后续分析或保存。

（4）显微镜法不需要复杂的仪器设备，是一种相对简便和经济的鉴别方法。

（5）显微镜法的操作相对简单，只需要一定的训练和经验即可掌握。

2. 缺点

（1）显微镜法对于一些纤维类型有时不能提供足够的信息进行鉴别，特别是某些在显微镜下结构相似的纤维。

（2）鉴别过程中，显微镜法受到操作者的经验和技术水平的影响，可能存在主观判断的问题。

（3）需要采集纤维样品进行显微镜观察，可能对于一些珍贵或不易获取的样品不太适用。

（4）显微镜法不能直接提供纤维的化学组成信息，有时需要结合其他化学鉴别方法进行综合分析。

总体而言，显微镜法是纤维鉴别中重要的手段之一，特别适用于观察纤维的微观结构和细节。然而，对于一些复杂的纤维类型或需要化学成分鉴别的情况，可能需要结合其他方法和仪器进行综合分析。

在实践中过程中，因为观察纤维横截面形态需要进行切片，需要哈氏切片器或者类似装置，且切片对操作人员的操作要求较高，如纤维层厚度和涂胶厚度控制、切片操作等。因此，除非对横向形态有专门要求，否则一般只做纵向形态观察（表 3-6 和表 3-7）。

实验工具：生物显微镜，镊子，载玻片，盖玻片，胶头滴管，烧杯，挑针，剪刀等。

视频 3-2
显微镜法

表 3-6　各种纤维横截面和纵向的形态特征

纤维	纵向形态	横截面形态
棉	天然转曲	腰圆形，有中腔
苎麻	横节竖纹	腰圆形，有中腔，胞壁有裂纹
绵羊毛	鳞片大多呈环状或瓦状	近似圆形或椭圆形，有的有毛髓
山羊绒	鳞片大多呈环状，边缘光滑，间距较大，张角较小	多为较规则的圆形
兔毛	鳞片大多呈斜条状，有单列或多列毛髓	绒毛为非圆形，有一个中腔；粗毛为腰圆形，有多个中腔
桑蚕丝	平滑	不规则三角形
黏胶纤维	多根沟槽	锯齿形，有皮芯结构
醋酯纤维	1～2 根沟槽	梅花形
腈纶	平滑或 1～2 根沟槽	圆形或哑铃形
涤纶、锦纶、丙纶等	平滑	圆形
复合纤维	一根纤维由两种高聚物组成，其截面呈皮芯形、双边形或海岛形等	

表 3-7　各种纤维在电子显微镜下的横向纵向形态

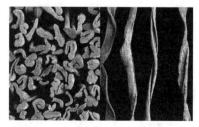

A. 棉纤维

B. 棉纤维（碱丝光后）

（续表）

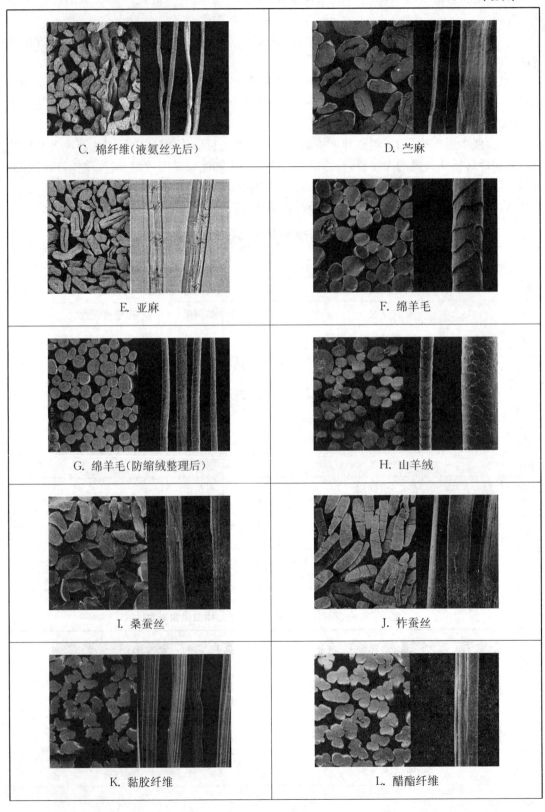

C. 棉纤维（液氨丝光后）

D. 苎麻

E. 亚麻

F. 绵羊毛

G. 绵羊毛（防缩绒整理后）

H. 山羊绒

I. 桑蚕丝

J. 柞蚕丝

K. 黏胶纤维

L. 醋酯纤维

（续表）

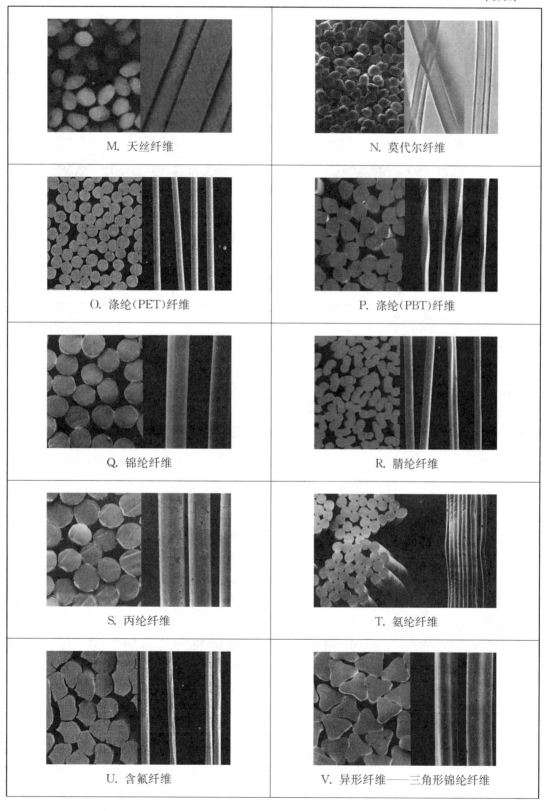

M. 天丝纤维

N. 莫代尔纤维

O. 涤纶（PET）纤维

P. 涤纶（PBT）纤维

Q. 锦纶纤维

R. 腈纶纤维

S. 丙纶纤维

T. 氨纶纤维

U. 含氟纤维

V. 异形纤维——三角形锦纶纤维

（续表）

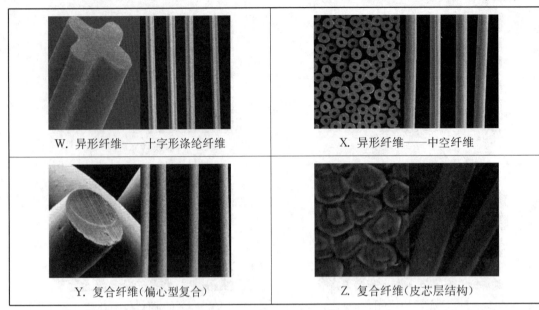

W. 异形纤维——十字形涤纶纤维	X. 异形纤维——中空纤维
Y. 复合纤维（偏心型复合）	Z. 复合纤维（皮芯层结构）

注：表中纵向形态与横截面形态图来自 ISO/TR 11827 和 JIS L 1030-1。

　　按照纤维的标准显微镜照片与相关数据，通过对比可以发现，丝光棉的纵向扭曲性消失，呈现圆柱形的状态，而且纤维两壁变得比较厚，带有一定的光泽；一些莱赛尔纤维在生产时被损伤，纤维出现不同程度的扭转，所以两者不易被区分。

　　大麻在经过织造染整处理后，会有不同程度的损伤，容易混淆纯纺大麻织物与棉麻混纺织中的大麻纤维，而大麻也很容易被人们误认为是低劣的棉，对定性分析造成一定的干扰。

任务六　化学溶解法鉴别纤维

　　课程思政：溶液配制要计算准确，配备试剂要严格按照实验操作规程，取试剂前必须阅读相关化学品安全周知卡，掌握应急处理方法，操作时要选择正确量具与容器，配备必要的通风橱和其他安全装置。操作注意安全与精度，不能浪费试剂；操作过程中注意力要集中，观察要仔细；鉴别完毕废弃溶液和纤维要倒入专用收集容器，不得随意倾倒；要关闭相关设备电源，实验工具要清理和摆放好。

　　纤维由于化学组成不同、结构不同，所以在有机、无机溶剂中的溶解性能也各不相同。故利用纤维在不同的化学溶剂中的溶解性能可判别纤维的种类。化学溶解法的特点如下：

　　（1）适用于常规纺织纤维，特别是合成纤维，包括染色纤维和混合成分的纤维、纱线与织物。

　　（2）不适用于改性的天然或化学纤维。

　　（3）不适用于两组分的复合纤维，容易误判，需要采用其他方法进行鉴别。

一、烧杯法

　　按照国家标准，实验时每种试样至少取样 2 份，每份 100 mg，溶解结果差异显著的，应予重试。试剂一般采用符合国家标准和化工部标准的标准试剂,为分析纯和化学纯。所用仪器与工具主要有:温度计、电热恒温水浴锅、封闭式电炉、天平、玻璃抽气滤瓶、比重计、量筒、25 mL 烧杯、500 mL 烧杯、木夹、镊子、玻璃棒、坩埚等。

1. 试验程序

(1)将 100 mg 纤维试样置于 25 mL 烧杯中。

(2)选择某种溶剂,烧杯中注入 10 mL 此溶剂。

(3)在常温(24～30 ℃)下用玻璃棒搅动 5 min(试样和试剂的用量比为 1∶100)。

(4)观察溶剂对纤维的溶解情况,如溶解、微溶、部分溶解和不溶解等。

(5)对有些常温中难以溶解的纤维,需加温做沸腾试验,用玻璃棒搅动 3 min(加热时必须用封闭式电炉,在通风橱里进行试验)。

(6)根据溶解情况,判别纤维品种。

操作过程中要注意试剂浓度、溶解温度和时间等条件,避免出错。

2. 试验工具

天平(感量 10 mg),温度计,恒温水浴锅,量筒,试管,小烧杯,镊子,实验用试剂。

表 3-8　常用纺织纤维溶解性能(室温 24～30 ℃)

纤维	盐酸 37%	硫酸 75%	硝酸 65%	氢氧化钠 5%煮沸	甲酸 85%	冰醋酸	二甲基甲酰胺
棉	I	S	I	I	I	I	I
麻	I	S	I	I	I	I	I
黏胶纤维	S	S	I	I	I	I	I
天丝	P	P	I	I	I	I	I
莫代尔	S0	S0	I	I	I	I	I
竹纤维	I	P	I	I	I	I	I
醋酯纤维	S	S	S	P	S	S	S
羊毛	I	I	△	S	I	I	I
蚕丝	S	S	S	I	I	I	I
大豆	P	P	S	I	△	I	I
涤纶	I	I	I	I	I	I	I
锦纶	S0	S	S0	I	S0	I	I
腈纶	I	S	S	I	I	I	S
丙纶	I	I	I	I	I	I	I
维纶	S0	S	S0	P	S	I	I
氨纶	I	S	I	I	I	I	I

表中:S—溶解;S0—快速溶解;SS—微溶;P—部分溶解;I—不溶解;△—膨胀。

二、显微镜法

检测机构的快速检测或针对一些溶解法难以用肉眼观察实验现象的纤维,会采用显微镜法鉴别纤维。操作步骤如下:

(1) 将所需鉴定的纺织品拆成纤维状,取几根纤维放在载玻片上,用胶头滴管在盖玻片边缘滴入1～2滴药剂,以完全浸润纤维为宜,盖上盖玻片,放在载物台上。

(2) 调整显微镜高度,找到纤维图像,用目镜观察纤维溶解情况。

整个操作过程中需注意化学试剂不要溢出,以免对显微镜镜头造成损伤。虽然在显微镜法鉴别中使用的试剂较少,但是仍然需要实验人员佩戴防护用具,以免造成人身伤害。

两种溶解法的原理相同,只是所用仪器不同,各有其特点和针对性。烧杯法易于操作,可用范围广,温度范围广,可观察纤维的溶解性能。显微镜法针对那些有微溶、溶胀、部分溶解等肉眼不好观察的溶解现象具有优势。

在某种或几种未知纤维进行系统鉴别时,由于一种溶剂常常能溶解多种纤维,因此,必须连续用几种溶剂进行溶解实验,并且用不同种溶解方法进行对比,方能对纤维进行鉴别。

纤维溶解实验结果的判定,在很大程度上取决于工作人员的经验和技巧,因此不能单凭溶解性这一种观察结果来作为鉴别的结论,一定要结合燃烧法、显微镜法、熔点法、着色法等其他方法,经两种以上的方法确定后,才能最终确定纤维种类。

三、常用化学试剂(表 3-9)

表 3-9　常用化学试剂

试剂名称	化学分子式	试剂名称	化学分子式
冰醋酸	CH_3COOH	乙酸铅	$Pb(CH_3COO)_2$
丙酮	CH_3COCH_3	二氯甲烷	CH_2Cl_2
硫氰酸铵	NH_4SCN	间二甲苯	C_8H_{10}
氯仿(三氯甲烷)	$CHCl_3$	苯酚(石碳酸)	C_6H_5OH
间甲酚;间-苯甲酚	$CH_3C_6H_4OH$	氢氧化钠	$NaOH$
环己烷	C_6H_{12}	次氯酸钠	$NaClO$
硝酸	HNO_3	硫酸	H_2SO_4
二甲基甲酰胺(DMF)	$HCON(CH_3)_2$	四氯乙烯	C_2Cl_4
甲酸	$HCOOH$	盐酸	HCl

任务七　系统分析法鉴别纤维

在纺织纤维鉴别的实践中,很多工作者综合多种纤维鉴别试验方法,根据各种纺织纤维不同的燃烧状态、融熔情况、呈色反应、溶解性能以及纤维的横截面、纵面显微形态特征等,加以系统分析、综合应用,这种方法称为系统分析法,此方法的特点是快速、准确、灵活、简便,是一种有效的纤维鉴别方法。

我国的 FZ/T 01057.11—1999 已经无法适应纤维和检测技术发展,因此于 2010 年被废除。目前国际标准和一些国外标准仍然有系统分析法鉴别纤维(表 3-10、图 3-2、图 3-3)。

表 3-10　ISO 标准中显微镜、化学溶解与红外光谱仪对未知纤维的检测方法

单一纤维	天然纤维	显微镜法——纵向形态	
	人造纤维/无机纤维	显微镜法——纵向形态	
	合成纤维	红外光谱仪测试	
两种及以上纤维	天然混纺纤维	显微镜法——纵向形态(对于麻类纤维可结合横向形态分析;对于羊毛或者其他特殊纤维使用电子显微镜分析)	
	人造/合成纤维混纺或人造/无机纤维混纺材料	混合检测	化学溶解法
		可手工分离出纤维的纱线	红外分光光度计测试
			显微镜法——纵向形态(对于人造纤维/无机纤维)
	天然纤维、人造纤维、合成纤维或无机纤维之间混纺	混合检测	化学溶解法(如果材料中含有羊毛,在溶解前先分离出来再进行溶解实验)
		可手工分离出纤维的纱线	显微镜法——纵向形态(人造纤维/无机纤维)
			红外分光光度计测试

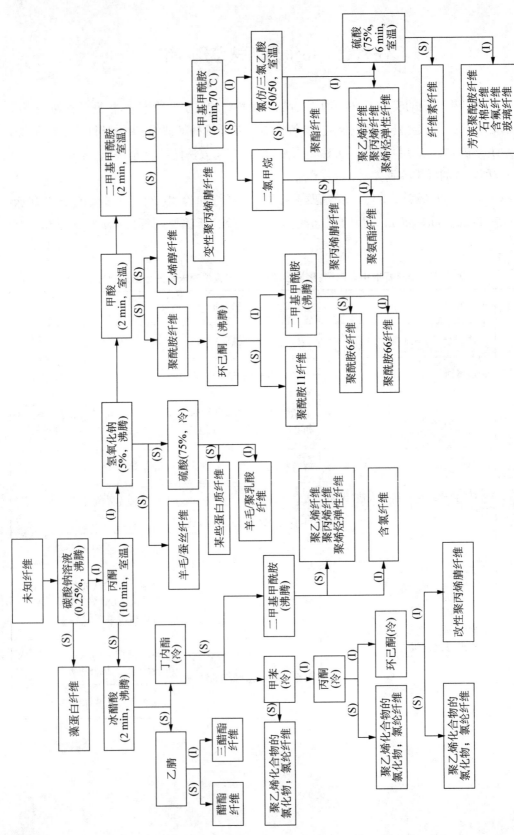

图 3-2 ISO 标准中的未知纤维化学溶解系统分析法

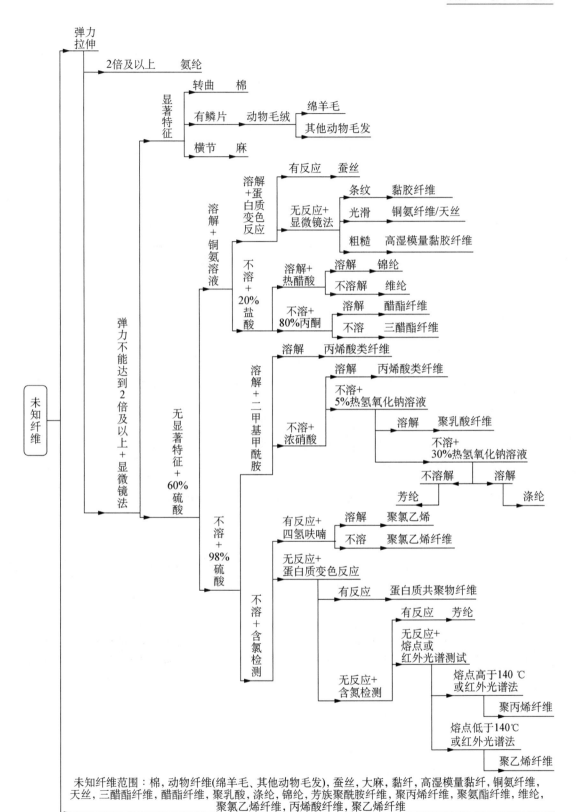

图3-3 JIS标准中纤维系统分析法

未知纤维范围：棉，动物纤维(绵羊毛、其他动物毛发)，蚕丝，大麻，黏纤，高湿模量黏纤，铜氨纤维，天丝，三醋酯纤维，醋酯纤维，聚乳酸，涤纶，锦纶，芳族聚酰胺纤维，聚丙烯纤维，聚氨酯纤维，维纶，聚氯乙烯纤维，丙烯酸纤维，聚乙烯纤维

纤维鉴别实验结果的判定,在很大程度上取决于工作人员的经验和技巧,因此不能单凭某一观察结果来作为鉴别的结论,一定要结合多种方法,才能最终确定准确的纤维种类。

练 一 练

1. 写出相关纤维中文名字。

Natural Fibers Cellulose
(Vegetable)
① Cotton
② Hemp
③ Jute
④ Linen
⑤ Ramie
⑥ Manila hemp (abaca)
Keratin（Animal）
⑦ Alpaca
⑧ Camel
⑨ Cashmere
⑩ Horse
⑪ Llama
⑫ Mohair
⑬ Rabbit
⑭ Vicuna

⑮ Wool
⑯ Yak
Fibroin（Animal）
Silk
　Bombyx (culivated)
　Tussah（wild）
Mineral
　Asbestos
Man-Made Fibers
⑰ Acetate
　Secondary
　Triacetate
⑱ Acrylic
⑲ Aramid
⑳ Azlon
㉑ Glass
㉒ Metallic
㉓ Modacrylic

㉔ Nylon
　6/66/11
㉕ Nytril
㉖ Olefin
　Polyethylene
　Polypropylene
㉗ Polybenzimidazole
㉘ Polyester
　Elastrelle
㉙ Rayon
　Cupra mmonium
　Lyocell
　Viscose
㉚ Rubber
㉛ Saran
㉜ Spandex
㉝ Vinyon

2. 翻译下述实验操作流程。

Procedure：

Place several of the unknown fibers in the solvent at the indicated temperature. Wait for the specified period and check to see whether the fibers have been dissolved. The fibers should be watched during the test to determine whether there might be a mixture of fiber types，some of which are soluble and some insoluble.

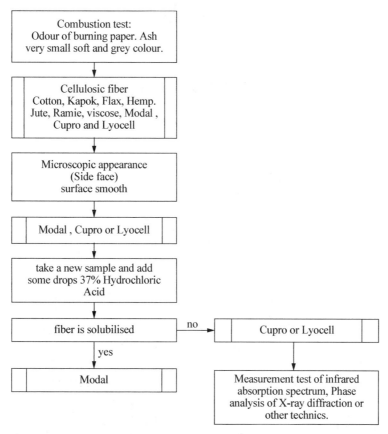

3. 翻译实验项目与现象,并分析出该纤维的类型。

1. Combustion test				
A. When approaching to flame	**B. In the flame**	**C. When separated from flame**	**D. Odour**	**E. Ash**
Burns immediately when touching the flame	Burns	Continuous burning and burns very rapidly, Residual illumination exists	Odour of burning paper	Very small soft and grey colour
2. Existence of Chlorine	**3. Existence of Nitrogen**	**4. Microscopic appearance**		**5. Colouring by iodine-potassium iodide**
		Side face	**Cross section**	
No	No	Flat ribbon state and natural twists over the total length appear (in mercerised cotton these are little)	There are various types such as broad bean type, and those having hollow part (mercerised cotton becomes round)	No colouring (mercerised cotton becomes faint blue)
Conclusion（type of fiber）:				

项目四

//

常见纱线识别与检测

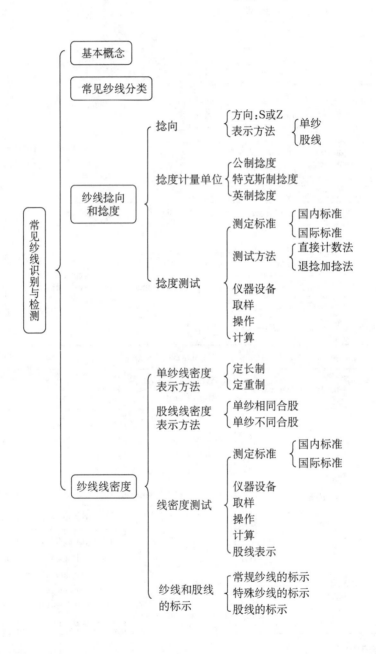

任务一 识别常见纱线

一、基本概念

纱是由一股纤维束捻合而成的,短纤维纱是以短纤维为原料经过纺纱工艺制成的纱。线是由两根或两根以上的单纱并合加捻制成的。用来形成股线的单纱,可以是短纤纱,也可以是长丝纱;可以是同一种原料,也可以是不同纤维原料的;可以同为短纤纱或长丝纱,也可以是不同的。

连续长丝纱,简称长丝或丝。有化学纤维长丝纱和天然纤维长丝纱两种。化学纤维长丝是纤维成型的同时集束成纱;天然长丝纱主要是天然蚕丝(图4-1)。

A.单纱　　B.股线　　C.绳　　D.短纤纱　E.单丝　F.丝束　G.双股线　H.多股线　　I.复捻股线　J.花式纱 K.竹节纱

图4-1　各种结构类型的纱线

二、常见纱线分类

纱线的品种繁多,性能各异。它可以是由天然纤维或各种化学短纤维制成的纯纺纱,也可以是由几种纤维混合而成的混纺纱,还可以是由化学纤维直接喷丝处理而成的长丝纱(表4-1)。通常,可根据纱线所用原料、纱线粗细、纺纱方法、纺纱系统、纱线结构及纱线用途等进行分类(图4-2和图4-3)。

表4-1　常见纱线中英对照表

纯纺纱线 pure yarn	单纱 strand	丝光纱线 mercerized yarn
混纺纱线 blended yarn	股线 ply yarn	烧毛纱线 gassed yarn
全消光丝 FD(full dull)	单丝 monofil	染色纱线 dyed yarn
半消光丝 SD(semi-dull)	长丝 filament	粗纺纱线 carded yarn
有光丝 BR(bright)	短纤 spun/staple yarn	精纺纱线 combed yarn
全拉伸丝 FDY(full drawn yarn)	丝线 silk thread	废纺纱线 waste yarn
预取向丝 POY(pre oriented yarn)	复丝 multi filament	三角异形丝 triangle profile
拉伸变形丝 DTY(draw textured yarn)	捻丝 twisted yarn	空气变形丝 air-jet texturing yarn
	花式纱线 fancy yarn	超细纤维 micro-fiber
牵伸加捻丝 DT(draw twist)	变形纱线 textured yarn	
	包芯纱 core spun yarn	

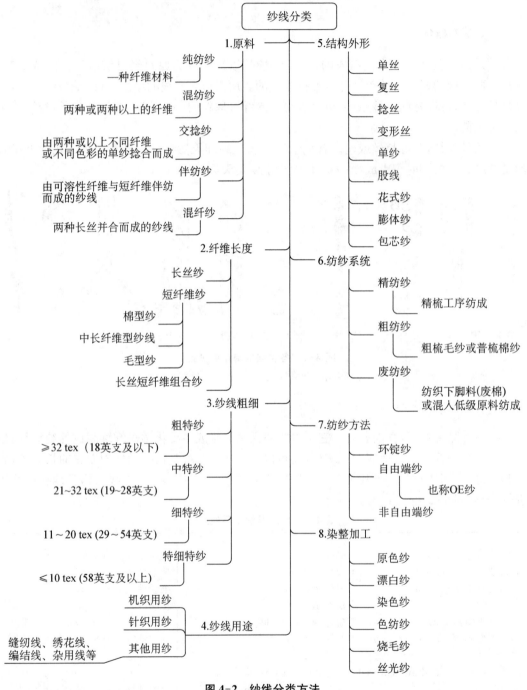

图 4-2 纱线分类方法

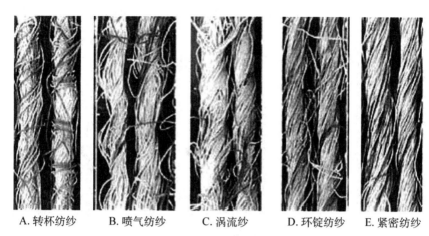

A. 转杯纺纱　　B. 喷气纺纱　　C. 涡流纱　　D. 环锭纺纱　　E. 紧密纺纱

图 4-3　各种纱线的外观形态

三、纱线品种代号（表 4-2）

表 4-2　纱线品种代号

品种	代号	品种	代号
经纱（线）	T	纯棉纱线	C
纬纱（线）	W	有光黏胶纱（线）	RB
绞纱（线）	R	无光黏胶纱（线）	RD
针织用纱	K	棉/维混纺纱	C/V
筒子纱线	D	涤/黏混纺纱	T/R
起绒用纱	Q	涤/棉混纺纱（涤纶含量≥50%）	T/C
精梳纱线	J	涤/棉混纺纱（棉含量≥50%，一般为 65% 及以上）	CVC
精梳针织用纱（线）	JK	气流纺纱	OE
烧毛纱（线）	G	竹节纱	SB

任务二　纱线捻向和捻度测定

　　加捻是短纤维捻合形成纱线的必要加工手段,通过加捻提高纱中纤维之间的摩擦力与抱合力,提高纱线的强度、弹性、手感与光泽,同时使织物取得良好的服用性能。纱线的捻度与捻向是两个十分重要的工艺参数。

一、捻向

　　加捻的捻回是有方向的,称为捻向。捻向分 Z 捻和 S 捻两种（图 4-4）。捻向的表示方法有规定,单纱可表示为:Z 捻或 S 捻,实际使用中单纱多以 Z 捻出现;股线则因其捻向可与单纱捻向相同或相反,须将二者的捻向均加以标注,第一个字母表示单纱的捻向,第二个字母表示股线的捻向。经过两次加捻的股线,第三个字母表示复捻捻向(图 4-5)。例如单纱为 Z 捻,初捻为 S 捻,复捻为 Z 捻的股线,其捻向表示为 ZSZ 捻。

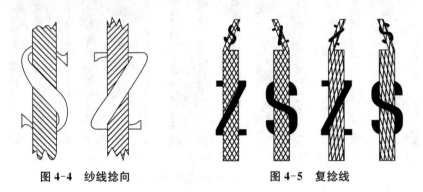

图 4-4　纱线捻向　　　　　　　　图 4-5　复捻线

二、捻度

捻度是指单位长度纱线中的捻回数,是表示纱线加捻程度的物理指标。根据单位长度的衡量方法不同,可将捻度分为公制捻度、特克斯制捻度和英制捻度。

我国常用的捻度测试方法有直接退捻法(或称直接计数法)和退捻加捻法两种。棉纺厂的粗纱、股线采用直接退捻法,而细纱采用退捻加捻法。

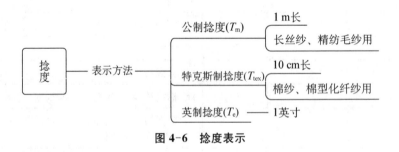

图 4-6　捻度表示

三、纱线和股线的标示

纱线作为一种商品,在商业贸易中必须有一个标记,用以说明这种纱线的技术规格。标记的内容一般应包括纱线的线密度、长丝的根数、每次加捻的捻向及捻度、股线的组分数等。

在纱线标记中,国家标准规定以 R 代表"最终线密度",置于线密度数值之前;以 f 代表"长丝",置于长丝根数之前;以 t0 代表"无捻"。

1. 常规纱线的标示

纱线的标示方法有两种,第一种方法以单纱的线密度为基础,即将单纱技术规格写在前面,而将并捻后的最终线密度附在后面,中间用分号隔开;第二种方法以最终线密度为基础,即将并捻后的纱线技术规格写在前面,而将单纱的线密度附在后面,中间用分号隔开。

［例］40 texZ660 表示纱的线密度为 40 tex,捻向为 Z,捻度为 660 捻/m;

133 dtex f40t0 表示线密度为 133 dtex、长丝根数为 40 的无捻复丝;

133 dtex f40S1000；R136 dtex 表示线密度为 133 dtex、长丝根数为 40 的加捻复丝，捻向为 S，捻度为 1 000 捻/m，最终线密度为 136 dtex。

国家标准同时规定，如不需要，可省略纱线的捻向、捻度以及长丝根数，但说明无捻纱应用无捻符号。如：40 tex Z660 可缩写为 40 tex；133 dtex f40t0 可缩写为 133 dtex t0；34 tex S600×2Z400；R69.3 tex 可缩写为 34 tex×2；R69.3 tex。

2. 特殊纱线的标示

(1) 棉氨纶包芯本色纱的品种代号：如针织用精梳棉氨纶包芯本色纱，其线密度为 13 tex；氨纶长丝的规格为 44.4 dtex(40D)；棉与氨纶混纺比例为 C/S93/7；其品种代号为 C/S93/7 J13(44.4 dtex(40D))K。

(2) 生丝/氨纶包缠丝的品种代号：如生丝 20/22Df2/氨纶 20Df1Z1500 BC，表示 2 根 20/22D 生丝并合后以 Z 向包缠于 1 根 20D 氨纶长丝，包缠度为 1 500 圈/m。

(3) 竹节纱标识参数包括基纱号数、竹节号数（倍率）、平均号数、竹节长度（节长）、竹节间距（节距）等。如：竹节纱平均号数为 18.5 tex，节长为 12～26 cm，节距 30～46 cm，竹节倍率 2。竹节面料标识如：20/2*(9 长竹＋10JC 平)/96*65，5/3 缎，20/2 代表经纱是 2 条 20 英支纱以一定捻度加捻而成的双股线；9 长竹＋10JC 平代表纬纱是 9 英支长竹节纱和 10 英支精梳平纱两种纱组成，5/3 缎代表 5 上 3 下缎纹（纱线比例、捻度等技术参数需要拆分分析）。

3. 股线的标示

(1) 组分相同的股线：组分相同的股线依次标识单纱的标记、乘号"×"、单纱根数、合股捻向、合股捻度和最终线密度。例如，34 tex S600×2Z400；R69.3 tex，表示 2 根标记为"34 tex S600"的单纱捻合的股线，合股捻向为 Z，捻度为 400 捻/m，最终线密度为 69.3 tex。

(2) 组分不同的股线：组分不同的股线依次标示单纱的标记（用加号"＋"连接并加上括号）、合股捻向、合股捻度和最终线密度。如(25 tex S420＋60 tex Z80) S360；R89.2 tex，表示一根标记为"25 tex S420"的单纱和一根标记为"60 tex Z80"的单纱捻合的股线，合股捻向为 S，捻度为 360 捻/m，最终线密度为 89.2 tex。

四、纱线捻度测试

(一) 有关标准

GB/T 2543.1（直接计数法）

GB/T 2543.2（退捻加捻法）

ISO 2061(*Deter mination of twist in yarns—direct counting method*)

ISO 17202(*Deter mination of twist in single spun yarns—untwist/retwist method*)

ASTM D1422/D1422M-B(*Twist in single spun yarns by the untwist-retwist method*)

(二) 测试

(1) 仪器设备：捻度测试仪，分析针，放大镜。如有需要可以配备衬板。

(2) 按 GB/T 6529 规定的标准大气进行调湿和试验。

(3) 取样：试样长度至少应比试验长度长 7～8 cm，夹持试样过程中不退捻，宽度应满足试验根数（表 4-3）。裁剪 1 块经向试样，5 块纬向试样。对于纬向试样，5 块试样分布于不同部位,且试验根数在各试样之间的分配大致相等。试验长度和试验根数按表规定。如要达到特殊要求的精确度,则试验数量应由统计确定。

表 4-3　试验长度和试验根数

纱线种类	试验根数	试验长度(cm)
股线和缆线	20	20
长丝纱	20	20
短纤纱	50	2.5

短纤纱:①在测定长韧皮纤维干纺的原纱(单纱)时,可试验 20 根,试验长度用 20 cm;②对于某些纤维很短的纱线,如棉短绒,可采用 1.0 cm 的最小试验长度。

(4) 步骤。首先判断捻向(S 或 Z),其次选择下列方法中适合的方法测定捻数。

(1) 直接计数法(GB/T 2543.1):试样一端固定,另一端向退捻方向回转,直至纱线中的纤维完全伸直平行为止。退去的捻度即为该试样长度的捻数。直接计数法是测定纱线捻度最基本的方法,测定结果比较准确,常作为考核其他方法准确性的标准。但该方法工作效率低,如果纱线中纤维有扭结,纤维就不易分解平行,而且分解纤维时纱线容易断裂。直接计数法一般用于测定粗纱或股线捻度。

① 短纤维单纱:试验初始长度应尽量长,但应略小于短纤维单纱中短纤维的平均长度。通常使用的试验初始长度在表 4-4 中列出。

表 4-4　纱线种类对应初始长度

纱线种类	试验初始长度(mm)	纱线种类	试验初始长度(mm)
棉纱	10 或 25	梳毛纱	25 或 50
精梳毛纱	25 或 50	韧皮纤维	100 或 250

② 复丝单纱、股线和缆线:见表 4-5。

表 4-5　捻度对应初始长度

捻度(捻/m)	初始长度(mm)	捻度(捻/m)	初始长度(mm)
≥1 250	250±0.5	<1 250	500±0.5

(2) 退捻加捻法(GB/T 2543.2):退捻加捻法是假设在一定张力下,纱线解捻引起纱线伸长量与反向加捻时纱线缩短量相同的前提下进行测试的,此方法常用纱线捻度测试仪进行测试。测试时,在规定的预张力下,取规定长度的纱线,两端夹紧,右纱夹先反转退捻,使纱线伸长至一定的允许伸长量。指针被定位片挡阻,纱线不能继续伸长,以防止退捻至纤维伸直平行时纱线断落。当纱线上的捻度全部退完后,右纱夹继续旋转,纱线开始反向加捻,长度缩短直到纱线恢复原长为止。纱上的捻回数即为退捻加捻总捻回数的一半。此法工作效率高,操作方便,但初始张力和允许伸长量的变化对测试结果影响大,必须严格按标准要求进行选择。

① 试样长度:(500±1)mm。

② 允许伸长的确定:设置隔距长度 500 mm,调整预加张力到(0.5±0.10)cN/tex。将

试样夹持在夹钳中,并将指针置于零位。以每分钟 800 转或更慢的速度转动夹钳,直到纱线中纤维产生明显滑移。读取在断裂瞬间的伸长值,精确到 ±1 mm,如果纱线没有断裂,读取反向加捻前的最大伸长值。

按照上述方式进行 5 次试验,计算平均值。取上述伸长值的 25% 作为允许伸长的限位位置。

③ 选择预加张力:见表 4-6。

表 4-6　捻系数确定预加张力

精纺毛纱	预加张力(cN/tex)	除精纺毛纱以外	预加张力(cN/tex)
$\alpha < 80$	0.10±0.02		
$\alpha = 80 \sim 150$	0.25±0.05	0.50±0.10	
$\alpha > 150$	0.50±0.05		

④ 退捻加捻测试:

a. 方法 A——一次法

设置隔距长度(500±1)mm。舍弃 2~3 m 纱线,将试样固定在可移动夹钳上,注意不要使捻度有任何变化。在选定的预加张力下将试样引入旋转夹钳,调整试样长度使指针置于零位,拧紧夹钳。以(1 000±200)r/min 的速度退捻,然后再反向加捻直到指针回复到零位。

记录计数器示值,该值代表每米的捻度。在两个连续试样之间舍弃大约 1 m 纱线。

b. 方法 B——二次法

执行一次法的全部程序后,不要把计数器置零。取第二个试样并按照上述要求将其固定在夹钳之间,以(1 000±200)r/min 的速度将纱线退捻,当退捻到(名义的,或预备试验测得的)捻度的 1/4 时再反向加捻,直到指针回复到零位。

记录计数器示值,该示值代表每米的捻度。重复上述双试样程序,直到试验完要求的试样数量。在两个连续试样之间舍弃大约 1 m 纱线。

c. 自动捻度试验仪法

将卷装纱或绞纱的线端固定到捻度试验仪的引纱系统,注意不要使捻度有任何变化。调整预加张力和允许伸长。从键盘输入下列参数:方法 A 或 B;名义捻度或预备试验测得的捻度;预加张力;每一卷装纱的试验数量;全部试验数量。

⑤ 结果计算(结果保留一位小数):由于试样长度为 500 mm,计数器示值即以每米表示的捻度(公制捻度)。

样品平均捻度计算:

$$T_m = \frac{1}{n}\sum_{i=1}^{n} T_{mi} \qquad T_{tex} = \frac{1}{10}T_m \qquad (4-1)$$

式中:T_m 为样品公制捻度平均值(捻/m);T_{mi} 为全部样品公制捻度总和(捻/m);T_{tex} 为特克斯制捻度[捻/(10 cm)];n 为样品数量。

捻系数计算：

$$\alpha_m = T_m / \sqrt{N_m}\,; \quad \alpha_{tex} = T_{tex}\sqrt{Tt} \tag{4-2}$$

式中：N_m 为样品公制支数；Tt 为样品线密度（tex）。

任务三　纱线线密度测定

一、单纱线密度表示方法

线密度是指纤维、单纱、网线、绳索等单位长度的质量，描述纱线粗细程度的指标，其表示形式分定长制和定重制两类，测量计算都是采用纱线的公定回潮率时的质量（图4-7）。

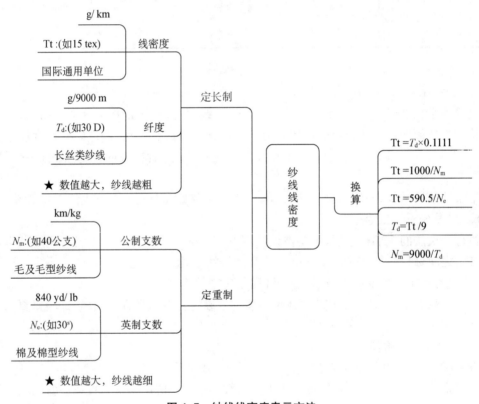

图 4-7　纱线线密度表示方法

法定单位特克斯的千分之一、十分之一和一千倍，分别称为毫特（mtex）、分特（dtex）和千特（ktex）。特克斯对于棉型纱线俗称为号数。

对于一些超细且长丝纱线，也会在长丝后面对单位面积纤维根数进行标识，如30D/72f，表示纱线纤度为30旦尼尔，其截面由72根单纤维组成。

二、股线线密度表示

在定长制细度指标下，股线的线密度数值大于组成股线的单纱线密度之和。使用不同的细度指标时,股线线密度的表示方法不同。实际中使用所谓的"公称线密度",即纱线名义上的细度,公称线密度不计由单纱并合加捻后纱线长度的伸缩,规定股线的线密度按照表4-7所示方法表示。

表 4-7　股线线密度表示方法

线密度表示		单纱情况	表示方法		股线粗细
定长制	线密度	线密度相同	股线公称线密度＝单纱公称线密度×股数	14 tex×2	28 tex
		线密度不同	股线公称线密度＝各单纱公称线密度相加	(16＋18)tex	34 tex
	纤度	纤度相同	股线公称纤度＝单丝股数×单丝公称纤度	20×2 D	40 D
		纤度不同	股线公称纤度＝各单丝公称纤度相加	70 D/50 D	120 D
定重制	公支或英支	支数相同	股线公称支数＝单纱公称支数/股数	72/2公支 60^s/2(英支)	36 公支 30^s
		支数不同	股线公称支数＝ $1/(1/N_1＋1/N_2＋\cdots＋1/N_n)$	60^s/40^s	$1/(1/60＋1/40)＝24^s$

三、纱线线密度测试

(一) 相关标准

1. GB/T 29256.5(织物中拆下纱线线密度的测定)

2. GB/T 4743(卷装纱纱线线密度的测定绞纱法)

3. GB/T 17686(排列法)

4. GB/T 6100(中段称重法)

5. GB/T 14343(长丝线密度试验方法)

6. GB/T 14335(短纤维线密度试验方法)

7. GB/T 14343(长丝线密度试验方法)

8. FZ/T 01152(纬编针织物线圈长度和纱线线密度的测定)

9. ISO 7211-5(*Deter mination of linear density of yarn removed from fabric*)

10. ISO 1973(*Textile fibres-deter mination of linear density-gravimetric method and vibroscope method*)

11. ISO 2060(*Textiles-yarn from packages-deter mination of linear density（mass per unit length）by the skein method*)

12. ISO 23733(*Textiles-chenille yarns-test method for the deter mination of linear density*)

13. ASTM D1907/D1907M-12(*Linear density of yarn by the skein method*)

(二) 织物中纱线线密度的测定方法(GB/T 29256.5)

(1) 按 GB/T 6529 规定的标准大气进行预调湿、调湿和试验。

(2) 精度要求:天平精度为试样最小质量的 0.1%,测定纱线伸直长度的钢尺最小分度值为毫米(mm)。

(3) 取样:①取样要求经向 2 块,纬向 5 个,每个试样最好长度相同,约为 250 mm,宽度至少包括 50 根纱线;②在每个试样中拆下 10 根纱线并测量其伸直长度(精确至 0.5 mm),然后再在每个试样中拆下至少 40 根纱线进行称重,与同一试样中已测取长度的 10 根形成一组。

(4) 方法步骤:

① 未去除非纤维物质的织物中拆下纱线线密度的测定:

方法 A——在标准大气中调湿和称量:将纱线试样置于试验用的标准大气中平衡 24 h,或每隔至少 30 min 其质量的递变率不大于 0.1%。称量每组纱线。

方法 B——烘干和称量:把纱线试样放在烘箱中加热至 105 ℃,并烘至恒定质量,直至每隔 30 min 质量递变率不大于 0.1%。称量每组纱线。

② 去除非纤维物质的织物中拆下纱线线密度的测定。

③ 股线中单纱线密度的测定。按上述程序测定的股线的线密度值,其结果表示最终线密度值。如果需要各单纱的线密度值(例如,单纱线密度不同的股线),先分离股线,将待测的一组分单纱留下,然后按上述方法测定其伸直长度和质量。

(5) 计算:

对每个试样计算测定的 10 根纱线,计算平均伸直长度。按以下公式分别计算每个试样的线密度,以经纱线密度平均值和纬纱线密度平均值作为试验结果,保留一位小数。

方法 A:

$$Tt_c = \frac{m_c \times 1\ 000}{\overline{L} \times N} \tag{4-3}$$

式中:Tt_c 为调湿纱线的线密度(tex);m_c 为调湿纱线的质量(g);$\overline{L}$ 为纱线的平均伸直长度(m);N 为称量的纱线根数。

方法 B:

$$Tt = \frac{m_D \times 1\ 000}{\overline{L} \times N} \tag{4-4}$$

式中:Tt 为调湿纱线的线密度(tex);m_D 为调湿纱线的质量(g);$\overline{L}$ 为纱线的平均伸直长度(m);N 为称量的纱线根数。

计算结合商业允贴或公定回潮率的纱线线密度,式中:

T_R 为结合商业允贴或公定回潮率的纱线线密度(tex);T_D 为烘干纱线的线密度(tex);R 为纱线的商业允贴或公定回潮率。

(6) 股线的线密度表示

单纱线密度相同的股线,以单纱的线密度值乘股数来表示;单纱线密度不同的股线,以单纱的线密度值相加来表示。

例:34 tex×2　　　→　　R 69.3 tex

　　26 tex+60 tex　→　　R 89.2 tex

其中:R 后面的数字表示股线的最终线密度值。

练 — 练

1. 纱线的捻向分为_____捻和_____捻；一般单纱为_____捻；股线为_____捻。单纱捻度测试用_____法；股线捻度测试用_____法。

2. 英制支数含义。

3. 蚕丝细度表达式 28/30 D 的含义。

4. 36 tex,56 捻/10 cm 的纱线的捻系数是多少？

5. 涤纶 POY111 dtex 96f 含义。

6. JC14 tex 含义是什么？

7. 下列可以作为纤维线密度的直接指标的是(　　)。
   A. 特克斯　　　　　B. 旦尼尔　　　　　C. 英制支数　　　　　D. 直径

8. 下列表示股线线密度的方法中,(　　)不正确。
   A. 14 tex×2　　　B. (16 tex+18 tex)　　C. 50/2 公支　　　D. $25^S×2$

9. 以下几种棉纱,捻度都是 80 捻/10 cm,则加捻程度最大的是(　　)。
   A. 7 tex　　　　　B. 13 tex　　　　　C. 28 tex　　　　　D. 40^S

10. 纱线测试实操

A. 线密度测试(已知测试面料经纬纱实际回潮率为 12%)

项目	纱线	长度(mm)	根数	平均伸直长度(mm/根)	质量(g)	线密度(tex)/纤度(D)	贴样
纱线线密度测定	经纱 1						
	经纱 2						
	纬纱 1						
	纬纱 2						
	说明：当织物同一方向线密度只有 1 种时,只需填经纱 1、纬纱 1；当织物同一方向不同线密度纱线较多时,只需填写 2 种。						

B. 织物经纬纱线捻度测试

项目	纱线	类别	捻向	预加张力(cN)	试验长度(mm)	捻回数 次数					平均捻度(捻/10 cm)	贴样
纱线捻度测定	经纱					1	2	3	4	5		
	纬纱					1	2	3	4	5		
	说明：1. 类别填写短纤维纱、长丝纱、包芯纱等。 2. 若为股线,只需测定股线捻度,不需再次测定股线中各组分的捻度。 3. 当织物经向或纬向有捻度不同的纱线,只需测占比例较大的那种纱线的捻度。											

项目五

面料识别与检测

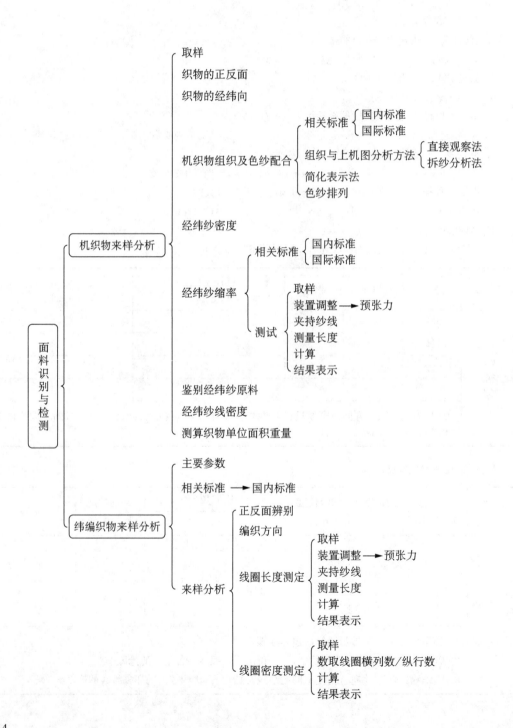

任务一　织物来样分析

织物来样分析是对送样的织物进行详细的检测和分析,以了解其组成、性能和质量。这种分析需要由专业技术人员、质量控制人员或实验室技术人员执行。织物来样分析的目的是确保织物的质量符合预期要求,或者解决可能存在的问题。

织物来样分析通常需要在试验室环境下进行,使用专业的测试仪器和设备。不同类型的织物可能需要不同的测试方法和标准。对于高品质织物或具有特殊用途的织物,来样分析可以帮助生产厂商和消费者了解其性能和质量,确保符合预期的标准和要求。

设计或仿制某种织物,必须先对织物进行分析,获得上机工艺资料,用以指导织物的织造。所以,设计人员必须掌握织物分析的方法。

各种织物所采用的原料、组织、密度、纱线的线密度、捻向和捻度、纱线的结构及织物的后整理方法等都各不相同,因此形成的织物在外观及性能上也各不相同。

一、取样

对织物进行分析,首先要取样,所取的样品须能准确地代表该织物的各种性能,样品上不能有疵点,并力求处于原有的自然状态。而样品资料的准确程度与取样的位置、样品的大小有关,所以对取样的方法有一定的规定。

织物在加工过程中一直受到各种外力作用,外力在织物下机后会消失,织物在幅宽和长度方面会略有改变,这种变化造成织物边部、中部和织物两端的密度及其他一些物理机械性能都存在差异。为了使测得的数据具有准确性及代表性,对取样的位置一般有如下规定:从整匹织物中取样时,样品到布边的距离一般不小于 5 cm。长度方向上,样品离织物两端的距离,在棉织物上不小于 $1.5\sim3$ m,在毛织物上不少于 3 m,在丝织物上约 $3.5\sim5$ m。

织物分析是项消耗性试验,在保证分析资料正确的前提下,尽量减小试样的大小。简单织物的试样可取得小些,一般取 15 cm×15 cm。组织循环较大的色织物一般取 20 cm×20 cm。色纱循环大的色织物(如床单)最少应取一个色纱循环的面积。对于大花纹织物(如被面、毯类等),因经、纬纱循环很大,一般分析部分具有代表性的组织结构。

二、面料经纬向与正反面确定

面料的外观特征识别主要包括面料的经纬向、正反面、倒顺的识别。

(一) 机织面料经纬向的识别(表 5-1)

表 5-1　经纬向识别

序号	面料情况	经向	纬向
1	带布边	与布边平行的纱线方向	
2	带浆料	上浆方向	

(续表)

序号	面料情况		经向	纬向
3	经纬纱密度不一样		密度大	密度小（横贡缎类织物除外；灯芯绒面料除外,灯芯绒属于双纬织物,纬密大于经密）
4	面料伸缩性		伸缩性较小,手拉时紧而不易变形	手拉时略松而有变形
5	经纬纱线密度、捻向、捻度都差异不大		纱线条干均匀、光泽较好	
6	面料经纬纱粗细不同		细者	粗者
7	有一个系统的纱线具有多种不同的线密度		为经向	
8	单纱织物的成纱捻向不同		Z 捻向	S 捻向
9	对半线织物		股线方向	单纱方向
10	成纱捻度不同		捻度大	捻度小（少数面料例外,如碧绉、双绉等）
11	条纹外观面料		条子方向	
12	长方形格子外观		长边方向	
13	毛巾类织物		起毛圈的纱线方向	不起毛圈
14	纱罗织品		有扭绞的纱	
15	绒条面料		沿绒条方向	纬起毛
16	花式线织物			花式线多
17	筘痕明显的布料		筘痕方向	
18	不同原料交织物	棉毛或棉麻交织物	棉	
19		毛丝交织物	丝	
20		毛丝棉交织物	丝、棉	
21		天然丝与绢丝（或人造丝）	天然丝	
22	牛仔织物		蓝色或者黑色纱	白色纱

（二）机织面料的正反面区别（表 5-2）

表 5-2　正反面向识别

序号	面料情况		正面	反面
1	一般织物		花纹色泽均比反面清晰美观	
2	素色平纹面料		无明显区别,看布边	
3	斜纹面料	纱结构斜纹面料	左斜纹	
4		半线和线结构斜纹面料	右斜纹	

（续表）

序号	面料情况		正面	反面
5	缎纹面料		平整、光滑、明亮，浮线长而多。经面缎纹的正面布满经浮长线，纬面缎纹的正面布满纬浮长线(绉缎除外)	组织不清晰、光泽较暗
6	条格外观		正面的格子或条纹比反应明显、均匀、整齐	
7	凸条及凹凸织物，提花织物		紧密而细腻，具有条状或图案凸纹，色泽上也比较亮丽	较粗糙，有较长的浮长线
8	毛圈面料		毛圈丰满、立体感强的一面为正面	
9	轧花、轧纹、轧光面料		光泽好、花纹清晰面为正面	
10	烂花、植绒面料		花型饱满、轮廓清晰面为正面	
11	绒类(起毛)面料	单面起绒	有绒毛为正面	
12		双面起绒	绒毛较紧密整齐为正面	反面光泽稍差
13	印花织物		印花图案清晰度佳为正面	
14	印花起绒面料		起绒的方向决定	
15	双层-多层织物，正反面的经纬密度不同		有较大的密度或原料较佳为正面	
16	纱罗织物		纹路清晰绞经凸出一面为正面	
17	毛巾织物		毛圈密度大为正面	
18	看布边		布边光洁整齐的一面为正面	
19			布边织有或印有文字、号码，字迹清晰、凸出、正写的一面为正面	
20			针眼凸出的一面为正面	
21	整片的织物		若布匹粘贴有说明书商标和盖有出厂检验章，没有的一面为正面	
22			整理好的面料在成匹包装时，每匹布头朝内的一面为正面	
23			双幅呢绒面上大多对折包装，里层为正面	

　　多数织物，其正面反面有明显的区别，但也有不少织品的正反面极为相似，两面均可应用，因此对这类织物可不强求区别其正反面。毛绒面料除了在排版剪裁之前的正反面区分之外，更重要的是它的纱向(倒顺毛)的区分。

　　(三) 面料倒顺方向的识别

　　起绒面料由于面料组织结构、工艺等原因，毛不能完全与地组织垂直，会略倒向一边，因而倒毛、顺毛方向不同，表现出面料的光泽不同，制作过程中不注意倒顺毛的配置会造成服装表面的色差明显，外观质感不一致，影响服装的协调统一性和质量。有方向性图案的面料也存在类似问题。分辨方法具体见下：

（1）起绒面料：平绒、灯芯绒、金丝绒、乔其绒、长毛绒和顺毛呢绒倒顺方向明显。用手抚摸面料表面，毛头倒伏，顺滑且阻力小的方向为顺毛，顺毛光亮、颜色浅淡；毛头撑起，顶逆而阻力大的方向为倒毛，倒毛光泽暗，颜色深。立绒类面料，绒毛直立无倒顺。

（2）带有方向性图案的面料：有些印花图案和格子面料是不对称的且有方向性，按其头尾、上下来分倒顺。有些闪光面料，在各个方向上的光效应不同，要注意顺倒方向光泽的差别。

任务二　织物中纱线织缩率测定

经纬纱缩率是织物结构参数的一项内容。测定经纬纱缩率是为了计算纱线的线密度和织物用纱量等。由于纱线在形成织物后，经（纬）纱在织物中交错屈曲，因此织造时所用纱线长度大于所形成织物的长度。

经纬纱缩率是工艺设计的重要依据，它对纱线的用量、织物的物理力学性能和织物的外观均有很大的影响。影响缩率的因素很多，如织物组织、经纬纱原料及线密度、经纬纱密度及在织造过程中纱线的张力不同等，都会引起缩率的变化。

一、相关标准

GB/T 29256.3（织物中纱线织缩的测定）

ISO 7211-3（*Deter mination of crimp of yarn in fabric*）

二、测试

（1）仪器设备：伸直纱线和测量装置，钢尺（最小分度值为 1 mm），分析针。

（2）按 GB/T 6529 规定调湿，并免除皱褶。

（3）取样：剪裁 5 个长方形试样，其中 2 个试样长度方向沿着样品的经向，3 个试样的长度方向沿样品的纬向。裁剪试样的长度至少为试样夹钳内长度的 20 倍，宽度至少含有10 根纱线。如果织缩率与纱线线密度一起测量，则需要另外准备 2 块纬向试样，保证能代表5 个不同纬纱卷装，所有试样的长度统一为 250 mm，宽度至少包括 25 根纱线。

（4）装置调整（表 5-3）：

表 5-3　不同类型纱线提供的预张力

纱线类别	线密度（tex）	预加张力（cN/tex）
棉纱、棉型纱	≤7	0.75×线密度值
	>7	0.2×线密度值+4
毛纱、毛型纱及中长型纱	15～60	0.2×线密度值+4
	61～300	0.07×线密度值+12
非变性长丝纱	所有线密度	0.5×线密度值

（5）夹持纱线：夹持纱线时两端要各预留 1 cm 仍交织着，拆纱时尽量避免退捻，纱线头端夹入伸直装置的一个夹钳，使纱线的头端与基准线重合，然后闭合夹钳。从织物拆下另一端，按前面方法夹入另一夹钳。

（6）测量长度：使两个夹钳分开，达到预定张力，测量两夹钳之间距离。

测试时，从 5 个试样中各测 10 根纱的伸直长度。

（7）计算：对每个试样测定的 10 根纱线，计算平均伸直长度，保留一位小数。

$$C = (L - L_0) \times 100 / L_0 \tag{5-1}$$

式中：C 为织缩率，%；L 为从试样上拆下的 10 根纱线的平均伸直长度，mm；L_0 为伸直纱线在织物中的长度（试样长度），mm。

任务三　分析织物的组织及色纱的配合

分析织物的组织，即分析织物中经纬纱的交织规律，求得织物的组织结构。根据经纬纱原料、密度、线密度等因素，作出该织物的上机图。

一、相关标准

GB/T 29256.1（织物组织图与穿综、穿筘及提综图的表示方法）

ISO 7211-1（*Methods for the presentation of a weave diagram and plans for drafting, denting and lifting*）

二、组织与上机图分析方法

由于织物的种类繁多，加之原料、密度、线密度等因素各不相同，所以对织物进行组织分析时，应根据具体情况选择不同的分析方法，使分析工作简单高效。常用织物组织的分析方法有以下几种：

1. 直接观察法

利用目力或照布镜直接观察布面，将观察到的经纬纱的交织规律，填入意匠纸的方格中。分析时应多填绘几根经纬纱的交织状况，以便找出正确的完全组织，这种方法简单易行，适用于组织较简单的织物（图 5-1、图 5-2、图 5-3）。

 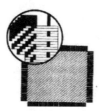 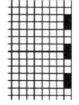

图 5-1　拆纱图　　　图 5-2　斜纹拆纱分析示意图

图 5-3　纬面缎纹分析示意图

2. 拆纱分析法

这种方法适用于组织较复杂、纱线较细、密度较大的织物。具体步骤如下：

（1）确定拆纱的系统：在分析织物时，首先要确定拆纱的方向，看从哪个方向拆纱更能看清楚经纬纱的交织状态。一般是将密度大的纱线系统拆开（通常是经纱），利用密度小的纱线系统的间隙，清楚地看出经纬纱的交织规律。

（2）确定织物的分析表面：织物的分析表面以能看清组织为原则。如果是经面或纬面组织的织物，一般分析反面比较方便；起毛起绒织物，分析时应先剪掉或用火焰烧去织物表面的绒毛，再进行分析，或从织物的反面分析其地组织。

（3）纱缨的分组：将密度大的系统的纱拆除若干根，使密度小的系统的纱线露出 10 mm 的纱缨，如图 5-4(a)所示。然后将纱缨中的纱线每若干根分为一组，并将奇数组和偶数组纱缨剪成不同的长度，以便于观察被拆纱线与各组纱的交织情况，如图 5-4(b)所示。填绘组织所用的意匠纸一般每一大格其纵横方向均为八个小格，可使每组纱缨根数与其相等，把一大格作为一组，亦分成奇、偶数组，与纱缨所分奇、偶数组对应，这样被拆开的纱线就可以很方便地记录在意匠纸的方格上(图 5-5)。

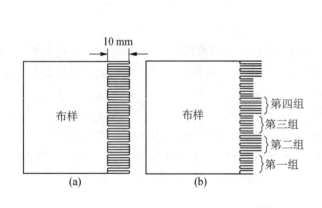

图 5-4　纱缨图

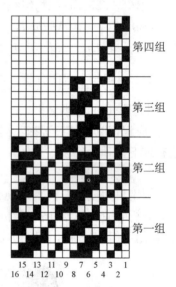

图 5-5　分组拆纱记录

（4）用分析针将第一根经纱或纬纱拨开，使其与第二根纱线稍有间隔，置于纱缨之中，即可观察其与另一方向纱线的交织情况，并将观察到的浮沉情况记录在意匠纸或方格纸上，然后将第一根纱线抽掉；再拨开第二根，以同样方法记录其沉浮情况，这样一直到浮沉规律出现循环为止(图 5-6)。

（5）如果是色织物，还需要将纱线的颜色记录在意匠纸上。画出组织图后，在经纱上方、纬纱左方，标注色名和

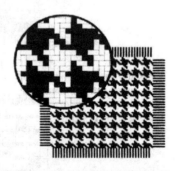

图 5-6　犬牙花纹分析示意图

根数,组织图上的经纱根数为组织循环经纱数与色纱循环经纱数的最小公倍数,纬纱根数为组织循环纬纱数与色纱循环纬纱数的最小公倍数。

对组织比较简单的织物,也可以采用不分组拆纱法。选好分析面、拆纱方向后,将纱轻轻拨入纱缨中,观察经纬纱的交织情况,记录在意匠纸上即可。

在具体操作时,必须耐心细致。为了少费眼力,可以借助照布镜、分析针、颜色纸等工具来分析。在分析深色织物时,可以用白色纸做衬托;在分析浅色织物时,可以用深色纸做衬托,这样可使交织规律更清楚、明显。

三、经纱和纬纱的排列

花纹配色循环的色纱排列顺序用表格法表示,如图 5-7 所示,表中的横行格子表示颜色相同的纱线在每组中所用的根数,表中的纵行格子从上到下表示不同颜色的纱线排列顺序。

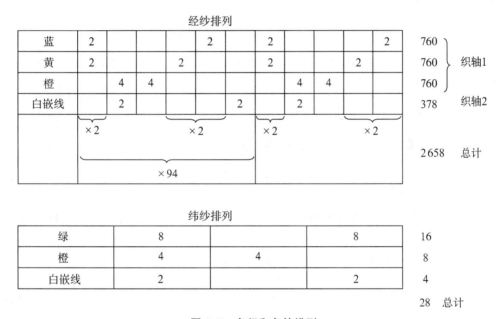

图 5-7 色经和色纬排列

如果其中顺序有重复,则不需要全部填写,可以把重复的部分用括号标注,同时在括号的尖点上标注数字,说明循环次数。表中的第一根纱线相当于完全组织中的第一根纱线。

任务四 针织物的主要参数测定

一、线圈长度

(1)线圈长度是指组成一只线圈的纱线长度,一般以毫米(mm)作为单位。

(2)线圈长度的获取方法包括投影近似计算法、拆散测长法和机上在线仪器测量法。

（3）线圈长度对针织物的密度、脱散性、延伸性、耐磨性、弹性、强力、抗起毛起球性、缩率和勾丝性等有重大影响，是针织物的一项重要指标。

二、密度（参考标准 FZ 70002）

密度用来表示在纱线细度一定的条件下针织物的稀密程度，有横密、纵密和总密度之分。测量面积一般为 15 cm× 15 cm，面料无褶皱无变形（图 5-8）。

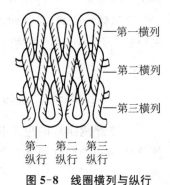

图 5-8　线圈横列与纵行

沿着线圈横列方向数取 10 cm 以内的横列线圈数（S_1），在不同位置测量 4 次；同样方法测量纵行线圈（S_2）。

$$线圈密度 = S_1 \times S_2 \tag{5-2}$$

针织物的横密与纵密的比值，称为密度对比系数 C。它表示线圈在稳定状态下，纵向与横向尺寸的关系，可用下式计算：

$$C = S_1/S_2 \tag{5-3}$$

密度对比系数反映了线圈的形态，C 值越大，线圈形态越是瘦高；该值越小，则线圈形态越是宽矮。

三、未充满系数和紧度系数

（1）未充满系数：线圈长度与纱线直径的比值，即：

$$\delta = \frac{l}{d} \tag{5-4}$$

式中：δ 为未充满系数；l 为线圈长度（mm）；d 为纱线直径（mm），可通过理论计算或实测获得。

（2）紧度系数：纱线线密度的开方与线圈长度之比。

$$TF = \frac{\sqrt{Tt}}{l} \tag{5-5}$$

式中：TF 为紧度系数；Tt 为纱线线密度（tex）；l 为线圈长度（mm）。

线圈长度不仅关系到针织物的密度，也会对针织物的服用性能产生重要影响，对物理力学性能、针织物的弹性、脱散性、尺寸稳定性、抗起毛起球和勾丝性、手感和透气性等均有影响。

针织物可用未充满系数或紧度系数来表征其性能，因为未充满系数或紧度系数包含线圈长度与纱线细度两个因素。未充满系数愈高或紧度系数越低，针织物越稀薄，其性能就愈差。未充满系数值或紧度系数值根据大量的生产实践经验来确定。未充满系数或紧度系数的值可以决定针织物的各项工艺参数。

四、单位面积质量

针织物单位面积质量又称织物面密度，用 1 m² 干燥针织物的质量（g）表示。当已知针织物的线圈长度（mm）、纱线线密度 Tt（tex）、横密 P_A 和纵密 P_B、纱线的回潮率 W 时，织物的单位面积干燥质量 Q 可用下式求得：

$$Q = \frac{0.000\ 4/(TtP_AP_B)}{1+W} \tag{5-6}$$

单位面积质量是考核针织物的质量和成本的一项指标，该值越大，针织物越密实厚重，但是耗用原料越多，织物成本将增加。

五、针织面料来样分析

根据编织方法的不同，针织生产可分为纬编和经编两大类。

（一）纬编织物来样鉴别

纬编织物线圈有正面与反面之分。凡线圈圈柱覆盖在前一线圈圈弧之上的一面，称为正面线圈；而圈弧覆盖在圈柱之上的一面，称为反面线圈（图5-9）。单面针织物采用一个针床编织而成，特点是织物的一面全部为正面线圈，而另一面全部为反面线圈，织物两面具有显著不同的外观。双面针织物采用两个针床编织而成，其特征为针织物的任何一面都显示有正面线圈。

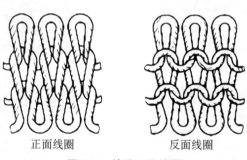

正面线圈　　　　　　反面线圈

图5-9 纬编织物线圈

对于纬编针织物，若面料上有花纹图案、绒毛等，可参照机织物方法区分正反面（图5-4）。

表5-4 常见针织物正反面

纬平针（也称汗布）	1+1罗纹
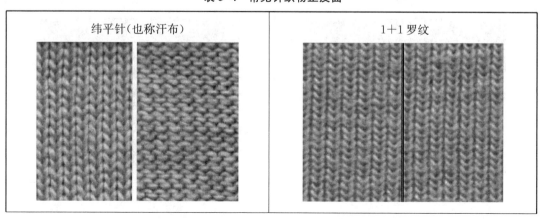	

（续表）

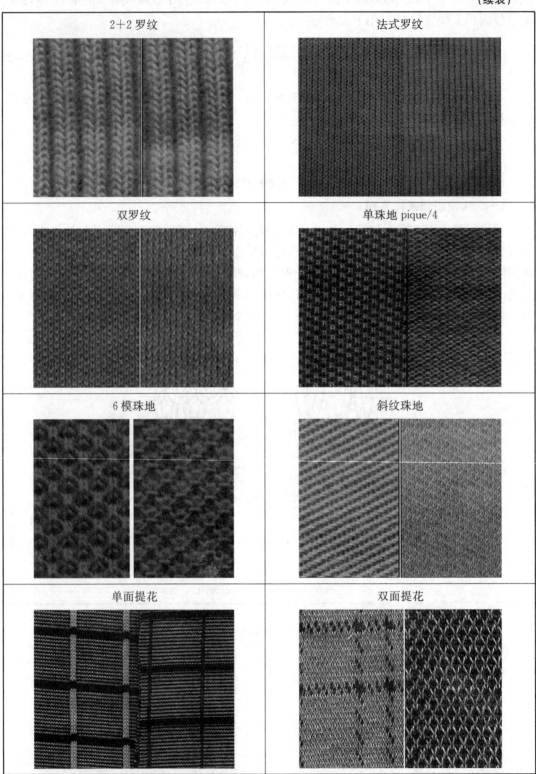

注：以上三毛圈布均为织物反面，正面同纬平针织物。

（二）纬编针织物线圈长度测定

1. 参考标准

FZ/T 01152（针织物线圈长度和纱线线密度的测定）

2. 取样

测定线圈长度的样品，在样品上两个不同的部位各拆取一组纱线试样，每组至少 10 根纱线且每根纱线自然长度不少于 250 mm；具有多个组织的样品，每一种组织按上述方法分别取样。

测定线密度的样品，在样品上两个不同部位各拆取一组纱线试样，每组继线拆取的单根然线自然长度不小于 250 mm，且总长度不少于 10 m。

在拆取和测量纱线的过程中尽量避免退捻；当有编织图案时，所拆取的纱线一般包含一个完整的编织图案。

3. 线圈长度的测定

（1）从织物样品中拆取 5 根纱线，从纱线长度测量装置上测量纱线的伸直长度，称取质量，得出纱线线密度的估算值。根据估算值，按照表确定伸直张力。

表 5-5　伸直张力

纱线类型	伸直张力（cN/tex）
短纤维纱	0.5±0.1
长丝纱	2.0±0.5

（2）在规定的长度内拆取一定数量的完整线圈纱线，并记录完整线圈的数量。将拆取的纱线用夹钳夹住，施加根据上一步得到的伸直张力，测量并记录夹钳内纱线伸直长度，精确至 1 mm。按照上述方法共取 10 根纱线进行测量并记录，即完成第 1 组试验。

（3）按照步骤（2）方法完成第 2 组试验：如果在针织织物中存在不同的横列类型，则在每种类型上进行此步骤。

4. 计算

对每一组测定的 10 根纱线，计算平均伸直长度 $\overline{L}_1$，保留一位小数。按式（5-7）计算线圈长度，记录每组纱线的线圈长度，保留一位小数。

$$C = \overline{L}_1 / N \tag{5-7}$$

式中：C 为线圈长度（mm）；$\overline{L}_1$ 为纱线平均伸直长度（mm）；N 为完整线圈的数量。

注：结果也可以使用其他表达方式，例如 100 个线圈的纱线长度、某个指定重复图案的纱线长度等。

5. 线圈长度的表示

样品的线圈长度以两组纱线线圈长度的平均值来表示，单位为毫米（mm），结果保留一位小数。每一种类型横列的线圈长度单独表示。

（三）针织物线圈密度测量

测量在针织物上单位面积内的线圈总数，单位为圈/100 cm²。

1. 参考标准

FZ 70002[针织物线圈密度测量法（不适用于经编和花色针织物）]

2. 测量用品

（1）塑料玻璃板：一块中央边长为 10 cm 的正方形空框的塑料玻璃板。在每一方角上有一小针，可以防止测量时在针织物上滑动。

（2）量尺和分析镜。

3. 试验步骤

（1）预调湿。

（2）取样：面积一般为 15 cm×15 cm。

（3）操作步骤：

① 将样品平放在试验台上，必须使样品无折痕或保持不变形，并保证它处在松驰状态，无试样拉伸。

② 把塑料玻璃空框或量尺和分析镜放在试样上，距边最少 5 cm，使测量空框的一边与线圈横列平行。如要转换空框的位置，必须提起空框，避免因移动位置而使试样变形。

③ 沿线圈横列方向，数取 10 cm 以内的横列线圈数（S_1）。在试样不同位置上共测量 4 次。

④ 重复②③，对线圈纵行方向进行同样测量，得到纵行线圈数（S_2）。

⑤ 计算：

$$线圈密度＝S_1×S_2 \tag{5-8}$$

计算 4 次的算术平均值（圈/100 cm²）；或分别计算横列、纵行线圈数的算术平均值（圈/10 cm）。对于双罗纹等组织的针织物，纵行、横列的线圈数应为实测数×2。数据处理测量时，读数保留到 0.5 个线圈。最后计算结果精确到 0.5 个线圈。

练 — 练

1. 织物设计中在经纬纱线密度配置上，大多数采取经纱线密度_____纬纱线密度，较少采用的是经纱线密度_____纬纱线密度。

   A. 等于或大于；小于   B. 等于或小于；大于

   C. 小于；大于或等于   D. 大于；小于或等于

2. 五枚二飞经面缎纹织物的反面组织是_____。

   A. 五枚三飞经面缎纹   B. 五枚三飞纬面缎纹

   C. 五枚三飞经面缎纹   D. 五枚二飞纬面缎纹

3. 府绸的经纬密度比一般平纹织物_____，其织物表面具有经纱凸起部分所形成的_____形颗粒。

4. 机织物分析的步骤有哪些?

5. 如何测定机织物经纬纱的缩率?

6. 实操题(根据给定机织物完成以下项目)

(1)贴样:按沿纵向为经向、沿横向为纬向,正面朝上粘贴样布。

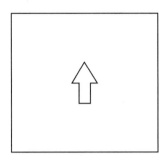

(2)织物结构分析

A. 色纱排列分析

织物纱线排列顺序		颜色	粘贴样处	色经色纬排列													备注
	经纱																
	纬纱																

B. 织物上机图(另附表格)

项目六

织物基本结构检测

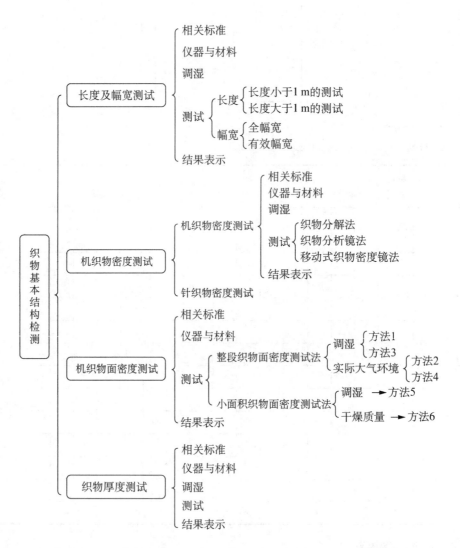

课程思政:熟悉纺织品来样分析的织物结构及规格的检测方法,培养学生严格按检测标准规则进行规范作业的严谨工作态度。

辨一辨

---

1. GB/T 4666 中规定测量长度和幅宽时的精确度分别是多少?

2. 机织物密度有几种测试方法? 在有争议的情况下,建议采用哪种方法?

3. 请说明 GB/T 4668 中移动式织物密度镜法的测试流程,在测试过程中若起点位于两根纱线中间,终点位于最后一根纱线上时应如何计数?

4. GB/T 4669 中机织物面密度测试方法分为哪几类? 其中方法 5 和方法 6 分别用于哪种情况的机织物面密度测试? 测试要点是什么?

任务一　织物长度和幅宽的测定

根据国家规定,织物的长度与幅宽测定在无张力状态下进行,测量对象为长度不大于 100 m 的全幅织物、对折织物和管状织物。

一、试验标准

GB/T 4666(织物长度和幅宽的测定)

二、适用范围

本标准规定了一种在无张力状态下测定织物长度和幅宽的方法,适用于长度不大于 100 m 的全幅织物、对折织物和管状织物的测定,未规定测定或描述结构疵点及其他疵点的方法。

三、试验原理与术语和定义

1. 试验原理

将松弛状态下的织物试样在标准大气条件下置于光滑平面上,使用钢尺测定织物长度和幅宽。对于织物长度的测定,必要时织物长度可分段测定,各段长度之和即试样总长度。

2. 术语和定义

(1) 织物长度:沿织物纵向,从起始端至终端的距离。

(2) 织物全幅宽:与织物长度方向垂直的最外侧两边间的距离。

(3) 织物有效幅宽:除去布边、标志、针孔或其他非同类区域后的织物宽度。

注:根据有关双方协议,织物有效幅宽的定义会因最终用途和规格而不同。

四、检测仪器与材料

1. 检测仪器

① 钢尺,符合 GB/T 19022,其长度大于织物宽度或大于 1 m,分度值为毫米。

② 测定桌,具有平滑的表面,其长度与宽度应大于放置好的织物被测部分。测定桌长

度应至少达到 3 m，以满足 2 m 以上长度试样的测定。沿着测定桌两长边，每隔 1 m±1 mm 长度连续标记刻度线。

第一条刻度线应距离测定桌边缘 0.5 m，为试样提供恰当的铺放位置。对于较长的织物，可分段测定长度。在测定每段长度时，整段织物均应放置在测定桌上(图 6-1)。

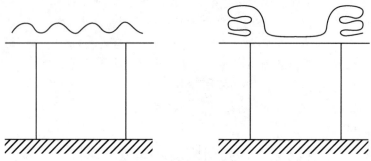

图 6-1　织物放置方法

2. 调湿

预调湿、调湿和试验大气应采用 GB/T 6529 中规定的标准大气。织物应在无张力状态下调湿和测定。为确保织物松弛，无论是全幅织物、对折织物还是管状织物，试样均应处于无张力条件下放置。

为确保织物达到松弛状态，可预先沿着织物长度方向标记两点，连续地间隔 24 h 测量一次长度，如长度差异小于最后一次长度的 0.25%，则认为织物已充分松弛。如织物未能达到要求，可在双方同意情况下，测定特殊处理后的试样，并在报告中注明。

五、试样准备

依据织物产品标准或有关双方协商确定取样。

六、试验步骤

1. 通则

试样应平铺于测定桌上。被测试样可以是全幅织物、对折织物或管状织物，在该平面内避免织物的扭变。

2. 试样长度的测定

① 短于 1 m 的试样：短于 1 m 的试样应使用钢尺平行其纵向边缘测定，精确至 0.001 m。在织物幅宽方向的不同位置重复测定试样全长，共 3 次。

② 长于 1 m 的试样：在织物边缘处作标记，用测定桌上的刻度，每隔 1 m 距离处作标记，连续标记整段试样，用钢尺测定最终剩余的不足 1 m 的长度。试样总长度是各段织物长度的和。如果有必要，可在试样上作新标记重复测定，共 3 次。

有关双方应预先协商是否将试样两端的连接段计入测定长度。

3. 试样幅宽的测定

织物全幅宽为织物最靠外两边间的垂直距离。对折织物幅宽为对折线至双层外端垂直距离的 2 倍。

如果织物的双层外端不齐,应从折叠线测量到与其距离最短的一端,并在报告中注明。当管状织物是规则的且边缘平齐,其幅宽是两端间的垂直距离,在试样的全长上均匀分布测定以下次数:

① 试样长度≤5 m:5 次;

② 试样长度≤20 m:10 次;

③ 试样长度>20 m:至少 10 次,间距为 2 m。

如果织物幅宽不是测定从一边到另一边的全幅宽,有关双方应协商定义有效幅宽,并在报告中注明。

测定试样有效幅宽时,应按测定全幅宽的方法进行,但须排除布边、标志、针孔或其他非同类区域等。有效幅宽可能因织造结构变化或服装及其他制品的特殊加工要求而定义不同。

七、试验结果表示

1. 织物长度

长度用测试的平均值表示,单位为米(m),精确至 0.01 m。如有需要,计算其变异系数(精确至 1%)和 95% 置信区间(精确至 0.01 m),或者给出单个测试数据,单位为米(m),精确至 0.01 m。

2. 织物幅宽

织物幅宽用测试值的平均数表示,单位为米(m),精确至 0.01 m。如果需要,计算其变异系数(精确至 1%)和 95% 置信区间(精确至 0.01 m)。

任务二　机织物密度的测定

一、GB/T 与 ISO

机织物密度是指每 10 cm 所包含的经纱根数和纬纱根数。在测试时,织物应平整、松弛。

1. 标准名称

GB/T 4668(机织物密度的测定)规定了测定机织物密度的三种方法,适用于各类机织物密度的测定,根据织物的特征,选用其中的一种。但在有争议的情况下,建议采用方法 A。

ISO 7211-2(单位长度纱线根数的测定)

2. 测试方法与原理

(1) 方法 A:织物分解法。分解规定尺寸的织物试样,裁取至少含有 100 根纱线的试样,计数纱线根数,折算至 10 cm 长度的纱线根数。此法适用于所有机织物,特别是复杂组织织物。

(2) 方法 B:织物分析镜法。测定在织物分析镜窗口内所看到的纱线根数,折算至 10 cm 长度所含纱线根数。此法适用于每厘米纱线根数大于 50 的织物。

(3) 方法 C:移动式织物密度镜法。使用移动式织物密度镜测定织物经向或纬向一定长度内的纱线根数,折算至 10 cm 长度内的纱线根数。此法适用于所有机织物。

3. 定义

(1)密度:机织物在无褶皱和无张力下,单位长度所含的经纱根数和纬纱根数,一般以根/10 cm 表示。

(2)经密:在织物纬向单位长度内所含的经纱根数。

(3)纬密:在织物经向单位长度内所含的纬纱根数。

4. 最小测量距离

根据测试,必须限定最小的测量距离(表 6-1)。

表 6-1 最小测量距离

每厘米纱线根数	最小测量距离(cm)	被测量的纱线根数	精确度百分率(计数到 0.5 根纱线以内)
10	10	100	>0.5
10~25	5	50~125	1.0~0.4
25~40	3	75~120	0.7~0.4
>40	2	>80	<0.6

(1)对方法 A,裁取至少含有 100 根纱线的试样。

(2)对宽度只有 10 cm 或更小的狭幅织物,计数包括边经纱在内的所有经纱,并用全幅经纱根数表示结果。

(3)当织物由纱线间隔稀密不同的大面积图案组成时,测定长度应为完全组织的整数倍,或分别测定各区域的密度。

5. 调湿和试验用大气

调湿和试验用大气采用 GB/T 6529 或 ISO 139 规定的标准大气。

6. 试样准备

样品应平整无褶皱,无明显纬斜。除方法 A 以外,不需要专门制备试样,但应在经、纬向至少五个不同的部位进行测定,部位的选择应尽可能有代表性。试验前,把织物或试样暴露在试验用大气中至少 16 h。

7. 测试仪器

(1)方法 A 用具:①钢尺,长度 5~15 cm,尺面标有毫米刻度;②分析针;③剪刀。

(2)方法 B 用具:织物分析镜,其窗口宽度各处应是(2±0.005) cm 或(3±0.005) cm,窗口的边缘厚度应不超过 0.1 cm。

(3)方法 C 用具:移动式织物密度镜,内装有 5 至 20 倍的低倍放大镜。可借助螺杆在刻度尺的基座上移动,以满足最小测量距离的要求。放大镜中有标志线。放大镜移动时,通过放大镜可看见标志线的各种类型装置,都可以使用。

8. 试验操作

(1)方法 A:织物分解法

①在调湿后样品的适当部位剪取略大于最小测量距离的试样。②在试样的边部拆去部分纱线,用钢尺测量,使试样达到规定的最小测量距离,允差 0.5 根。③将上述准备好

的试样,从边缘起逐根拆点,为便于计数,可以把纱线排列成 10 根一组,即可得到织物在一定长度内经(纬)向的纱线根数。④如经纬密同时测定,则可剪取一矩形试样,使经纬向的长度均满足最小测量距离。拆解试样,即可得到一定长度内的经纱根数和纬纱根数。

（2）方法 B:织物分析镜法

①将织物摊平,把织物分析镜放在上面,选择一根纱线并使其平行于分析镜窗口的一边,由此逐一计数窗口内的纱线根数。②也可计数窗口内的完全组织个数,通过织物组织分析或分解该织物,确定一个完全组织中的纱线根数。测量距离内纱线根数＝完全组织个数×一个完全组织中纱线根数＋剩余纱线根数。③将分析镜窗口的一边和另一系统纱线平行,按步骤①和②计数该系统纱线根数或完全组织个数。

（3）方法 C:移动式织物密度镜法

①将织物摊平,把织物密度镜放在上面,哪一系统纱线被计数,密度镜的刻度尺就平行于另一系统纱线,转动螺杆,在规定的测量距离内计数纱线根数。在纬斜情况下,测纬密时,原则同上;测经密时,密度镜的刻度尺应垂直于经纱方向。②若起点位于两根纱线中间,终点位于最后一根纱线上,不足 0.25 根的不计,0.25～0.75 根作 0.5 根计,0.75 根以上作 1 根计。通常情况下,当标志线横过织物时就可看清和计数所经过的每根纱线,若不可能,可参照方法 B 中的步骤③进行测定(图 6-2 和图 6-3)。

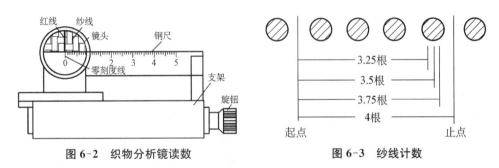

图 6-2　织物分析镜读数　　　　图 6-3　纱线计数

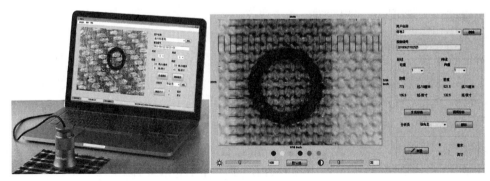

图 6-4　电子密度仪测量机织物经纬纱密度

9. 结果表示

（1）将测得的一定长度内的纱线根数折算至 10 cm 长度内所含纱线的根数。

（2）分别计算出经、纬密的平均值,结果精确至 0.1 根/10 cm。

（3）当织物由纱线间隔稀密不同的大面积图案组成时,则测定并记录各个区域的密度值。

除了以上常规的三种测定方法,还有光栅密度镜测定法和电子扫描密度镜测定法。光栅密度镜测定法适用于容易出现干涉条纹的织物,通过观察所产生的干涉条纹,测定纱线根数。平行线光栅密度镜,按不同规格分为若干档。测定时,将织物放平,选择合适的光栅密度镜放于布面,使光栅的长边与被测纱线平行,这时会出现接近对称的曲线花纹,它们的交叉处短臂所指刻度读数,即织物每厘米纱线根数。电子扫描密度镜是通过密度镜与计算机结合,将织物结构图像传输到计算机中,并配合相关软件,直接在计算机上计算织物密度。

二、ASTM

1. 标准名称

ASTM D3775(机织物经纬密度的标准试验方法)

2. 试验方法与原理

利用对织物进行拆解或直接数(或放大后数)的方法,得出织物经纬纱的数量,从而计算出经纬密度。

3. 适用范围

标准适用于在规定条件下的机织物密度的检测。

4. 检测仪器

织物分析针、移动式织物密度镜、计数玻璃、毫米(mm)刻度尺。

5. 试样准备

(1) 样品的准备:标准规定对于大货样,根据买卖双方协议,随机抽取一定卷数的布;对于实验室测试,则在样品批每卷布取 2 m(或 2 码)长的全幅宽布。

(2) 样品的调湿:标准规定样品先要进行调湿:相对湿度为(65±2)%,温度为(21±1)℃。对于在标准温湿度条件下吸湿较小的纱线所织的布料,不同的温湿度条件下所受影响较小,也可以在没有调湿的情况下测试。对于部分或全部由对温湿度较为敏感的纤维织造的织物,必须要调湿,除非相关方已达成协议。

6. 试验步骤

对于测试方法并没有具体的区分,只要求使用合适的设备即可,可以采用拆纱工具,计数玻璃,移动式密度镜,投影设备等,若是使用光学检测设备应由买卖双方一致同意。

沿幅宽方向的斜对角的随机距离,选择 5 个样品单元,测试经向(或纬向)纱线密度,当测试的 5 个数据的变异系数大于 5% 时,需另外再做 5 个样,然后取此 10 个数据的平均值。对于特殊的幅宽织物,当幅宽大于 1 016 mm,计数时,应距布边 152 mm 以上,且不要在布边的 0.46 m 内;对于幅宽小于 1 016 mm,但是大于 127 mm 时,距布边的距离应不少于幅宽的 1/10,且不要在布的两端 0.46 m 内。

当织物密度每毫米低于 1 根纱时,选择计数长度为 75 mm。当变异系数大于 5% 时,则放弃所得数据,重新取 5 个计数。当织物密度大于每毫米 1 根纱时,选择计数长度为 25 mm。

当织物中的纱线难以区分计数时,可以采用拆纱法来计数。

7. 试验结果

计算经纱(或纬纱)的平均值,修约到整数位。结果以 25 mm(1 英寸)为单位来表示,且经纱密度置于纬纱密度之前。需要时,可以记录整批中每卷布的密度。对于花式织物,其花型大小以及不同部分的经纬密度都应给予报告。

任务三　机织物面密度(单位面积质量)

织物面密度是纺织产品在生产与商业买卖中常用的评价指标,一般指织物每平方米织物的质量,常用单位是"克/平方米"(g/m^2),缩写为 FAW。

一、常用表示单位

织物的面密度除了用"克/平方米(g/m^2)"表示外,一些特定织物还有约定俗成的表示方法。如牛仔面料的面密度一般用"盎司/平方码(oz/yd^2)"来表达,即每平方码面料质量的盎司数,如 12 oz 牛仔布;丝绸面料常用"姆米/平方米(m/m^2)"表示质量/单位。

二、试验标准

GB/T 4669(机织物单位长度质量和单位面积质量的测定)

三、适用范围

本标准规定了机织物单位长度质量和单位面积质量的测定方法,适用于整段或一块机织物(包括弹性织物)的测定。

四、试验方法与原理

(1) 方法 1 和方法 3:整段或一块织物能在标准大气中调湿的,经调湿后测定织物的长度和质量,计算单位长度调湿质量。或者测定织物的长度、幅宽和质量,计算单位面积调湿质量。

(2) 方法 2 和方法 4:整段织物不能放在标准大气中调湿的,先在普通大气中松弛后测定织物的长度(幅宽)及质量,计算织物的单位长度(面积)质量,再用修正系数进行修正。修正系数是从松弛后的织物中剪取一部分,在普通大气中进行测定后,再在标准大气中调湿后进行测定,对两者的长度(幅宽)及质量加以比较而确定。

(3) 方法 5(小织物的单位面积调湿质量):小织物,先将其放在标准大气中调湿,再按规定尺寸剪取试样并称量,计算单位面积调湿质量。

(4) 方法 6(小织物的单位面积干燥质量和公定质量):小织物,先将其按规定尺寸剪取试样,再放入干燥箱内干燥至恒量后称量,计算单位面积干燥质量。结合公定回潮率计算单位面积公定质量。

五、检测仪器

（1）钢尺：分度值为厘米（cm）和毫米（mm）。

（2）天平：精确度为所测定试样质量的±0.2%。对于方法5，精确度为0.001 g。对于方法6，精确度为0.01 g。

（3）圆盘取样器与电子天平，见图6-5。

（4）通风式干燥箱。通风形式可以是压力型或对流型。具有恒温控制装置，能控制温度在(105±3) ℃。干燥箱可以连有天平。见图6-6。

（5）称量容器：箱内热称使用金属烘篮，箱外冷称使用密封防潮罐。

（6）干燥器：箱外称量时放置称量容器，内存干燥剂。

图6-5　圆盘取样器与电子天平

图6-6　通风式干燥箱

六、试样准备

1. 预调湿

按照 GB/T 6529 进行预调湿和调湿。

2. 去边

如果织物边的单位长度（面积）质量与身的单位长度（面积）质量有明显差别，在测定单位面积质量时，应使用去除织物边以后的试样，并且应根据去边后试样的质量、长度和幅宽进行计算。

3. 试样选取

对于小织物样品，将样品无张力地放在标准大气中调湿至少 24 h 使之达到平衡，从织物的非边且无褶皱部分剪取有代表性的样品 5 块（或按其他规定），每块约 15 cm×15 cm。若大花型中含有单位面积质量明显不同的局部区域，要选用包含此花型完全组织整数倍的样品。

七、试验步骤

1. 小织物的单位面积调湿质量的测定（GB/T 4669）

将样品无张力地放在标准大气中调湿至少 24 h 使之达到平衡。将每块样品依次排列在工作台上。在适当的位置上使用切割器切割 10 cm×10 cm 的方形试样或面积为 100 cm² 的圆形试样,也可以剪取包含大花型完全组织整数倍的矩形试样,并测定试样的长度和宽度。

对试样称量,精确至 0.001 g。确保整个称量过程中试样中的纱线不损失。

2. 小织物的单位面积干燥质量和公定质量的测定(GB/T 4669)

(1) 剪样:将每块样品依次排列在工作台上。在适当的位置上使用切割器切割 10 cm× 10 cm 的方形试样或面积为 100 cm² 的圆形试样,也可以剪取包含大花型完全组织整数倍的矩形试样,并测定试样的长度和宽度。

(2) 干燥

① 箱内称量法:将所有试样一并放入通风式干燥箱的称量容器内,在(105±3) ℃下干燥至恒量(以至少 20 min 为间隔连续称量试样,直至两次称量的质量之差不超过后一次称量质量的 0.20%)。

② 箱外称量法:把所有试样放在称量容器内,然后一并放入通风式干燥箱中,敞开容器盖,在 105 ℃±3 ℃下干燥至恒量(以至少 20 min 为间隔连续称量试样,直至两次称量的质量之差不超过后一次称量质量的 0.20%)。将称量容器盖好,从通风式干燥箱移至干燥器内,冷却至少 30 min 至室温。

(3) 称量

① 箱内称量法:称量试样的质量,精确至 0.01 g。确保整个称量过程中试样中的纱线不损失。

注:称量容器的质量在天平中已去皮。

② 箱外称量法:分别称取试样连同称量容器以及空称量容器的质量,精确至 0.01 g。确保整个称量过程试样中的纱线不损失。

八、结果计算

1. 方法 5

由试样的调湿后质量按式(6-1)计算小织物的单位面积调湿质量:

$$m_{ua} = \frac{m}{S} \tag{6-1}$$

式中:m_{ua} 为经标准大气调湿后小织物的单位面积调湿质量(g/m²);m 为经标准大气调湿后试样的调湿质量(g);S 为经标准大气调湿后试样的面积(m²)。

计算求得的 5 个数值的平均值。

计算结果按照 GB/T 8170 的规定修约到个位数。

2. 方法 6

(1) 由试样的干燥后质量按式(6-2)计算小织物的单位面积干燥质量:

$$m_{dua} = \frac{\sum\limits_{i=1}^{n}(m-m_0)_i}{\sum\limits_{i=1}^{n}S_i} \tag{6-2}$$

式中：M_{dua} 为经干燥后小织物的单位面积干燥质量（g/m²）；m 为经干燥后试样连同称量容器的干燥质量（g）；m_0 为经干燥后空称量容器的干燥质量（g）；S 为试样的面积（m²）。

计算结果按照 GB/T 8170 的规定修约到个位数。

（2）由小织物的单位面积干燥质量按式(6-3)计算小织物的单位面积公定质量：

$$m_{rua}=m_{dua}[A_1(1+R_1)+A_2(1+R_2)+\cdots+A_n(1+R_n)] \qquad (6-3)$$

式中：m_{rua} 为小织物的单位面积公定质量（g/m²）；m_{dua} 为经干燥后小织物的单位面积干燥质量（g/m²）；A_1、A_2、……、A_n 为试样中各组分纤维按净干质量计算含量的质量分数的数值，%；R_1、R_2、……、R_n 为试样中各组分纤维公定回潮率（见 GB/T 9994）的质量分数的数值，%。

计算结果按照 GB/T 8170 的规定修约到个位数。

任务四　纺织制品厚度的测定

视频 6-1
厚度测试

纺织品厚度是指对纺织品施加规定压力的两参考板间的垂直距离。厚度测试操作参见视频。

计算所测得厚度的算术平均值（修约至 0.01 mm）、变异系数 CV（%）（修约至 0.1%）及 95% 置信区间（$t\pm\Delta t$）（修约至 0.01 mm），修约方法按 GB/T 8170 的规定。

$$\Delta t=t \cdot \frac{S}{\sqrt{n}} \qquad (6-4)$$

式中：t 为信度为 $1-\alpha$、自由度为 $n-1$ 的双侧信度系数；S 为厚度测定值的标准差；n 为试验次数。

在 95% 信度下，常用的 t 如表 6-2 所示。

表 6-2　常用 t 值表

n	5	6	7	8	9	10	12	15	20
t	2.776	2.571	2.447	2.365	2.306	2.262	2.201	2.145	2.093

练　一　练

一、思考题

1. 使用烘箱时，为能准确测量出干重，需注意哪些事项？

2. 织物结构：$[(24^S\times24^S)/86\times67]\times60/62''$ 中 86×67 表示的意义是什么？

二、选择题

1. 国家标准 GB/T 4668（机织物密度的测定）中规定的织物经纬密度的测定方法，不包括（　　）。

　　A. 织物分解法　　　　　　　　　　B. 织物分析镜法

　　C. 织物密度尺法　　　　　　　　　D. 织物密度镜法

2. 采用 GB/T 4669 中的方法 6 测得毛织物单位面积干燥质量为 2.59 g/100 cm², 毛织物公定回潮率为 15%, 则贸易中毛织物的单位面积质量应为( )。

    A. 297 g/m²   B. 2.97 g/100 m²   C. 259 g/m²   D. 2.59 g/100 cm²

3. GB/T 4668(机织物密度的测定)中规定的机织物的密度一般是指( )cm 长度范围内纱线的根数。

    A. 2   B. 2.54   C. 5   D. 10

4. 测量得到织物的长度为( )m。

    A. 0.2   B. 0.20   C. 0.200   D. 0.200 0

5. 如果织物的匹长为 23.43 米, 幅宽的测量次数应该是( )。

    A. 5   B. 10   C. 11   D. 12

三、判断对错,错误的请改正

( )1. 对于不同纤维类属的多组分纺织品,采用燃烧法也可以进行定性鉴别。

( )2. 进行面料分析时,需要离开布边一定的距离,一般要超过 5 cm 取样。

( )3. 交织物中的经纬纱所用的原料纤维成分不同。

( )4. 英制单位的织物经密是指织物中经向 1 英寸长度内的纱线根数。

( )5. 显微镜观察法能用于鉴别单一纤维成分的纺织品,也可用于鉴别多种成分混合而成的混纺产品。

四、填写下表

项目	长度		幅宽	厚度	面密度		密度	
	≤1 m	>1 m			方法 5	方法 6	国际单位制	英制单位
单位								
测量次数								
精确度								

纺织品耐用性检测

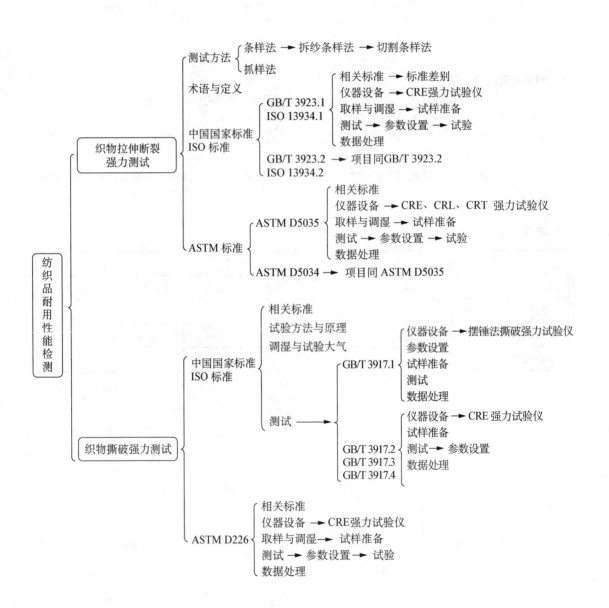

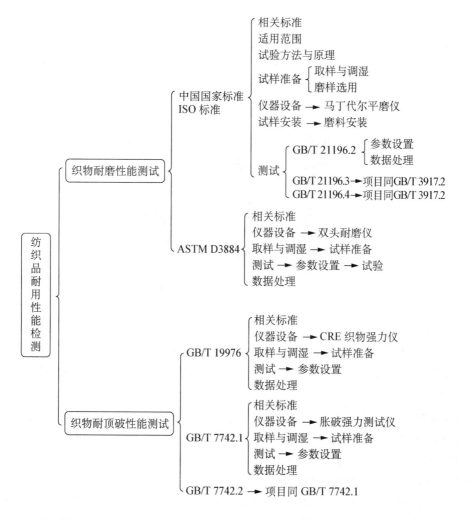

课程思政：能根据纺织品耐用性能检测标准，制定检测方案并能熟练完成检测操作。培养学生养成严格按操作规程进行规范作业的严谨工作态度。

所谓织物的坚牢耐用性是指织物本身所具有的抵抗外力破坏的能力。织物在生产和使用过程中经常因受到外力的作用而发生损坏，外力的作用方式不同，损坏的程度也有所不同。

本项目将学习织物耐用性的检测，包括织物的拉伸断裂性能、撕破性能、顶（胀）破性能、勾丝性能以及织物的耐磨性等。

任务一　织物拉伸断裂性能检测

织物在拉伸外力的作用下产生伸长变形，最终导致其断裂破坏的现象，称为拉伸断裂。拉伸断裂的指标主要有断裂强力和断裂伸长率等。

断裂强力是指一定宽度的试样被拉伸至断裂时所测得的最大拉伸力，也称断裂负荷，单位为牛顿（N）。它表示织物抵抗拉伸力破坏的能力。

断裂伸长指织物试样拉伸至断裂时所产生的最大伸长，用毫米（mm）或厘米（cm）表示。

试样断裂伸长与试样原长的百分比称为断裂伸长率。断裂伸长(率)表示织物所能承受的最大伸长变形能力,其大小与织物的耐用性和服装的伸展性有密切的关系。

目前织物的断裂强力和断裂伸长的测定方法,主要有条样法和抓样法,条样法应用最普遍,见图 7-1。包括试样在试验用标准大气中平衡或湿润两种状态的试验。

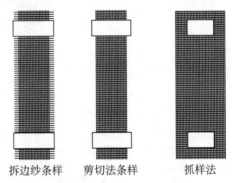

拆边纱条样　　剪切法条样　　抓样法

图 7-1　试样形状和夹持方法

1. 条样法

规定尺寸的试样整个宽度全部被夹持在规定尺寸的夹钳中,然后以恒定伸长速率被拉伸直至断脱,记录断裂强力及断裂伸长。包括拆纱条样法和剪切条样法两种方法。

2. 抓样法

试样宽度方向的中央部位被夹持在规定尺寸的夹钳中,然后以规定的拉伸速度被拉伸至断脱,测定其断裂强力。

测试所涉及的术语与定义如下:

(1) 条样试验:试样整个宽度被夹持器夹持的一种织物拉伸试验。

(2) 剪切条样:用剪切方法使试样达到规定试验宽度的条形试样。用于针织物、非织造布、涂层织物及不易拆边纱的机织物试样。

(3) 拆纱条样:从试样两侧拆去基本相同数量的纱线而使试样达到规定试验宽度的条形试样。用于一般机织物。

(4) 抓样试验:试样宽度方向的中央部位被夹持器夹持的一种织物拉伸试验。

(5) 隔距长度:试验装置上夹持试样的两有效夹持线间的距离。

(6) 初始长度:在规定的预张力时,试验装置上夹持试样的两个有效夹持线间的距离。

(7) 预张力:在试验开始前施加于试样的力。

(8) 断裂强力:在规定条件下进行的拉伸试验过程中,试样被拉断记录的最大力。

(9) 断脱强力:在规定条件下进行的拉伸试验过程中,试样断开前瞬间记录的最终的力。

(10) 伸长:由拉力的作用引起的试样长度的增量,以长度单位表示。

(11) 伸长率:试样的伸长与其初始长度之比,以百分率表示。

(12) 断裂伸长率:对应于断裂强力的伸长率。

(13) 断脱伸长率:对应于断脱强力的伸长率。

(14) 等速伸长(CRE)试验仪:在整个试验过程中,夹持试样的夹持器一个固定,另一个以恒定速度运动,使试样的伸长与时间成正比的一种试验仪器。

想一想

1. 织物拉伸性能的指标有哪些?

2. GB/T 3923.1 即条样法和 GB/T 3923.2 即抓样法对试验仪夹具的要求有何差别?

3. 依据GB/T 3923.1—2013《纺织品 织物拉伸性能 第1部分:断裂强力和断裂伸长率的测定(条样法)》的测试过程中,如何确定预张力?

4. 夹持布样时应如何保证夹持正确?

5. 什么是钳口断裂?试验时出现钳口断裂应如何处理?

6. ASTM D5035 标准的试样准备规则与 GB/T 3923 标准的试样准备规则有何差别?

一、中国国家检测标准及 ISO 标准

(一) 条样法

1. 试验标准

GB/T 3923.1(条样法)规定了采用拆纱条样和剪切条样测定织物断裂强力和断裂伸长率的方法,包括试样在试验用标准大气中平衡或湿润两种状态的试验。

ISO 13934-1(条样法测定断裂强力和断裂伸长率)

2. 适用范围

GB/T 3923.1 适用于机织物,也适用于针织物、非织造布、涂层织物及其他类型的纺织物,但不适用于弹性织物、纬平针织物、罗纹针织物、土工布、玻璃纤维织物、碳纤维织物和聚烯烃扁丝织物。

ISO 13934-1 适用于机织物,包括弹性织物,也适用于其他技术生产的织物,通常不适用于土工布、非织造布、涂层织物、玻璃纤维织物、碳纤维织物和聚烯烃扁丝织物。

(1) 条样法夹钳宽度不小于 60 mm,并要求 CRE 试验仪的速率为(20±2)mm/min 和(100±10)mm/min,隔距长度为(100±1)mm 和(200±1)mm。

(2) 裁剪试样和拆除纱线的器具及钢尺。

(3) 需进行湿润试验时,应具备用于浸湿试样的器具、三级水、非离子湿润剂。

3. 试验原理

使用等速伸长(CRE)试验仪对规定尺寸的织物试样,以恒定拉伸速度拉伸直至断裂,记录断裂强力及断裂伸长率,如果需要,记录断脱强力及断脱伸长率。包括试样在试验用标准大气中平衡或湿润两种状态的试验。

4. 取样

(1) 根据织物的产品标准规定,或根据有关各方协议取样。

(2) 在没有上述要求的情况下,按前项目中批样、实验室样品和试样的取样规则取样。

5. 调湿和试验用大气

(1) 进行预调湿、调湿和试验用大气按照 GB/T 6529 的规定执行,即相对湿度

（65±4）％、温度（20±2）℃。推荐试样在松弛状态下至少调湿 24 h。

（2）对于湿润状态下试验不要求预调湿和调湿。

6. 测试程序与操作

（1）试样准备：

① 通则：从每一个实验室样品上剪取两组试样，一组为经向或纵向试样，另一组为纬向或横向试样。每组试样至少五块。图 7-2 为从实验室样品上剪取试样的示例。

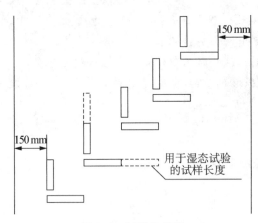

用于湿态试验
的试样长度

图 7-2　试样分布图

② 尺寸：每块试样的有效宽度应为（50±0.5）mm（不包括毛边），试样的取样长度与隔距长度及断裂伸长率之间关系见表 7-1。

表 7-1　试样尺寸与夹持长度和断裂伸长率

试样类型	取样尺寸 宽(mm)×长(mm)	夹持长度(mm)	织物断裂伸长率(%)	拉伸速度 (mm/min)
条样 试样	50～70×300～350	200±1	<8	20±2
	50～70×300～350	200±1	≥8 且≤75	100±10
	50～70×200～250	100±1	>75	100±10

③ 试样准备：拆纱条样用于一般机织物试样。从条样的两侧拆去数量大致相等的纱线，直至其试样宽度为（50±0.5）mm。毛边的宽度应保证在试验过程中纱线不从毛边中脱出。在裁下试样前，应标上经（纵）纬（横）向标记。

注：对一般的机织物，毛边约为 5 mm 或 15 根纱线的宽度较为合适；对较紧密的机织物，较窄的毛边即可；对稀松的机织物，毛边约为 10 mm。

剪切条样，试样的长度方向应平行于织物的纵向或横向，用剪切方法使试样的宽度达到（50±0.5）mm。在裁下试样前，应标上经（纵）纬（横）向标记。

④ 湿润试验的试样：如果要求测定织物的湿强力，则剪取的试样长度应为干强试样的两倍，每条试样的两端编号后，沿横向剪为两块，一块用于干态的强力测定，另一块用于湿态的强力测定。根据经验或估计浸水后收缩较大的织物，测定湿态强力的试样长度应比干态

试样长一些。

湿润试验的试样应放在温度(20±2)℃的符合 GB/T 6682 规定的三级水中浸渍 1 h 以上,也可用每升不超过 1 g 的非离子湿润剂的水溶液代替三级水。

(2)试验参数选择:

上、下夹钳隔距长度和拉伸速度的设定见表7-2。

表 7-2 拉伸速度和伸长速率

隔距长度 (mm)	织物断裂伸长率 (%)	伸长速率 (%/min)	拉伸速率 (mm/min)
200±1	<8	10	20±2
200±1	≥8 且≤75	50	100±10
100±1	>75	100	100±10

(3)夹持试样:

① 通则:试样可在预加张力下夹持或松式夹持。当采用预加张力夹持试样时,产生的伸长率不大于 2%。如果不能保证,则采用松式夹持,即无张力夹持。

② 采用预张力夹持:根据试样的单位面积质量采用如表7-3所示的预加张力。

表 7-3 预加张力的选择

单位面积质量(g/m²)	预加张力(N)
≤200	2
>200 且≤500	5
>500	10

注:若断裂强力低于 20 N 时,按断裂强力的(1±0.25)%确定预加张力。

③ 松式夹持:计算断裂伸长率所需的初始长度应为隔距长度与试样达到预张力的伸长量之和,该伸长量可从强力—伸长曲线图上对应于表 7-3 预张力处测得。

注:同一样品的两方向的试样采用相同的隔距长度、拉伸速度和夹持状态,以断裂伸长率大的一方为准。

(4)测定和记录:在夹钳中心位置夹持试样,以保证拉力中心线通过夹钳中点。

开启试验仪,拉伸试样至断脱。记录断裂强力(N)、断裂伸长(mm)或断裂伸长率(%)。如需要,记录断脱强力、断脱裂伸长和断脱伸长率。

记录断裂伸长或断裂伸长率到最接近的数值:

——断裂伸长率<8%时:0.4 mm 或 0.2%。

——断裂伸长率≥8%且≤75%时:1 mm 或 0.5%。

——断裂伸长率>75%时:2 mm 或 1%。

每个方向至少试验五块。

(5)滑移:如果试样沿钳口线的滑移不对称或滑移量大于 2 mm 时,舍弃试验结果。

(6)钳口断裂:如果试样在距钳口线 5 mm 以内断裂,则记为钳口断裂。当五块试样试验完毕,若钳口断裂的值大于最小的"正常值",可以保留;如果小于最小的"正常值",应舍弃,另加试验以得到五个"正常值"。

如果所有的试验结果都是钳口断裂,或得不到五个"正常值",应当报告单值。钳口断裂结果应当在报告中指出。

(7) 湿润试验:将试样从液体中取出,放在吸水纸上吸去多余的水后,立即按照前面的第 2 步和第 6 步进行试验。预加张力为规定的 1/2。

(8) 结果计算:

① 分别计算经纬向或纵横向的断裂强力平均值,如需要,计算断脱强力的平均值,单位为牛顿(N)。计算结果修约:a. <100 N 时,修约至 1 N;b. ≥100 N 且<1 000 N 时,修约至 10 N;c. ≥1 000 N 时,修约至 100 N。

注:根据需要,计算结果可修约 0.1 N 或 1 N。

② 计算试样的经、纬向断裂伸长率(%)。如需要,计算断脱断伸长率(图 7-3 和图 7-4)。

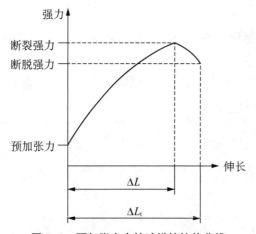

图 7-3　预加张力夹持试样的拉伸曲线

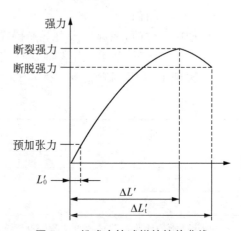

图 7-4　松式夹持试样的拉伸曲线

预加张力夹持试样:

$$E=\frac{\Delta L}{L_0}\times 100\% \tag{7-1}$$

$$E_r=\frac{\Delta L_t}{L_0}\times 100\% \tag{7-2}$$

松式夹持试样:

$$E=\frac{\Delta L'-L_0'}{L_0+L_0'}\times 100\% \tag{7-3}$$

$$E_r=\frac{\Delta L_t'-L_0'}{L_0+L_0'}\times 100\% \tag{7-4}$$

式中:E 为断裂伸长率(%);ΔL 为预加张力夹持试样时的断裂伸长(mm);L_0 为隔距长度(mm);E_r 为断脱伸长率(%);ΔL_t 为预加张力夹持试样时的断脱伸长(mm);ΔL 为松式夹持试样时的断裂伸长(mm);L_0' 为松式夹持试样达到规定预加张力时的伸长(mm);$\Delta L_t'$ 为松

式夹持试样时的断脱伸长(mm)。

分别计算经纬向或纵横向的断裂伸长率平均值,如需要,计算断脱伸长率的平均值,计算结果按如下修约:

a. 断裂伸长率<8%时,修约至0.2%;

b. 断裂伸长率≥8%且≤75%时,修约至0.5%;

c. 断裂伸长率>75%时,修约至1%。

③ 计算断裂强力和断裂伸长率的变异系数,修约至0.1%。

④ 按式(7-5)确定断裂强力和断裂伸长率的95%置信区间,修约方法同平均值。

$$X-S\times\frac{t}{\sqrt{n}}<\mu<X+S\times\frac{t}{\sqrt{n}} \tag{7-5}$$

式中:μ 为置信区间;X 为平均值;S 为标准差;t 为由 t-分布表查得,当 $n=5$,置信度为 95% 时,$t=2.776$;n 为试验次数。

(二) 抓样法

1. 试验标准

GB/T 3923.2规定了采用抓样法测定织物断裂强力的方法,包括试样在试验用标准大气中平衡或湿润两种状态的试验。

ISO 13934-2用抓样法测定断裂强力和断裂伸长率。

2. 适用范围

GB/T 3923.2适用于机织物,也适用于针织物、涂层织物及其他纺织物,但不适用于弹性织物、土工布、玻璃纤维机织物、碳纤维织物及聚烯烃编织带等。

ISO 13934-2适用于机织物,也适用于其他技术生产的织物,通常不适用于弹性织物、土工布、非织造布、涂层织物、玻璃纤维织物、碳纤维织物和聚烯烃扁丝织物。

3. 检测仪器

(1) 等速伸长(CRE)试验仪:仪器参数同条样法。抓样试验夹持试样面积的尺寸应为 (25±1 mm)×(25±1 mm)。可使用表7-4中方法之一达到该尺寸。

表7-4　抓样试验夹具尺寸表

方法一	夹片1:尺寸为 25 mm×40 mm(最好50 mm)	夹片2:尺寸为 25 mm×40 mm(最好50 mm)
方法二	夹片1:尺寸为 25 mm×40 mm(最好50 mm)	夹片2:尺寸为 25 mm×25 mm

(2) 裁剪试样的器具及钢尺。

(3) 如需进行湿润试验,应具备用于浸湿试样的器具、三级水、非离子湿润剂。

4. 抓样法工作原理

试样的中央部位夹持在规定尺寸的夹钳中,以规定的拉伸速度拉伸试样至断脱,测定其断裂强力。

5. 取样原则与方法(同条样法)

6. 调湿和试验用大气(同条样法)

7. 测试程序与操作

(1)试样准备:①通则,从每个样品中剪取二组试样,一组为经向或纵向试样,另一组为纬向或横向试样。每组试样至少包括 5 块。如有更高要求,应增加试样数量。试样应具有代表性,应避开织物的褶皱、疵点部位。试样距布边至少 150 mm,保证试样均匀分布于样品上。②尺寸,每块试样的宽度为(100±2) mm,长度应能满足隔距长度(100±1) mm。③湿润试样,同条样法。

(2) 试验参数选择:拉伸速度为(50±5)mm/min;隔距为(100±1)mm;或经有关方同意,隔距也可为 75 mm,精度±1 mm。

(3) 试样夹持:夹持试样的中心部位,保证试样的纵向中心线通过夹钳的中心线,并与夹钳钳口线垂直。使试样上的标记线与夹片的一边对齐,夹紧上夹钳后,试样靠自重下垂,使其平置于下夹钳内,关闭下夹钳。

(4) 测定:启动强力测试仪,拉伸试样至断脱,记录断裂强力(N)。复位后,重复上述操作,直至完成规定的试样数。每个方向至少试验 5 块。如果发生钳口断裂,处理方法同条样法。

(5) 湿润试验。将试样从液体中取出,放在吸水纸上吸去多余的水分后,立即按前边第 1 步至第 7 步进行试验。

(6) 结果的计算与表示(同条样法)。

① 如果需要,计算断裂强力的变异系数,修约至 0.1%。

② 按式(7-6)确定断裂强力和断裂伸长率的 95% 置信区间,修约方法同平均值。

二、国外检测标准

(一) 条样法

1. 试验标准

ASTM D5035(条样法)

2. 适用范围

ASTM D5035 中拆纱条样法适用于机织物,剪割条样法适用于非织造布、毛毡织物、(浸)涂层织物。不建议用于针织物和伸长率超过 11% 的高弹织物。

3. 检测仪器及工具

规定除了等速伸长(CRE)试验仪,还可用等速载荷(CRL)试验仪和等速牵引(CRT)试验仪。

视频 7-2 ASTM 条样法

(1) 试验仪:要求拉伸速率为(300±10)mm/min,或能获得(20±3)s 的断裂时间,隔距长度为(75±1)mm。

(2) 夹持器:条样法的夹钳面宽度至少比试样宽度大 10 mm。

(3) 金属夹:ASTM D5035 标准要求一个质量为 170 g、宽 100 mm 的金属夹作为预加张力夹。

(4) 湿润试验时,需具备用于浸湿试样的器具、三级水、非离子湿润剂。

(5) 预调湿烘箱:相对湿度为 10%~25%,温度不超过 50 ℃。

(6) 恒温恒湿室。

标准大气按 ASTM D1776 标准的规定:温度为(21±1)℃,相对湿度为(65±2)%。

4. 测试原理

强力试验仪夹住规定尺寸的试样,并施加负荷,被拉伸至断脱,记录最大的断裂强力和断裂伸长率。如果需要,也可记录断脱伸长率。

5. 测试程序与操作

(1) 样品准备

① 试样应避开褶皱、疵点,距布边至少 1/10 幅宽。

② 要沿对角线方向取样,确保每两块试样不包括有相同的经纱或纬纱,每个实验室样品沿经向和纬向剪取两组试样。分为拆纱条样法和剪割条样法两类,剪割条样主要用于不易拆纱或较轻薄的织物,取样时平行织物的纵向和横向,按标准要求宽度直接剪取试样。

拆纱法取样时经向 5 块,纬向 8 块,长至少 150 mm,宽有(25±1)mm 和(50±1)mm 两种。取 25 mm 的试样时,先剪成 35 mm 或 25 mm 加 20 根纱线,取 50 mm 的试样时先剪成 60 mm 或 50 mm 加 20 根纱线,再拆去两侧数量大致相等的纱线。如果试样密度小于 20 根/cm,采用(50±1)mm 的试样宽度。

(2) 样品的预调湿与调湿:样品按 ASTM D1776 标准预调湿和调湿。湿润试验的试样在(21±1)℃的蒸馏水中至完全润湿,可在蒸馏水中加入不超过 0.05% 的非离子湿润剂。

(3) 测试程序:在夹钳中心位置采用松式或预加张力的方式夹持试样,以保证拉力中心线通过夹钳中点。等速伸长(CRE)法的试验参数设置,隔距长度为(75±1)mm,拉伸速度(300±10)mm/min,但有争议时,除非双方约定,否则采用控制断裂时间为(20±3)s 的方法。用 170 g 的金属夹做预加张力夹。开启试验仪,拉伸试样至断脱,记录断裂强力、断裂伸长或断裂伸长率。如需要,记录断脱强力及伸长率。

如果试样在夹钳上出现滑动,或在钳口附近及其钳口间断裂,以及其他的原因,造成试验结果明显地低于试样平均结果,则该数据应舍弃,并重新取样补测,以得到所需的平均断裂强力。如果有其他舍弃的规定,如在夹钳边缘 5 mm 范围之内断裂或者低于其他试样断裂平均值 50% 的数据,均应舍弃。如果有的织物在夹钳边缘滑动或超过 25% 的试样出现在夹钳边缘 5 mm 以内断裂,可以通过在夹钳里添加衬垫,对夹钳面区域内试样进行涂层处理或者改变夹钳表面的方法进行调整。如果使用了这些调整方案,需要在报告中调整方法进行叙述。

润湿试验:任何试样的测试需在离开水 2 min 内完成,要注意那些因有胶质或经拒水性处理的织物在水中不能完全润湿的情况。如果要测定不含胶质或拒水处理剂时的强力,必须在准备样品前进行适当的不影响织物物理性能的前处理。

(4) 结果表述:计算所有可接受断裂试样的断裂强力和断裂伸长率平均值。

(二) 抓样法

1. 试验标准

ASTM D5034(抓样法)

2. 适用范围

ASTM D5034 适用于机织物、非织造布、毛毡织物。改良后的抓样法主要适用于机织物,不建议用于玻璃纤维织物、针织物和伸长率超过 11% 的高弹织物。

3. 检测仪器及工具

同 ASTM D5035。

4. 检测原理

用强力试验仪夹住规定尺寸的试样的中间部位,并施加负荷,直到试样被拉断,然后记录断裂强力。

5. 测试程序与操作

(1) 样品准备:试样准备规则同 ASTM D5035。每块试样的宽度为(100±2)mm,长度至少为 150 mm。在每一试样上,距长度方向的一边(37±1)mm 处画一条平行于该边的标记线。规定准备经向试样 5 块,纬向试样 8 块。

(2) 样品的预调湿与调湿:同 ASTM D5035。

(3) 测试程序:夹持试样的中间部位,保证试样的纵向中心线通过夹钳的中心线,并与夹钳钳口线垂直。将试样上的标记线对齐夹片的一边,关闭上夹钳,靠织物的自重下垂,关闭下夹钳。启动拉伸试验仪,拉伸试样至断脱,记录断裂强力(N)。

如果试样在夹钳上出现滑动,或在钳口附近及其钳口间断裂,处理方法同 ASTM D5035。ASTM D5034 标准测试参数设置及润湿实验同 ASTM D5035。

(4) 结果表述:计算所有可接受的断裂试样的断裂强力和断裂伸长率平均值。

对经过湿处理而发生收缩的织物,有必要对潮湿试样的强力进行修正,公式如下:

$$S=(L×C)/W \tag{7-6}$$

式中:S 为潮湿试样修正后的强力;L 为大气调湿试样的断裂强力;C 为调湿试样的纱线根数;W 为潮湿试样的纱线根数。

任务二 织物撕破性能检测

织物撕破又称撕裂,指织物在使用过程中经常会受到集中负荷的作用,使局部损坏而断裂。织物边缘在一集中负荷作用下被撕开的现象称为撕裂,亦称撕破。抵抗这种撕裂破坏的能力为织物的撕破性能。

目前我国已将撕裂强度用于评定织物经树脂整理后的耐用性(或脆性)。撕破性能不适用于对机织弹性织物、针织物及可能产生撕裂转移的经纬向差异大的织物和稀疏织物的评价。

切实可行的测定织物撕破性能的方法有:冲击摆锤法、裤形试样(单缝)法、梯形试样法、舌形试样(双缝)法和翼形试样(单缝)法。

想一想

1. 织物撕破性能的测试方法分为哪几种? 每种方法的适用范围包括哪些?

2. 撕破强力应满足哪些条件的试验方为有效试验?

3. 纺织品撕破强力测试中是否经向布样的撕破试验一定是经向撕破强力试验?

4. GB/T 3917.1—2009 冲击摆锤法撕破强力的测定中,摆锤质量是依据什么进行选择的?

一、中国国家检测标准

（一）试验标准及适用范围

GB/T 3917.1（冲击摆锤法撕破强力的测定）主要适用于机织物、其他技术生产的织物，如非织造织物；不适用于针织物、机织弹性织物以及有可能产生撕裂转移的稀疏织物和具有较高各向异性的织物。

GB/T 3917.2［裤形试样（单缝）法撕破强力的测定］适用范围同 GB/T 3917.1。

GB/T 3917.3（梯形试样法撕破强力的测定）适用于机织物和非织造布。

GB/T 3917.4［舌形试样（双缝）法撕破强力的测定］主要适用于各种机织物、其他技术生产的织物，如非织造织物。不适用于针织物、机织弹性织物。

GB/T 3917.5［翼形试样（单缝）法撕破强力的测定］主要适用于各种机织物及其他技术生产的织物，不适用于针织物、机织弹性织物及非织造类产品，这类织物一般用梯形法进行测试。

（二）试验方法与原理

1. 试验方法与原理

（1）冲击摆锤法：试样固定在夹具上，将试样切开一个小口，释放处于最大势能位置的摆锤，可动夹具离开固定夹具时，试样沿切口方向被撕破，把撕破织物一定长度所做的功换算成撕破力。

（2）裤形试样法：夹持裤形试样的两条腿，使试样的切口线在上下夹具之间成直线。开启强力测试仪，将拉力施加于切口方向，记录直至撕裂到规定长度内的撕破强力。

（3）梯形试样法：将试样裁成一个梯形，用强力测试仪夹钳夹住梯形上两条不平行的边。对试样施加连续增加的力，使撕破沿试样宽度方向传播，测定平均最大撕破力。

（4）舌形试样法：在矩形试样中，切开两条平行切口，形成舌形试样。将舌形试样夹入强力测试仪的一个夹钳中，试样的其余部分对称地夹入另一个夹钳，保持两个切口线的顺直平行。在切口方向施加拉力，模拟两个平行撕破强力，记录直至撕裂到规定长度的撕破强力。

（5）翼形试样法：一端剪成两翼特定形状的试样按两翼倾斜于被撕裂纱线的方向进行夹持，施加机械拉力，使拉力集中在切口处以使撕裂沿着预想的方向进行。记录直至撕裂到规定长度的撕破强力，并根据自动绘图装置绘出的曲线上的峰值或通过电子装置计算出撕破强力。

2. 术语和定义

（1）撕破强力：在规定条件下，使试样上初始切口扩展所需的力。

注：经纱被撕断的称为"经向撕破强力"，纬纱被撕断的称为"纬向撕破强力"。

（2）撕破长度：从开始施力至终止，切口扩展的距离。

　　冲击摆锤法、裤形试样法、梯形试样法、舌形试样法、翼形试样法的经向布样的撕破试验中,哪几种是经向撕破强力试验?哪几种是纬向撕破强力试验?

(三) 取样

1. 取样

(1) 根据织物的产品标准规定,或根据有关各方协议取样。

(2) 在没有上述要求的情况下,按项目一任务四中的织物取样要求准备试验样品。

2. 调湿和试验用大气

(1) 进行预调湿、调湿和试验用大气按照 GB/T 6529 的规定执行,即相对湿度(65±4)%、温度(20±2)℃。

(2) 对于湿润状态下试验,不要求预调湿和调湿。

(四) 测试试验

1. 冲击摆锤法

(1) 试验仪器与工具:摆锤式强力测试仪(图 7-5)、裁样器或裁样板、剪刀、尺子、织物试样若干种。

图 7-5　摆锤式强力测试仪

　　(2) 试验参数选择:选择摆锤的质量,使试样的测试结果落在相应标尺满量程的15%～85%。

　　(3) 试样准备:

　　① 按项目一任务四中的织物取样要求准备试验样品。

　　② 试样分布如图 7-6 所示,在距布边 150 mm 以上剪取两组试样,一组为经向试样,另一组为纬向试样。试样的短边应与经向或纬向平行,以保证撕裂沿切口进行。

　　试样规格:经(纵)向和纬(横)向各 5 块试样,撕裂长度保持(43±0.5)mm。试样的尺寸如图 7-7 所示,切口线长(20±0.5)mm。

(4)试验步骤详见视频二维码。

(5)结果计算:①分别计算经向和纬向撕破强力平均值(N),保留两位有效数字;②列出试样每个方向的最小和最大撕破强力。

视频 7-3
冲击摆锤法

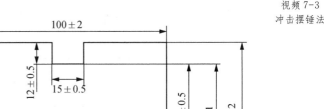

图 7-6　冲击摆锤法试样分布图　　　图 7-7　试样尺寸图

(6)注意事项:

① 观察撕裂是否沿力的方向进行,以及纱线是否从织物上滑移而不是被撕裂。满足以下条件的试验为有效试验:a.纱线未从织物中滑移;b.试样未从夹具中滑移;c.撕裂完全,且撕裂一直在 15 mm 宽的凹槽内。

不满足以上条件的试验结果应剔除。如果 5 块试样中有 3 块或 3 块以上被剔除,则此方法不适用。

② 按下扇形挡板,要迅速、充分,不能与下摆的扇形锤有摩擦。回摆时握住摆锤,以免破坏指针的位量。

③ 当摆锤摆动时,强力测试仪的移动是误差的主要来源。仔细固定强力测试仪,使摆锤摆动过程中,测试仪没有明显的移动。

2. 裤形试样法、舌形试样法、梯形试样法撕破强力测试

(1)仪器设备、用具:①等速伸长(CRE)试验仪,电子织物强力机,拉伸速度可控制在(100±10)mm/min,隔距长度可设定在(100±1)mm,能够记录撕破过程中的撕破强力。夹具有效宽度更适宜采用 75 mm,但不应小于测试试样的宽度。②剪刀、钢尺,如需进行湿润试验,应具备用于浸湿试样的器具、三级水、非离子湿润剂。

(2)试样准备:按项目一任务四"检测抽样方法及试样准备"中的织物取样要求准备试验样品,试样的长边应与织物的经向或纬向平行,以保证撕破沿切口进行。每块试样裁取两组试样,一组为经向,一组为纬向。每组试样至少 5 块。试样尺寸如表 7-5 所示。

表 7-5　试样尺寸

标准	试样尺寸		试样数量
GB/T 3917.2 裤形试样法	50 mm 宽试样	(200±2)mm×(50±1)mm	5 经 5 纬
	200 mm 宽试样	(200±2)mm×(200±2)mm	5 经 5 纬

（续表）

标准	试样尺寸	试样数量
GB/T 3917.3 梯形试样法	（150±2）mm×（75±1）mm	5 经 5 纬
GB/T 3917.4 舌形试样法	（200±2）mm×（150±2）mm	5 经 5 纬

（3）试验参数设置如表 7-6 所示。

表 7-6　试验参数

标准	拉伸速度	隔距长度
GB/T 3917.2 裤形试样法	（100±10）mm/min	（100±1）mm
GB/T 3917.3 梯形试样法	（100±10）mm/min	（25±1）mm
GB/T 3917.4 舌形试样法	（100±10）mm/min	（100±1）mm

（4）试样尺寸如图 7-8 所示。当窄幅试样不适合或测定特殊抗撕裂织物的撕破强力时，可使用宽幅试样。

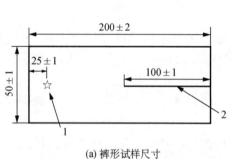

(a) 裤形试样尺寸

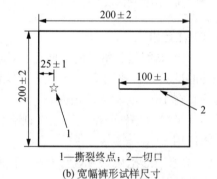

1—撕裂终点；2—切口

(b) 宽幅裤形试样尺寸

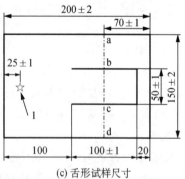

(c) 舌形试样尺寸

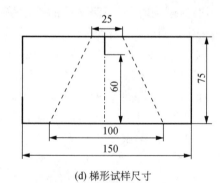

(d) 梯形试样尺寸

图 7-8　试样尺寸（单位：mm）

视频 7-4
裤形试样
法

视频 7-5
舌形试样
法

视频 7-6
梯形试样
法

（5）试验步骤参见视频 7-4～7-6。

（6）结果计算：根据各次试验结果，可计算试样经向和纬向平均撕破强力值（N），保留两位有效数字。或由试验机的记录装置给出撕裂负荷-伸长曲线，计算 12 个峰值的算术平均值。具体内容可参考标准 GB/T 3917.2—2009 和 GB/T 3917.4—2009。

二、国外检测标准

(一) ISO 标准

1. 试验标准

ISO 13937-1(冲击摆锤法撕破强力的测定)

ISO 13937-2(裤形试样(单缝)法撕破强力的测定)

ISO 13937-3[翼形试样(单缝)法撕破强力的测定]

ISO 13937-4[舌形试样(双缝)法撕破强力的测定]

2. 标准简介

(1) ISO 13937-1 采用摆锤式强力测试仪,ISO 13937-2、ISO 13937-3、ISO 13937-4 规定采用等速伸长(CRE)试验仪对单缝隙裤形、单缝隙翼形、双缝隙舌形试样进行织物撕破强力测定。

(2) 我国现行的 GB/T 3917.1 标准、GB/T 3917.2 标准 GB/T 3917.4 是根据 ISO 13937-1、ISO 13937-2 及 ISO 13937-4 等同采用的,GB/T 3917.5 是根据 ISO 13937-3 修改采用的。

(二) 美标标准

想一想

1. ASTM D2261 舌形单缝法(CRE 拉伸测试仪)试验中如何进行试样准备?

2. 按照 ASTM D2261 进行试验应如何选择试验参数?

3. ASTM D2261 中如何判断撕破终点? 测试结果如何表述?

1. 试验标准

ASTM D2261[舌形单缝法织物撕破强力的标准试验方法(CRE 拉伸测试仪)]

2. 适用范围

ASTM D2261 适用于大多数织物,包括机织物、充气织物、毛毯、针织物、分层织物、起绒织物等,织物可以未经处理,尺寸较大的,或经过涂层、树脂或其他处理。无论有或没有经湿处理的试样,仪器都可以测试。

3. 测试原理

将试样制成矩形,在短边中间剪一条缝,形成两舌(裤形)。等速伸长(CRE)强力试验仪夹持两个舌,使试样切口线在上下夹具之间呈直线,施加负荷,同时记录撕破强力。根据自动绘图装置给出的曲线上的峰值或通过电子装置计算出撕破强力。

4. 设备与材料

(1) 设备:等速伸长(CRE)试验机。

(2) 夹钳:两夹钳的中心点应处于拉力轴线上,夹钳的口应与拉力线垂直,两夹持面应在同一平面上。夹钳应能捏持试样面不使试样打滑,若平整夹钳不能防止试样打滑,可使用锯齿面或橡胶夹钳,夹钳面至少 25 mm×75 mm,夹距(75±1)mm。

(3) 湿润试验时,需具备用于浸渍试样的器具、三级水、非离子湿润剂。

视频 7-7
ASTM 舌形单缝法

（4）预调湿烘箱：相对湿度为10%～25%，温度不超过50℃。

（5）调湿：标准大气符合ASTM D1776标准规定，温度为(21±1)℃，相对湿度为(65±2)%。

5.样品准备

（1）批量样品：从一次装运货物或一批货物中按表7-7要求随机抽取批量样品。

表7-7　随机抽样批量样品要求

整批数量（匹）	批量样品的数量（匹）	整批数量（匹）	批量样品的数量（匹）
1～3	全部	25～50	5
4～24	4	＞50	整批数量的10%，最多10

（2）实验室样品数量：从批量样品的样匹中，随机剪取不少于1 m长的整幅实验室样品一块，确保样品上无折皱、无可见疵点。

（3）试样的准备：试样应具有代表性，避开褶皱、疵点，距布边至少1/10幅宽，保证试样均匀分布于样品上。两块试样应不包括相同的经纱或纬纱。每个实验室样品沿纵向和横向剪取两组试样。纵向试样5块，横向试样5块，每块样品的尺寸为(75±1)mm×(200±1)mm，见图7-9。

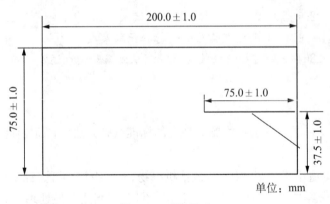

单位：mm

图7-9　试样尺寸

如果做湿强试验，则剪取尺寸两倍于干强的试样。标识后剪成两块，一块用于公定回潮率下的强力测定，另一块用于湿态的强力测定。

湿润试验的试样在温度(21±1)℃的蒸馏水中至完全润湿1 h。对经拒水处理的材料，可在蒸馏水中加入0.1%的非离子湿润剂。

6.测试程序

一般测试在标准大气环境即温度(21±1)℃、相对湿度(65±2)%中进行，湿态测试则于试样离开水2 min内完成。

将试样的每条舌各夹入一只夹具中，试样中心线与夹具中心线对齐。

若采用等速伸长（CRE）法，隔距长度为(75±1)mm，拉伸速度为(50±2)mm/min。若双方约定，可采用(300±10)mm/min的拉伸速度。

开启试验仪撕裂试样,记录撕裂峰值(可能是单一峰值或若干峰值)。当撕裂长度接近75 mm或试样完全撕开时,停止仪器拉伸。

如果试样在钳口处滑移,或在钳口边缘5 mm内断裂,可能是因为夹钳的衬垫、织物在夹钳下方有涂层、夹钳面等,可以通过修正得到改善。如果进行了修正,就要在报告中注明修正方法。如果25%或以上的试样在边缘断裂或撕裂,不能完全沿着长度方向,则认为该织物不适合采用这种方法。

7. 结果表述

(1) 单个试样撕破力,用数据收集系统直接读取的数据,按选项1或选项2来计算单个试样撕破力,精确到0.5 N,另有协议除外。

① 选项1,五个最高峰的平均值。对于出现五个或更多峰的织物,第一个峰值之后,取五个最高峰力值,精确到0.5 N,计算这五个最高峰力值的平均值。

② 选项2,单峰力值。对于出现少于五个峰的织物,记录最高峰力值作为单峰力值,精确到0.5 N。

(2) 分别计算每个方向的试样撕破力的平均值作为样品的撕破强力。

(3) 如果要求,计算标准偏差和变异系数。

(4) 如果数据是由计算机自动处理的,计算通常在软件包里完成。记录直接读取的数值,并精确到0.5 N。在任何情况下,建议将计算机处理的数据与已知的性能值进行验证,并在报告中描述其使用的软件。

任务三　织物顶(胀)破性能测试

织物在穿着或使用时,经常会受到垂直于织物平面的集中负荷作用,从织物的一面使其鼓起扩张直至破损,如膝部、肘部、鞋面、手套手指处及袜子脚趾处等,这种现象称为顶破或胀破。由于它的受力方式属于多向受力破坏,所以针织物、降落伞、安全气囊袋、非织造布及过滤袋在使用时都要考虑胀破。

目前,世界上使用的胀破性能测试方法大致可分为钢球顶破法、气压薄膜胀破法、液压薄膜胀破法。钢球法比较直观,利用钢球穿破织物表面;液压/气压薄膜法利用压力差测量原理。

辨一辨

1. 织物顶(胀)破强力的测试方法分为哪几类?不同方法在测试原理上有何区别?

2. GB/T 22848中对织物的顶破强力是如何规定的?哪些织物比较适合测试顶破强力?

3. GB/T 7742.1中织物胀破性能(液压法)试验试样准备的要点是什么?

4. 如果试样的破坏接近夹持器圆环的边缘,应如何处理?

一、织物顶破性能测试

(一) 试验标准

GB/T 19976(顶破强力的测定钢球法)

(二) 适用范围

适用于各类织物。

(三) 测试方法及原理

钢球法:将一定面积的试样夹持在固定基座的圆环试样夹内,圆球形顶杆以恒定的移动速度垂直地顶向试样,使试样变形直至破裂,测得顶破强力。

(四) 设备与材料

(1) 等速伸长(CRE)试验仪:电子织物强力机。

(2) 顶破装置由夹持试样的环形夹持器和钢质球形顶杆组成,在试验过程中,试样夹持器固定,球顶杆以恒定的速度移动。

(3) 进行湿润试验所需的器具、三级水、非离子湿润剂。

(五) 试样准备

1. 取样

(1) 根据织物的产品标准规定,或根据有关各方协议取样。

(2) 在没有上述要求的情况下,按项目一任务四中的织物取样要求准备试验样品。

2. 试样分布如图 7-10 所示,试样为圆形试样,大于环形夹持装置面积,其直径至少为 6 cm,至少取 5 块。如果使用的夹持系统不需要裁剪试样即可进行试验,则可不裁成小试样。

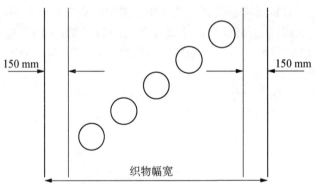

图 7-10　试样分布

(六) 试验步骤

1. 安装顶破装置

选择直径为 25 mm 或 38 mm 的球形顶杆。将球形顶杆和夹持器安装在试验机上,保证环形夹持器的中心在顶杆的轴心线上。

2. 设定试验参数

选择力的量程使输出值在满量程的 10% ~ 90% 之间。设定试验机的速度为(300±

10)mm/min。

3. 夹持试样

将试样反面朝向顶杆,夹持在夹持器上,保证试样平整、无张力、无褶皱。

4. 测定顶破强力

启动仪器,直至试样被顶破。试验仪器自动记录其最大值作为该试样的顶破强力(N)。重复上述步骤,直至完成规定的试验数量。

(七)试验结果

计算顶破强力的平均值(N),修约至整数位。如果需要,计算顶破强力的变异系数CV值,修约至0.1%。

(八)注意事项

(1)用于进行湿态试验的试样应浸入温度(20±2)℃,或(23±2)℃,或(27±2)℃的水中,使试样完全润湿。为使试样完全湿润,也可以在水中加入不超过0.05%的非离子中性湿润剂。

(2)湿润试验:将试样从液体中取出,放在吸水纸上吸去多余的水后,立即进行试验。

(3)如果测试过程中出现纱线从环形夹持器中滑出或试样滑脱,应舍弃该试验结果。

(4)如果试样的破坏接近夹持器圆环的边缘,报告该事实。

二、织物胀破性能测试

胀破和顶破是考核纺织品在使用过程中不断受到集中性负荷的顶、压作用下的耐受性能的常用指标。区别于顶破强力,胀破强力指作用在一定面积试样上使之膨胀破裂的最大流体压力,其数值常以kPa为单位。适用于各种织物,特别适用于降落伞、滤尘袋和消防水管带等强力的考核。根据使用的流体介质不同,胀破强力测试可分为液压法和气压法。

(一)试验标准

GB/T 7742.1(胀破强力和胀破扩张度的测定 液压法)

GB/T 7742.2(胀破强力和胀破扩张度的测定 气压法)

(二)适用范围

主要适用于针织物、机织物、非织造布和层压织物,也适用于由其他工艺制造的各种织物。

视频7-8
气压法

(三)测试方法及原理

(1)液压法:将一定面积的试样夹持在可延伸的膜片上,并在膜片下面施加液体压力。然后以恒定的速度增加液体的体积,使膜片和试样膨胀,直到试样破裂,测得胀破强力和胀破扩张度。

(2)气压法:将试样夹持在可延伸的膜片上,在膜片下面施加气体压力。然后,以恒定速度增加气体体积,使膜片和试样膨胀,直到试样破裂,测得胀破强力和胀破扩张度。

(四)液压法设备与材料

(1)胀破强力测试仪:该仪器具有在100~500 cm³/min范围内的恒定体积增长速率,精度±10%。如果仪器无此装置,则应能控制胀破时间为(20±5)s,且当胀破压力大于满量程的 20％时,其精度为满量程的±2％,胀破高度小于 70 mm 时,其精度为±1 mm。如果可显示胀破体积,精度不超过±2％。

(2) 夹持装置:能提供可靠的试样夹持,使试验过程中不会发生试样损伤、变形和滑移情况。夹持环应使高延伸织物(其胀破高度大于试样半径)的圆拱不受阻碍,且内径精度不超过±0.2 mm。在试验过程中,安全罩能包围夹持装置,并能清楚地观察试样的延伸情况。

(3) 膜片:具有高延伸性,厚度小于 2 mm,且使用数次后,在胀破高度范围内仍具有弹性。

(五) 试样准备

(1) 取样:①根据织物的产品标准规定,或根据有关各方协议取样;②在没有上述要求的情况下,按项目一任务四中的织物取样要求准备试验样品。

(2) 选择试验面积:对于大多数织物,特别是针织物,试验面积应优先采用 50 cm² (直径 79.8 mm)。而对具有低延伸的织物,如产业用织物,试验面积应至少为 100 cm² (直径 112.8 mm)。在该条件不能满足或者不适合的情况下,经协议,也可采用其他试验面积,如 10 cm² (直径 35.7 mm)、7.3 cm² (直径 30.5 mm)等。

(3) 对于湿润试验则需将试样置于温度(20±2)℃的三级水或含有不超过 1 g/L 的非离子湿润剂的水溶液中浸渍 1 h,再放置于吸水纸上吸去多余的水后,方可进行试验。

(4) 调湿:样品放置于 GB/T 6529 规定的一级标准大气中于松弛状态下进行调湿,一般调湿至少 12 h,并于该大气条件下进行试验。

(六) 试验步骤

1. 设定试验参数

设定恒定的体积增长速率在 100～500 cm³/min。也可采用胀破时间,但应进行预试验,以调整试验的胀破时间为(20±5) s。

2. 试样安装

将试样放置在膜片上,使其处于平整无张力状态,避免在其平面内的变形。用夹持装置夹紧试样,并避免损伤和防止试样滑移。

3. 测试

启动仪器,对试样施加压力,直到将其破坏,记录胀破压力、胀破高度或胀破体积。在织物的不同部位重复试验,获得至少 5 个测试值。必要时,增加试验数量。

在无试样的条件下,采用与上述试验相同的试验面积、体积增长速率或胀破时间、膨胀膜片,进行空白试验,直至达到有试样时的平均胀破高度或平均胀破体积,得到的胀破强度即"膜片压力"。

(七) 结果计算和表示

(1) 计算胀破压力的平均值,减去膜片压力,即得胀破强度,结果修约至三位有效数字,单位千帕(kPa)。

(2) 计算胀破高度的平均值,结果修约至两位有效数字,单位毫米(mm)。

(3) 如需要,计算胀破体积的平均值,结果修约至三位有效数字,单位立方厘米(cm³)。

(4) 如需要,计算胀破压力和胀破高度的变异系数(CV)值和 95％的置信区间,CV 值修约至 0.1％,置信区间的精度同上述要求。

三、相关标准比较

表 7-8 织物顶破强力相关标准对比

	GB/T 19976	GB/T 7742.1	GB/T 7742.2	ASTM D3786	ASTM D3787	ISO 13938-1	ISO 13938-2	EN 12332-1	EN 12332-2
测试方法	钢球法	液压法	气压法	薄膜顶破法	横向恒速移动法	液压法	气压法	钢球法	液压法
适用范围	各类织物	针织物、机织物、非织造布和层压织物	针织物、机织物、非织造布和层压织物	服用织物、工业用纺织品	服用织物、工业用纺织品	机织物、针织物、非织造布、层合面料	机织物、针织物、非织造布、层合面料	橡胶或塑料涂层织物	橡胶或塑料涂层织物
仪器设备	等速伸长（CRE）试验仪	胀破强度测试仪	胀破强度测试仪	充气薄膜顶破强力机	CRT 拉伸强力机	液压胀破仪	气压胀破仪	CRE 拉伸强力机	MULLEN 型胀破仪
试样准备	直径 60 mm 圆形试样至少 5 个	针织物试验面积 50 cm²，低延伸织物试验面积 100 cm²，至少 5 个	针织物试验面积 50 cm²，低延伸织物试验面积 100 cm²，至少 5 个	10 个样品，每个面积为 125 mm²	5 个样品，每个面积至少为 125 mm²	5 个样品，每个面积至少为 125 mm²	5 个样品，每个面积至少为 125 mm²	6 个样品，每个直径至少为 65 mm	5 个样品，直径足够大到被夹稳
试验参数	强力在满量程的 10%～90%，试验速度为（300±10）mm/min	设定恒定的体积增长速率在 100～500 cm³/min，或调整试验的胀破时间为 20 s±5 s	调整试验的胀破时间为 20 s±5 s		横梁移动速率为（305±13）mm/s，直至将样品顶破	开启胀破仪直至样品破裂	开启胀破仪直至样品胀破	（5.0±0.5）N 的应力移动速率达到（5±0.5）mm/s，直至钢球将样品顶破	将胀破仪的压力和初始位移都设为零，开启机器，直至样品破裂
结果表示	平均顶破强力修约至整数位。	胀破压力的平均值（kPa），减去膜片压力，即得胀破强力，结果修约至三位有效数字	胀破压力的平均值（kPa），减去膜片压力，即得胀破强力，结果修约至三位有效数字	平均胀破强力	平均顶破强力	平均顶破强力，顶破时薄膜升起的平均高度	平均顶破强力，顶破时薄膜升起的平均高度	平均顶破强力、平均延伸度	平均破裂力、平均延伸度

任务四　织物耐磨性能检测

磨损是指织物间或与其他物质间反复摩擦,织物逐渐磨损破损的现象,而耐磨性则是指织物抵抗磨损的特性。

想一想

1. 如何确定试样耐磨性能测试中的磨损终点?
2. 试样耐磨性能测试中磨料的选择原则有哪些?
3. 试样耐磨性能测试中如何确定磨料及试样的大小?

一、中国国家检测标准

(一) 试验标准

GB/T 21196(织物耐磨性的测定)

(二) 适用范围

GB/T 21196.2(试样破损的测定)及 GB/T 21196.3(质量损失的测定)适用于所有纺织织物,包括非织造布和涂层织物,不适用于特别指出磨损寿命较短的织物。

GB/T 21196.4(外观变化的测定)适用于磨损寿命较短的纺织织物,包括非织造布和涂层织物。

(三) 试验方法与原理

(1) 马丁代尔法试样破损的测定:安装在马丁代尔耐磨仪试样夹具内的圆形试样,在规定的负荷下,以轨迹为李莎茹(Lissajous)图形的平面运动与磨料(即标准织物)进行摩擦,试样夹具可绕其与试样水平面垂直的轴自由转动。根据试样破损的总摩擦次数,确定织物的耐磨性能。

(2) 马丁代尔法质量损失的测定:在马丁代尔法试验过程中,间隔称取试样的质量,根据试样的质量损失,确定织物的耐磨性能。

(3) 马丁代尔法外观变化的测定:安装在马丁代尔耐磨试验仪试样夹具内的圆形试样,在规定的负荷下,装有磨料的试样夹具可绕其与水平面垂直的轴自由转动,根据试样外观的变化确定织物的耐磨性能。在试样夹具及其销轴的质量为(198±2)g 的负荷下进行试验。

采用以下两种方法中的一种,与同一块织物的未测试试样进行比较,评定试样的表面变化:①进行摩擦试验至协议的表面变化,确定达到规定表面变化所需的总摩擦次数。②以协议的摩擦次数进行摩擦试验后,评定表面所发生的变化程度。

(四) 试样准备

(1) 调湿和试验用大气采用 GB/T 6529 规定的标准大气,即温度(20±2)℃、相对湿度(65±4)%。

（2）取样前将实验室样品在松弛状态下置于光滑的、空气流通的平面上,在调湿和试验用大气中放置至少18 h。

（3）距布边至少100 mm,在整幅实验室样品上剪取足够数量的试样,试样为圆形,一般至少3块。对机织物,所取的每块试样应包含不同的经纱和纬纱。对提花织物或花色组织的织物,试样应包含图案各部分的所有特征,每个部分分别取样(图7-11)。

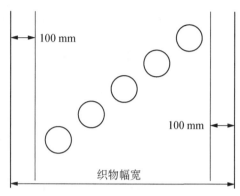

图 7-11　试样分布

（4）试样和磨料尺寸(表7-9)。

表 7-9　试样和磨料尺寸

标准	试样尺寸	磨料尺寸	夹具泡沫塑料衬垫的直径	机织羊毛毡底衬的直径
GB/T 21196.2	直径38.0~38.5 mm	直径或边长≥140 mm		
GB/T 21196.3	直径38.0~38.5 mm	直径或边长≥140 mm	38 mm	140 mm
GB/T 21196.4	直径或边长≥140 mm	直径38.0~38.5 mm		

（五）试验设备与材料

马丁代尔耐磨试验仪(图7-12);放大镜或显微镜(例如8倍放大镜);标准羊毛磨料;毛毡;泡沫塑料;对于涂层织物,应选用No.600水砂纸作为标准磨料;天平(精度0.001 g)。

图 7-12　YG(B)401GZ 马丁代尔耐磨试验仪

(六) 试样与磨料安装

1. 试样安装

在试样破损和质量损失的测试中,将试样夹具压紧螺母放在仪器台的安装装置上,试样摩擦面朝下,居中放在压紧螺母内。若试样的单位面积质量小于 500 g/m²,将泡沫塑料衬垫放在试样上。将试样夹具嵌块放在压紧螺母内,再将试样夹具接套上后拧紧。在安装试样时,需避免织物弄歪变形,而且要使几个试样耐磨面外露的高度基本一致,形成一个饱满的圆弧面。

在外观变化测试中,将试样夹具压紧螺母放在仪器台的安装装置上,磨料摩擦面朝下,小心且居中地放在压紧螺母内。将泡沫塑料放在磨料上。将试样夹具嵌块放在压紧螺母内,再将试样夹具接套套上后拧紧。

2. 磨料安装

在试样破损和质量损失的测试中,移开试样夹具导板,将毛毡放在磨台中央,再把磨料放在毛毡上。放置磨料时,要使磨料织物的经纬向纱线平行于仪器台的边缘。将质量为 (2.5±0.5)kg、直径为(120±10)mm 的重锤压在磨台上的毛毡和磨料上面,拧紧夹持环,固定毛毡和磨料;取下加压重锤。

在外观变化测试中,将试样夹具压紧螺母放在仪器台的安装装置上,磨料摩擦面朝下,小心且居中地放在压紧螺母内。将泡沫塑料放在磨料上。将试样夹具嵌块放在压紧螺母内,再将试样夹具接套套上后拧紧。

3. 辅料的有效寿命(表 7-10)

表 7-10 辅料的有效寿命

辅料名称	标准	更换周期
磨料	GB/T 21196.2 GB/T 21196.3	每次试验需更换新磨料。如在一次磨损试验中,羊毛标准磨料摩擦次数超过 50 000 次,需每 50 000 次更换一次磨料;水砂纸标准磨料摩擦次数超过 6 000 次,需每 6 000 次更换一次磨料
	GB/T 21196.4	每次需更换新磨料
机织羊毛毡底衬	GB/T 21196.2 GB/T 21196.3 GB/T 21196.4	每次磨损试验后,检查毛毡上的污点和磨损情况。如果有污点或可见磨损,需更换毛毡。毛毡的两面均可使用
泡沫塑料衬垫	GB/T 21196.2 GB/T 21196.3	对使用泡沫塑料的磨损试验,每次试验使用一块新的泡沫塑料
	GB/T 21196.4	每次试验需更换新泡沫塑料

4. 摩擦负荷

摩擦负荷参数的选择有三种情况:①摩擦负荷总有效质量(即试样夹具组件的质量和加载块质量的和)为(795±7)g(名义压力为 12 kPa)时,适合于工作服、家具装饰布、床上亚麻制品产业用织物;②摩擦负荷总有效质量为(595±7)g(名义压力为 9 kPa)时,适合于服用和家用纺织品(不包括家具装饰布和床上亚麻制品),也适合非服用的涂层织物;③摩擦负荷总有效质量为(198±2)g(名义压力为 3 kPa)时,适合于服用类涂层织物。

（七）试验检测

1. 试样破损的测定

（1）启动仪器，对试样进行连续摩擦，直至达到预先设定的摩擦次数。从仪器上小心地取下装有试样的试样夹具，不要损伤或弄歪纱线，检查整个试样摩擦面内的破损迹象。当试样出现下列情形时作为摩擦终点，即试样破损：

①机织物中至少有两根独立的纱线完全断裂；②针织物中有一根纱线断裂造成外观上的一个破洞；③起绒或割绒织物表面绒毛被磨损至露底或有绒簇脱落；④非织造布上因摩擦造成的孔洞，其直径至少为 0.5 mm；⑤涂层织物的涂层部分被破坏至露出基布或有片状涂层脱落。

（2）如果还未出现破损，将试样夹具重新放在仪器上，开始进行下一个检查间隔的试验和评定，直到摩擦终点即观察到试样破损。使用放大镜或显微镜查看试样。检查间隔选择见表 7-11。

视频 7-9
试样破损
的测定

表 7-11　磨损试验检查间隔

试验系列	预计试样出现破损的摩擦次数	检查间隔（次）
o	≤2 000	200
a	＞2 000 且≤5 000	1 000
b	＞5 000 且≤20 000	2 000
c	＞20 000 且≤40 000	5 000
d	＞40 000	10 000

注 1：以破损的确切摩擦次数为目的的试验，当试验接近终点时，可以减少间隔，直到终点。
　　2：选择检查间隔应经有关方面同意。

2. 马丁代尔法质量损失的测定

（1）试验参数选择。根据试样预计破损的摩擦次数，在设立的每一档摩擦次数下（表 7-12）测定试样的质量损失。

表 7-12　质量损失试验间隔

试验系列	预计试样破损时的摩擦次数	在以下摩擦次数时测定质量损失
a	≤1 000	100,250,500,750,1 000,(1 250)
b	＞1 000 且≤5 000	500,750,1000,2 500,5 000,(7 500)
c	＞5 000 且≤10 000	1 000,2 500,5 000,7 500,10 000,(15 000)
d	＞10 000 且≤25 000	5 000,7 500,10 000,15 000,25 000,(40 000)
e	＞25 000 且≤50 000	10 000,15 000,25 000,40 000,50 000,(75 000)
f	＞50 000 且≤100 000	10 000,25 000,50 000,75 000,(125 000)
g	＞100 000	25 000,50 000,75 000,100 000,(125 000)

（2）如果有必要则进行试样预处理。启动耐磨试验仪，从试样上取下加载块，然后小心地从仪器上取下试样夹具，检查试样表面的异常变化（例如，起毛或起球，起皱，起绒织物掉

绒)。如果出现这样的异常现象,舍弃该试样。如果所有试样均出现这种变化,则停止试验。如果仅有个别试样有异常,重新取样试验,直至达到要求的试样数量。在试验报告中记录观察到的异常现象及异常试样的数量。

(3) 为了测量试样的质量损失,小心地从仪器上取下试样夹具,用软刷除去两面的磨损材料(纤维碎屑),不要用手触摸试样。测量每个试样组件的质量,精确至 1 mg。

3. 马丁代尔法外观变化的测定

(1) 耐磨次数的测定、根据达到规定的试样外观变化而期望的摩擦次数,选用表 7-13 中所列的检查间隔。

表 7-13　表面外观试验的检查间隔

试验系列	达到规定的表面外观期望的摩擦次数	检查间隔(摩擦次数)
a	≤48	16,以后为 8
b	>48 且≤200	48,以后为 16
c	>200	100,以后为 50

(2) 预先设定摩擦次数,启动耐磨试验仪,连续进行磨损试验,直至达到预先设定的摩擦次数。在每个间隔评定试样的外观变化。

(3) 为了评定试样的外观,小心地取下装有磨料的试验夹具。从仪器的磨台上取下试样,评定表面变化。如果还未达到规定的表面变化,重新安装试样和试样夹具,继续试验直到下一个检查间隔。保证试样和试样夹具放在取下前的原位置。

(4) 继续试验和评定,直至试样达到规定的表面状况。

(5) 分别记录每个试样的结果,以还未达到规定的表面变化时的总摩擦次数作为试验结果,即耐磨次数。

由于不同织物的表面状况可能不同,应在试验前就观察条件和表面外观达成协议,并在试验报告中记录。

(八) 结果计算与评定

1. 马丁代尔法试样破损的结果计算

①测定每一块试样发生破损时的总摩擦次数,以试样破损前累计的摩擦次数作为耐磨次数;②如果需要,计算耐磨次数的平均值及平均值的置信区间;③如果需要,按标准 GB/T 250 评定试样摩擦区域的变色。

2. 马丁代尔法质量损失测定的结果计算

①根据每一个试样在试验前后的质量差异,求出其质量损失;②计算相同摩擦次数下各个试样的质量损失平均值,修约至整数;③如果需要,计算平均值的置信区间、标准偏差和变异系数,修约至小数点后一位。

根据各摩擦次数对应的平均质量损失(如果需要,指出平均值的置信区间)作图,按式(7-7)计算耐磨指数。

$$A_i = n/\Delta m \qquad (7-7)$$

式中:A_i 为耐磨指数(次/mg);n 为总摩擦次数;Δm 为试样在总摩擦次数下的质量损失

（mg）。

如果需要,按 GB/T 250 评定试样摩擦区域的变色。

3. 外观变化的评定

①以协议的摩擦次数进行磨损试验,评定试样摩擦区域表面变化状况,例如试样表面变色、起毛、起球等;②确定每一个试样达到规定的表面变化时的摩擦次数,或评定经协议摩擦次数摩擦后试样的外观变化,根据单值计算平均值,如果需要,计算平均值置信区间;③如果需要,按 GB/T 250 评定变色。

注:关于纺织品的统计评估或纺织品的感官检验见 GB/T 6379。

二、国外检测标准

(一) 双头法

1. 试验标准

ASTM D3884(旋转平台双头法)通过采用旋转摩擦对纺织品进行磨损,按残留断裂负荷、断裂负荷损失百分比评价耐磨性能。

2. 适用范围

该标准适用于包括所有利用旋转平台、双头法(RPDH)对织物纤维耐磨性能的判定。

3. 测试原理

在控制压力和磨损运动的条件下,采用旋转摩擦对样品进行磨损。按残留断裂负荷、断裂负荷损失百分比评价耐磨性能。

4. 测试设备

主要测试设备为双头耐磨仪。

5. 样品准备

(1) 按照应用材料规格或买卖双方的协议取一个批样;在没有规定或其他协议的情况下,从批样纺织品的轴卷和片取一个全幅的织物作为实验室样品;实验室样品长至少为50 mm,样品不能在距织物的轴卷和片末端 1 m 的范围内取。

(2) 如果样品的数量没有在应用材料规格和买卖双方的协议中提到,就测试五个样品。

(3) 对于幅宽不小于 125 mm 的纺织品,不能在距布边 25 mm 的范围内取样。

(4) 对于幅宽不足 125 mm 的纺织品,将整个幅宽作为样品。

(5) 确保样品没有折叠、折痕或褶皱。

(6) 如果样品有式样,要确保样品的式样有代表性。

(7) 将样品放在温度为(21±1)℃、相对湿度为(65±2)%的环境中进行调湿。

6. 测试程序

(1) 在温度为(21±1)℃、相对湿度为(65±2)%的环境下测试样品。

(2) 检查并确保轮子表面清洁、均匀。

(3) 将样品表面朝上,装在样品支架的橡胶垫上。

(4) 根据测试材料的类型、所用研磨品的类型、应用测试的类型和彼此的协议定旋转次数。

(5) 可以用真空吸尘器或吸尘管调节真空的吸力,使其能够吸起磨损碎片,但不要吸起柔软的样品。

7. 结果表述

样品在指定磨损周期或到达其他特定终点完成磨损之后,按下述方法对织物作近似的评估。

(1) 磨后残余强力:如果要求残余强力,那么计算每个磨损和未磨损样品的强力,精确到 0.5 kg。夹具之间的距离为 25 mm 时,测试一般可采用 ASTM D5034 标准和 ASTM D5035 标准。

(2) 平均磨后强力:如果要求平均磨后强力,那么分别计算磨损样品和未磨损样品的强力,精确到 0.5 kg。

(3) 磨后强力的损失百分比:利用式(7-8)分别计算样品经向和纬向磨后强力损失百分比,精确到 1%。

$$AR = \frac{A-B}{A} \times 100\% \tag{7-8}$$

式中:AR 为磨后断裂强力损失率(%);A 为未磨损样品平均强力(kg);B 为磨损样品强力(kg)。

练 — 练

一、判断对错,错误的请改正

( ) 1. 织物耐磨性测试中,以磨损次数、耐磨指数以及外观变化评级来表征织物耐磨性能。

( ) 2. 测试时,GB/T 21196.2、GB/T 21196.3、GB/T 21196.4 规定的三种方法中,试样直径均为 38.0 mm,磨料直径或边长应至少为 140 mm。

( ) 3. GB/T 21196.3 根据每一试样在试验前后的质量差异求出质量损失,修约至整数(单位 mg)。

( ) 4. GB/T 21196.2 关于试样破损的测定中,试样准备应距布边至少 100 mm,在整幅实验室样品上剪取足够数量的试样,一般至少 3 块。

( ) 5. 织物耐磨性测试中应选用 No.600 水砂纸作为标准磨料,用于非涂层织物的耐磨性能测试。

( ) 6. ISO 13937 标准中,如果 5 块试样中有 3 块或 3 块以上被剔除,则此方法不适用。

( ) 7. GB/T 3917.4 标准中舌形法撕破强力测试织物的的尺寸是 220 mm×150 mm。

( ) 8. GB/T 3917 标准中撕破强力测试中,纬向布样撕破是经纱撕破强力测试。

( ) 9. ASTM D2261 舌形法中的测试参数,拉伸速率为(50±2)mm/min,隔距长度为(75±1)mm。

( ) 10. ASTM D5034 中抓样法的预加张力为 2 N。

二、选择题

1. 在织物顶破强力检测中,下列表述不正确的是( )。

  A. 织物顶破强力测试中,以顶破强力来表征织物顶破性能。

  B. 测试时,球杆顶径直径选择 38 mm,拉伸速度 300 mm/min。

  C. 以球形顶杆平行于试样平面的方向顶压试样,直至其破坏的过程中测得的最大力。

  D. 计算顶破强力的平均值,以牛顿(N)为单位,结果修约至整数位。

2. 在织物胀破性能检测中,下述说法不正确的是( )。

  A. 织物胀破性能测定有液压法和气压法两种方法。

  B. 胀破强力是指试样平均胀破压力。

C. 通常以胀破强力及胀破高度表征织物胀破性能。

D. 胀破高度是指膨胀前试样的上表面与胀破压力下试样的顶部之间的距离。

3. 关于 ISO 13937-1 标准中冲击摆锤法撕破强力的测定,下列说法不正确的是(　　)。

A. 试样需切开(20±0.5)mm 的切口

B. 撕裂长度保持在(43±0.5)mm

C. 每个方向至少重复试验 5 次

D. 试样短边平行于经向的试样为"经向"撕裂试样

4. 对于 GB/T 3917 标准中织物撕破强力测定,下列表述正确的是(　　)。

A. 裤形试样(单缝)和梯形试样均要求取 2 组试样,经纬向各至少取 5 块,尺寸要求也相同。

B. 实施检测时,裤形试样(单缝)隔距为(100±1) mm,梯形试样隔距为(25±1) mm,试验速度均为(100±10)mm/min。

C. 裤形试样中,要将试样持续撕破直至完全撕裂。

D. 梯形试样中,只要梯形短边保持拉紧,可以不考虑切口是否位于两夹钳中间。

5. ASTM D2261 舌形单缝法织物撕破强力的标准试验方法可使用设备包括(　　)。

A. CRE　　　　B. CRT　　　　C. CRL　　　　D. 都可以

6. GB/T 3917.1 纺织品织物撕破性能第 1 部分:冲击摆锤法撕破强力的测定中规定摆锤法撕破强力测试,选择摆锤的质量应使试验的测试结果落在相应标尺满量程的(　　)。

A. 10%～90%　　B. 15%～85%　　C. 25%～75%　　D. 30%～90%

7. ISO 13934-1(条样法)规定,当织物断裂伸长率小于等于 75% 时其试样的工作尺寸是(　　)。

A. 250×(60±0.5)mm　　　　B. 250×(50±0.5)mm

C. 350×(60±0.5)mm　　　　D. 350×(50±0.5)mm

8. ASTM D3787—2007《织物抗破裂强度的标准试验方法. 等速牵引 (CRT) 球破裂试验》样品的准备为(　　)。

A. 5 个样品,每个面积至少为 125 mm²　　B. 10 个样品,每个面积至少为 125 mm²

C. 5 个样品,每个面积至少为 60 mm²　　D. 10 个样品,每个面积至少为 60 mm²

9. ASTM D5035 中剪割条样法不适用于(　　)。

A. 机织物　　　　　　　　　B. 非织造布

C. 涂层织物　　　　　　　　D. 伸长率超过 11% 的高弹织物

10. ASTM D5035 纺织织物断裂强力和伸长的标准试验方法(条样法)的测试参数为(　　)。

A. 拉伸速率为(100±10)mm/min,隔距长度为(200±1)mm

B. 拉伸速率为(100±10)mm/min,隔距长度为(75±1)mm

C. 拉伸速率为(300±10)mm/min,隔距长度为(75±1)mm

D. 拉伸速率为(300±10)mm/min,隔距长度为(200±1)mm

三、填写下表

测试方法	试样尺寸 (mm)	切口长度 (mm)	待撕长度 (mm)	隔距长度 (mm)	试验速度 (mm/min)	取样数量
GB/T 3917.1						
GB/T 3917.2						
GB/T 3917.4						

项目八

纺织品外观保持性检测

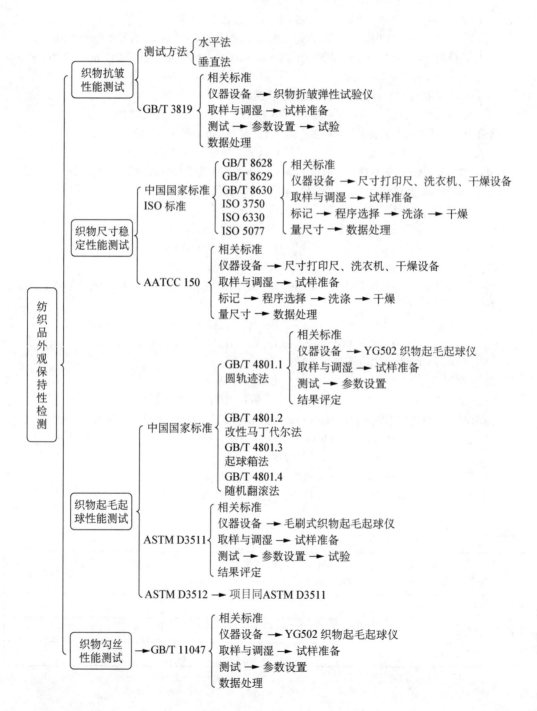

纺织品外观保持性检测
- 织物抗皱性能测试
  - 测试方法
    - 水平法
    - 垂直法
  - GB/T 3819
    - 相关标准
    - 仪器设备 → 织物折皱弹性试验仪
    - 取样与调湿 → 试样准备
    - 测试 → 参数设置 → 试验
    - 数据处理
- 织物尺寸稳定性能测试
  - 中国国家标准 ISO 标准
    - GB/T 8628
    - GB/T 8629
    - GB/T 8630
    - ISO 3750
    - ISO 6330
    - ISO 5077
      - 相关标准
      - 仪器设备 → 尺寸打印尺、洗衣机、干燥设备
      - 取样与调湿 → 试样准备
      - 标记 → 程序选择 → 洗涤 → 干燥
      - 量尺寸 → 数据处理
  - AATCC 150
    - 相关标准
    - 仪器设备 → 尺寸打印尺、洗衣机、干燥设备
    - 取样与调湿 → 试样准备
    - 标记 → 程序选择 → 洗涤 → 干燥
    - 量尺寸 → 数据处理
- 织物起毛起球性能测试
  - 中国国家标准
    - GB/T 4801.1 圆轨迹法
      - 相关标准
      - 仪器设备 → YG502 织物起毛起球仪
      - 取样与调湿 → 试样准备
      - 测试 → 参数设置
      - 结果评定
    - GB/T 4801.2 改性马丁代尔法
    - GB/T 4801.3 起球箱法
    - GB/T 4801.4 随机翻滚法
  - ASTM D3511
    - 相关标准
    - 仪器设备 → 毛刷式织物起毛起球仪
    - 取样与调湿 → 试样准备
    - 测试 → 参数设置 → 试验
    - 结果评定
  - ASTM D3512 → 项目同ASTM D3511
- 织物勾丝性能测试
  - GB/T 11047
    - 相关标准
    - 仪器设备 → YG502 织物起毛起球仪
    - 取样与调湿 → 试样准备
    - 测试 → 参数设置
    - 数据处理

课程思政:掌握织物外观变化的检测的方法。培养团队协作和良好沟通意识,形成爱岗敬业、具有良好的职业道德的工匠精神。

想一想

> 1. 简述织物抗皱性能的基本概念、检测方法及影响因素。
> 2. 什么是折皱回复性? 如何表示织物抗皱性能好坏?
> 3. 简述 GB/T 3819(织物折痕回复性的测定:回复角法)试样准备要点。

外观保持性是服装材料在使用或加工过程中能保持其外观形态稳定的性能,如刚柔性、悬垂性、起毛起球性、勾丝性、折皱回复性、尺寸稳定性、外观稳定性、染色牢度等。

任务一　织物抗皱性能检测

织物抵抗由于搓揉而引起的弯曲变形的能力称为防折皱性。

织物的防折皱性能主要由折皱回复性决定。折皱回复性是指去除外力后,织物从形变中回复原状的能力。因而,折皱和回复性能是考核织物性能的重要指标之一。

(1)折痕回复性:织物在规定条件下折叠加压,卸除负荷后,织物折痕处能回复到原来状态至一定程度的性能。

(2)折痕回复角:在规定条件下,受力折叠的试样卸除负荷,经一定时间后,两个对折面形成的角度。织物的折痕回复性通常用折痕回复角表示。折痕回复角大,则织物的抗皱性好。

一、试验标准

GB/T 3819(回复角法)

二、适用范围

GB/T 3819 适用于各种纺织织物,但不适用于特别柔软或极易起卷的织物。

三、试验方法与原理

1. 试验方法

织物折痕回复角的测定有两种方法,即折痕水平回复法(简称水平法)和折痕垂直回复法(简称垂直法)。

(1)折痕水平回复法:测定试样折痕回复角时,折痕线与水平面平行的回复角度的测量方法,见图 8-1(a)。

(2)折痕垂直回复法:测定试样折痕回复角时,折痕线与水平面垂直的回复角度的测量方法,见图 8-1(b)。

2. 测试原理

一定形状和尺寸的试样,在规定条件下折叠,加压保持一定时间。卸除负荷后,让试样

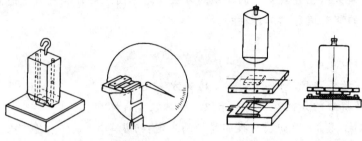

(a) 折痕水平回复法加压装置   (b) 折痕垂直回复法加压装置

图 8-1　折痕回复法加压装置

经过一定的回复时间,然后测量折痕回复角,以测得的角度来表示织物的折痕回复能力。

四、检测仪器

织物折皱弹性测试仪如图 8-2 所示,仪器各项参数如下:

(1) 压力负荷:10 N。

(2) 承受压力负荷的面积:水平法为 15 mm×15 mm,垂直法为 18 mm×15 mm。

(3) 承受压力时间:5 min±5 s。

(4) 回复角测量器刻度盘的分度值:±1°。

五、调湿

在标准大气条件下调湿。

图 8-2　织物折皱弹性测试仪

六、试样准备

(1) 每个样品至少 20 个试样,其中经向与纬向各 10 个,每个方向的正面对折和反面对折各 5 个。日常试验可只测样品的正面,即经向和纬向各 5 个,试样规格见图 8-3。

① 水平法:试样尺寸为 40 mm×15 mm 的长方形。

② 垂直法:回复翼的长为 20 mm,宽为 15 mm。

(2) 如需要,测定高湿度条件下即温度为(35±2)℃,相对湿度为(90±2)%时的回复角,试样可不进行预调湿。

七、试验步骤

1. 垂直法

① 打开电源开关,仪器左侧的指示灯亮,按工作键开关,试样夹推倒贴在电磁铁上。

② 按 5 经 5 纬的顺序,将试样的固定翼装入试样夹内,使试样的折痕线与试样夹的折叠标记线重合。

③ 按下工作按钮,仪器进入自动工作程序,迅速把第 1 个试样用手柄沿折痕线对折,不要在折叠处施加任何压力,然后在对折好的试样上放上有机玻璃压板,每隔 15 s 按程序依次在 10 个试样的有机玻璃压板上再加上压力重锤。

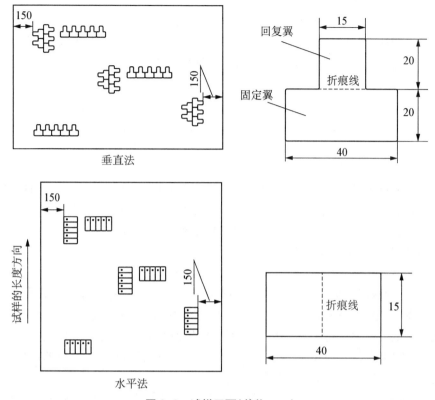

图 8-3　试样正面(单位:mm)

　　④ 试样承受压力负荷接近规定的时间,仪器发出报警声,鸣示做好读取试样回复角度的准备。加压时间一到,投影灯亮,试样承受压力负荷达到规定的时间后,迅速卸除压力负荷,并将试样夹连同有机玻璃压板一起翻转 90°,随即卸去有机玻璃压板,同时试样回复翼打开。

　　⑤ 试样卸除负荷后达到 5 min 时,用测角装置依次读得折痕回复角,精确至 1°。

　　2. 水平法

　　① 将试样在长度方向两端对齐折叠,然后用宽口钳夹住,夹住位置距布端不超过 5 mm,移至标有 15 mm×20 mm 标记的平板上,使试样正确定位,随即轻轻地加上压力重锤。

　　② 试样在规定负荷下,保证规定时间后,卸除负荷。将夹有试样的宽口钳转移至回复角测量装置的试样夹上,使试样的一翼被夹住,而另一翼自由悬垂,并连续调整试样夹,使悬垂下来的回复自由翼始终保持垂直位置。

　　③ 试样从压力负荷装置上卸除负荷后 5 min 读得折痕回复角,精确至 1°。

八、试验结果

　　分别计算下列各向的平均值,修约保留整数位:

　　(1)经向(纵向)折痕回复角:正面对折,反面对折。

　　(2)纬向(横向)折痕回复角:正面对折,反面对折。

（3）总折痕回复角：经、纬向折痕回复角平均值之和。

注：1.试样经调湿后，在操作过程中，只能用镊子或橡胶指套接触。2.垂直法：回复翼有轻微的卷曲或扭转，以其根部挺直部位的中心线为基准。试样如有黏附倾向，在两翼之间距折痕线 2 mm 处放置一张厚度小于 0.02 mm 的纸片或塑料薄片。3.水平法：回复翼有轻微的卷曲或扭转，以通过该翼中心和刻度盘轴心的垂直平面作为折痕回复角读数的基准。

任务二 织物尺寸稳定性能检测

织物的尺寸稳定性，是指织物在受到浸渍或洗涤后以及受较高温度作用时抵抗尺寸变化的性能，其主要表现为缩水性与热收缩性。织物在常温水中浸渍或洗涤干燥后，长度和宽度方向发生的尺寸收缩程度称为缩水性；织物在受到较高温度作用时发生的尺寸收缩程度称为热收缩性，热收缩主要发生在合成纤维织物中。

织物缩水性的测试方法有浸渍法和洗衣机法两种。浸渍法织物所受的作用是静态的，有温水浸渍法、沸水浸渍法、碱液浸渍法及浸透浸渍法等。主要适用于使用过程中不经剧烈洗涤的纺织品，如毛、丝及篷盖布等。检测时，将准备好的试样放入洗涤液中处理规定时间，取出后在规定的方式下进行干燥。然后在不施加任何张力的情况下，用缩水尺直接测量其缩水率，也可以用钢尺，量取试样缩水前后三对经、纬向的长度（精确到毫米），分别取经、纬向的平均值，求得该织物的缩水率值。

洗衣机法是动态的，一般采用家用洗衣机，选择一定条件进行洗涤试验。应该指出。洗涤次数增加，织物的缩水率也增大，并趋向某一极限，称为织物的最大（极限）缩水率。服装的裁剪与缝制应依据最大缩水率来确定。

织物热收缩性的测试是将试样放置在不同的热介质中或进行熨烫，测量作用前后的尺寸变化。

想一想

1. 什么是织物尺寸稳定性？什么是织物的缩水率？如何计算缩水率？
2. 如何衡量纺织面料的尺寸稳定性？
3. 织物水洗后尺寸变化检测过程中，应注意哪些事项？
4. GB/T 8629 检测中可选择哪些方法进行干燥？

一、中国国家标准及 ISO 标准

（一）试验标准

GB/T 8628（织物试样和服装的准备、标记及测量）
GB/T 8629（纺织品试验用家庭洗涤和干燥程序）
GB/T 8630（纺织品洗涤和干燥后尺寸变化的测定）
ISO 3759（用服装和纺织物样品和服装的制备、标记和测量）

ISO 6330(纺织品试验用家庭洗涤和干燥程序)

ISO 5077(纺织品洗涤干燥后尺寸变化的测定)

(二) 适用范围

GB/T 8628 适用于机织物、针织物及纺织制品,不适用于某些装饰覆盖物;GB/T 8629 规定了纺织品试验用家庭洗涤和干燥程序,适用于纺织织物、服装或其他纺织制品的家庭洗涤和干燥;GB/T 8630 规定了纺织品经洗涤和干燥后尺寸变化的测定方法,适用于纺织织物、服装及其他纺织制品,在纺织制品和易变形材料的情况下,对于试验结果的解释需考虑各种因素。

(三) 检测仪器及测试原理

1. 测试原理

试样在洗涤和干燥前,在规定的标准大气中调湿并测量标记间距离;按规定的条件洗涤和干燥后,再次调湿并测量其标记间距离,并计算试样的尺寸变化率。

2. 试验设备和洗涤剂

(1) 全自动洗衣机:①A 型洗衣机,水平滚筒、前门加料型洗衣机;②B 型洗衣机,垂直搅拌、顶部加料型洗衣机;③C 型洗衣机,垂直波轮、顶部加料型洗衣机。

(2) 干燥设施:根据不同的干燥程序选择不同的设施。①A1 型翻转烘干机(通风式);②A2 型翻转烘干机(冷凝式);③A3 型翻转烘干机(鼓风式);④电热(干热)平板压烫仪;⑤悬挂干燥设施;⑥干燥架。

(3) 陪洗物:①类型Ⅰ,100%棉型陪洗物;②类型Ⅱ,50%聚酯纤维/50%棉陪洗物;③类型Ⅲ,100%聚酯纤维陪洗物。

(4) 测量与标记工具:①量尺、钢卷尺或玻璃纤维卷尺,以 mm 为刻度;②能精确标记基准点的用具,如不褪色墨水或织物标记打印器,或缝进织物做标记的细线,其颜色与织物颜色应能形成强烈对比;或热金属丝,用于制作小孔,在热塑材料上做标记;③平滑测量台。

(5) 标准洗涤剂:①标准洗涤剂 1,1993 AATCC 无荧光增白剂标准洗涤剂(WOB)和 1993 AATCC 含荧光增白剂标准洗涤剂,仅用于 B 型洗衣机;②标准洗涤剂 2,IEC 标准洗涤剂 2,用于 A 型及 B 型洗衣机;③标准洗涤剂 3,ECE 标准洗涤剂 98,用于 A 型及 B 型洗衣机;④标准洗涤剂 4,JISK3371(类别 1),仅用于 C 型洗衣机;⑤标准洗涤剂 5,2003 AATCC 含荧光增白剂标准液体洗涤剂和 2003 AATCC 无荧光增白剂标准液体洗涤剂,用于 B 型洗衣机;⑥标准洗涤剂 6,SDC 标准洗涤剂类型 4,用于 A 型洗衣机。

(6) 试验用水:①水的硬度,试验用水的硬度应低于 0.7 mmol/L,按 GB/T 7477 测定,以碳酸钙表示;②水压,洗衣机注水口处的供水压力应高于 150 kPa;③注水温度,洗衣机注水温度应为(20±5)℃。

(7) 总洗涤载荷:对所有类型标准洗衣机,总洗涤载荷(试样和相应陪洗物)应为(2±0.1)kg。

(8) 陪洗物的选择:①纤维素纤维产品应选用类型Ⅰ棉型陪洗物,合成纤维产品及混合产品应选用类型Ⅱ聚酯纤维/棉陪洗物或类型Ⅲ聚酯纤维陪洗物,未提及的其他纤维产品可选用类型Ⅲ聚酯纤维陪洗物;②试样与陪洗物的比例,如果测定尺寸稳定性,试样量应不超过总洗涤载荷的一半。

（四）试样准备

裁样不能在距布端 1 m 内。如果织物边缘在试验中可能脱散，应使用尺寸稳定的缝线对试样锁边。筒状纬编织物为双层，其边缘需用尺寸稳定的缝线以疏松的针迹缝合。

（1）试验规格：至少 500 mm×500 mm，3 块试样。

（2）标记：在试样的长度和宽度方向上，至少各做 3 对标记。每对标记间距≥350 mm，距离试样边缘≥50 mm，标记在试样上的分布应均匀（图 8-4）。

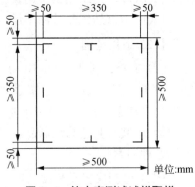

图 8-4　缩水率测试试样取样

（五）调湿与试验用大气

将试样放置在调湿大气中，在自然松弛状态下，调湿至少 4 h 或达到恒重（当以 1 h 的间隔称重，质量的变化不大于 0.25% 时，即认为达到了恒重）。

（六）试验步骤

1. 试样洗涤干燥前尺寸测量

将试样放置在标准大气条件下调湿，并在该大气中进行所有测量。将试样平放在测量台上，轻轻抚平褶皱，避免扭曲试样。测量每对标记点间的距离，精确至 1 mm。

2. 洗涤程序

（1）程序选择：标准规定了 A 型洗衣机的 13 种洗涤程序；B 型洗衣机的 11 种洗涤程序，即 1B～11B；C 型标准洗衣机的 7 种洗涤程序。如表 8-1、表 8-2 和表 8-3 所示。

表 8-1　A 型标准洗衣机洗涤程序

程序序号	加热、洗涤和漂洗中的搅拌	洗涤				漂洗1		漂洗2			漂洗3			漂洗4		
		温度	水位	洗涤时间	冷却	水位	漂洗时间	水位	漂洗时间	脱水时间	水位	漂洗时间	脱水时间	水位	漂洗时间	脱水时间
		a	bc	d	f	bc	dg	bc	dg	d	bc	dg	d	bc	eg	d
		℃	mm	min		mm	min	mm	min	min	mm	min	min	mm	min	min
9N[h]	正常	92±3	100	15	要[i]	130	3	130	3	—	130	2	—	130	2	5
7N[h]	正常	70±3	100	15	要[i]	130	3	130	3	—	130	2	—	130	2	5
6N[h]	正常	60±3	100	15	不要	130	3	130	3	—	130	2	—	130	2	5
6M[h]	缓和	60±3	100	15	不要	130	3	130	3	—	130	2	2[i]	—	—	—
5N[h]	正常	50±3	100	15	不要	130	3	130	3	—	130	2	—	130	2	5
5M[h]	缓和	50±3	100	15	不要	130	3	130	3	—	130	2	2[i]	—	—	—
4N	正常	40±3	100	15	不要	130	3	130	3	—	130	2	—	130	2	5
4M	缓和	40±3	100	15	不要	130	3	130	3	—	130	2	2[i]	—	—	—
4G	柔和[e]	40±3	130	3	不要	130	3	130	3	1	130	2	6	—	—	—
3N	正常	30±3	100	15	不要	130	3	130	3	—	130	2	—	130	2	5

程序序号	加热、洗涤和漂洗中的搅拌	洗涤				漂洗1		漂洗2			漂洗3			漂洗4		
		温度	水位	洗涤时间	冷却	水位	漂洗时间	水位	漂洗时间	脱水时间	水位	漂洗时间	脱水时间	水位	漂洗时间	脱水时间
		a	bc	d		bc	dg	bc	dg	d	bc	dg	d	bc	eg	d
		℃	mm	min	f	mm	min	mm	min	min	mm	min	min	mm	min	min
3M	柔和	30±3	100	15	不要	130	3	130	2	—	130	2	2ᶦ	—	—	—
3G	柔和ᵉ	30±3	130	3	不要	130	3	130	3	—	130	2	2ᶦ	—	—	—
4H	柔和ᵉ	40±3	130	1	不要	130	2	130	2	2	—	—	—	—	—	—

注1：A 型洗衣机，现成的记忆卡（A1 型）或详细的编程说明（A2 型）可以从制造商处获得。记忆卡是被锁定的，里面的内容无法编辑或更改。

2：现程序与 GB/T 8629—2001A 型洗衣机的程序对应：9N 对应 1A，6N 对应 2A，6M 对 3A，5M 对应 4A，4N 对应 5A，4M 对应 6A，4G 对应 7A，3G 对应 8A，4H 对应仿手洗。其中 6M、5M 和 4M 的搅拌程度均由原"正常"修改为"缓和"

N 正常搅拌：滚筒转动 12 s，静止 3 s。

M 缓和搅拌：滚筒转动 8 s，静止 7 s。

G 柔和搅拌：滚筒转动 3 s，静止 12 s。

H 仿手洗：柔和搅拌，滚筒转动 3 s，停顿 12 s。

a 洗涤温度即停止加热温度；b 机器运转 1 min，停顿 30 s 后，自滚筒底部测量液位；c 对于 A1 型洗衣机，采用容积法测量更为精准；d 时间允差为 20 s；e 低于设定温度 5 ℃ 以下的升温过程不进行搅拌，从低于设定温度 5 ℃ 开始升温至设定温度的过程进行缓和搅拌；f 冷却：注水至 130 mm 水位，继续搅拌 2 min；g 漂洗时间自达到规定液位时计；h 加热至 40 ℃，保持该温度并搅拌 15 min，再进一步加热至洗涤温度；i 仅适用于具备安全防护设施的实验室试验；j 短时间脱水或滴干。

表 8-2　B 型标准洗衣机洗涤程序

程序编号	洗涤和冲洗中的搅拌	总负荷（干质量）（kg）	洗涤			冲洗	脱水
			温度（℃）	液位	洗涤时间（min）	液位	脱水时间（min）
1B	正常	2±0.1	70±3	满水位	12	满水位	正常
2B	正常	2±1	60±3	满水位	12	满水位	正常
3B	正常	2±1	60±3	满水位	10	满水位	柔和
4B	正常	2±1	50±3	满水位	12	满水位	正常
5B	正常	2±1	50±3	满水位	10	满水位	柔和
6B	正常	2±1	40±3	满水位	12	满水位	正常
7B	正常	2±1	40±3	满水位	10	满水位	柔和
8B	柔和	2±1	40±3	满水位	8	满水位	柔和
9B	正常	2±1	30±3	满水位	12	满水位	正常
10B	正常	2±1	30±3	满水位	10	满水位	柔和
11B	柔和	2±1	30±3	满水位	8	满水位	柔和
使用冷水冲洗							

表 8-3　C 型标准洗衣机洗涤程序

程序序号	洗涤和漂洗中的搅拌	洗涤				漂洗 1[b]			漂洗 2[b]		
		温度（℃）	水位（L）	时间（min）	脱水时间（min）	水位（L）	时间（min）	脱水时间（min）	水位（L）	时间（min）	脱水时间（min）
		a	—	—	e	—	—	e	—	—	e
4N	正常[c]	40±3	40	15	3	40	2	3	40	2	7
4M	正常[c]	40±3	40	6	3	40	2	3	40	2	3
4G	正常[c]	40±3	40	3	3	40	2	3	40	2	≤1
3N	正常[c]	30±3	40	15	3	40	2	3	40	2	7
3M	正常[c]	30±3	40	6	3	40	2	3	40	2	3
3G	正常[c]	30±3	40	3	3	40	2	3	40	2	≤1
4H	柔和[d]	40±3	54	6	2	54	2	2	54	2	≤1

注：a 洗涤用水先加热到设定温度，然后供给洗衣机；b 漂洗用水由家用水龙头直接供给；c 正常搅拌的一个周期指按正常的搅拌速度搅拌 0.8 s，停止 0.6 s，然后反向搅拌 0.8 s，停止 0.65 s；d 4H 是仿手洗程序，一个周期指按柔和的搅拌速度搅拌 1.3 s，停止 5.8 s，然后反向搅拌 1.3 s，停止 5.8 s；e 4H 的脱水采用低速甩干，其余程序的脱水采用高速甩干。

（2）将待洗试样放入洗衣机，加足量的陪洗物使总洗涤载荷符合总洗涤载荷的规定。应混合均匀，选择洗涤程序进行试验。

（3）洗涤：

① A 型标准洗衣机直接加入（20±1）g 标准洗涤剂 2、标准洗涤剂 3 或标准洗涤剂 6。

② B 型标准洗衣机，先注入选定温度的水，再加入（66±1）g 标准洗涤剂 1，或加入（100±1）g 标准洗涤剂 5；若使用标准洗涤剂 2 或标准洗涤剂 3，加入量要控制在能获得良好的搅拌泡沫，泡沫高度在洗涤周期结束时不超过（3±0.5）cm。

③ C 型标准洗衣机，先注入选定温度的水，再直接加入 1.33 g/L 的标准洗涤剂 4。

各洗涤剂用量见表 8-4。

表 8-4　标准洗涤剂用量

标准洗涤剂	标准洗衣机		
	A 型	B 型	C 型
1	—	（66±1）g	—
2	（20±1）g	适量	—
3	（20±1）g	适量	—
4	—	—	1.33 g/L
5	—	（100±1）g	—
6	（20±1）g	—	—

（4）在完成洗涤程序后小心取出试样，不要拉伸或绞拧。按干燥程序干燥。

3. 干燥程序

6种干燥程序为：程序A——悬挂晾干；程序B——悬挂滴干；程序C——平摊晾干；程序D——平摊滴干；程序E——平板压烫；程序F——翻转干燥。

4. 试样洗涤干燥后尺寸测量

将试样放置在标准大气条件下调湿，并在该大气中进行所有测量。将试样平放在测量台上，轻轻抚平褶皱，避免扭曲试样。测量每对标记点间的距离，精确至1 mm。

（七）试验结果

计算试样长度方向和宽度方向上的各对标记点间的尺寸变化率，以负号（－）表示尺寸减小（收缩），以正号（＋）表示尺寸增大（伸长）。以4块试样的平均尺寸变化率作为试验结果，修约至0.1%。

$$长度变化率(\%)=\frac{最终长度-初始长度}{初始长度}\times100 \tag{8-1}$$

$$宽度变化率(\%)=\frac{最终宽度-初始宽度}{初始宽度}\times100 \tag{8-2}$$

如果洗后还需评定外观或色牢度，则洗涤剂不宜采用含荧光增白剂的无磷IEC标准洗涤剂；洗涤剂的加入量应以获得良好的搅拌泡沫，泡沫高度在洗涤周期结束时不超过(3±0.5)cm为宜；织物幅宽不足500 mm时试样的准备、标记和测量如图8-5所示。

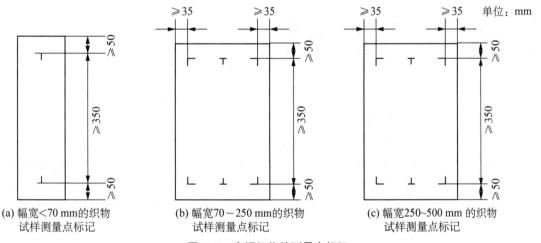

(a) 幅宽<70 mm的织物
试样测量点标记　　　(b) 幅宽70～250 mm的织物
试样测量点标记　　　(c) 幅宽250~500 mm的织物
试样测量点标记

图8-5　窄幅织物的测量点标记

二、AATCC检测标准

（一）试验标准

AATCC 135（织物经家庭洗涤后的尺寸稳定性的试验方法）

（二）适用范围

本试验方法是为了测试纺织品经过家庭洗涤程序后的尺寸变化。目前，消费者使用的洗衣机一般包括以下可选择的程序:四个洗涤温度,三个搅拌速度,两个漂洗温度,以及四个干燥程序。

(三)试验方法与原理

选择具有代表性的样品,在规定的标准大气中调湿后,做好标记并测量尺寸。在试样洗涤和干燥后再次调湿,测量原标记的尺寸,最后计算试样的尺寸变化率。

(四)检测仪器与材料

1. 试验设备

(1)自动洗衣机(AATCC 认可)规格参数(表 8-5)。

表 8-5　标准洗衣机规格参数

项目	常规程序	缓和程序	耐久压烫程序
水位(L)	72±4	72±4	72±4
搅拌速度 (冲程次数/min)	86±2	27±2	86±2
洗涤时间 (min)	16±1	8.5±1	12±1
最终脱水速度 (r/min)	660±15	500±15	500±15
最终脱水时间 (min)	5±1	5±1	5±1
洗涤温度 (℃)	(Ⅱ)冷水:27±3 (Ⅲ)温水:41±3 (Ⅳ)热水:49±3 (Ⅴ)非常水:60±3	(Ⅱ)冷水:27±3 (Ⅲ)温水:41±3 (Ⅳ)热水:49±3 (Ⅴ)非常水:60±3	(Ⅱ)冷水:27±3 (Ⅲ)温水:41±3 (Ⅳ)热水:49±3 (Ⅴ)非常水:60±3

(2)标准烘干机规格参数(表 8-6)。

表 8-6　干燥条件

循环	常规程序	缓和程序	耐久压烫程序
最大排气温度[℃(℉)]	68±6(155±10)	60±6(140±10)	68±6(155±10)
冷却时间(min)	≤10	≤10	≤10

(3)调湿/干燥样品架:可拉式筛板或带孔的晾衣架。

(4)滴干和悬挂晾干装置。

(5)天平:最少能称量 5.0 kg(10.0 lb)。

(6)不褪色的墨水记号笔,打印标记装置,也可用缝线来做标记。

(7)测量装置:直尺或卷尺,刻度为毫米、1/10 或 1/8 英寸;直尺或卷尺,能直接读出尺寸的变化率至 0.5%或者更小的刻度;数字图像测量装置。

2. 试验材料

(1)洗涤剂:AATCC 1993 标准洗涤剂。

（2）陪洗织物规格（表 8-7）。

表 8-7　陪洗织物规格

项目	类型 1(100%棉)	类型 3(50/50 涤棉±3%)
纱线	16/1 环锭纱	16/1 或 32/2 环锭纱
织物结构	平纹织物,(52×48±5)根/英寸	平纹织物,(52×48±5)根/英寸
织物单位面积质量	(155±10)g/m²	(155±10)g/m²
四边	所有边都有褶边或重叠	所有边都有褶边或重叠
每片尺寸	(920±30)mm×(920±30)mm 或者 (36.0±1)英寸×(36.0±1)英寸	(920±30)mm×(920±30)mm 或者 (36.0±1)英寸×(36.0±1)英寸
每片质量	(130±10)g	(130±10)g

(五) 试样准备

1. 样品与准备

①试样应具有代表性；②避开破损区域选取试样；③筒状针织样品要剪开使用单层,只有用紧身织机生产的圆形针织织物采用筒状进行测试。用紧身织机生产的圆形针织织物用于制作无侧缝服装。紧身圆形针织服装和无缝服装(织可穿)的应该依据 AATCC 150《服装经家庭洗涤后的尺寸变化》标准进行测试；④在标记前,把试样放在 ASTMD 1776《纺织品试验的调湿方法》规定的环境中调湿；⑤把试样放在水平台面上,不允许试样的任何部位伸出工作台边缘。选择一定尺寸的模板,用卡板平行于布边或者织物的长度方向进行标记。距离 1/10 幅宽以上取样。试样不能包含相同的经纱或纬纱。在从样品上剪下试样以前,应先标记出试样的长度方向。

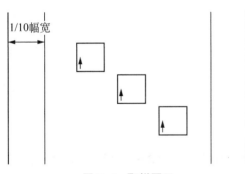

图 8-6　取样图示

如果可能,对每件样品应该测试三个试样（图 8-6）。在没有足够的样品时,一个或两个试样也可以。

2. 标记

（1）选项 1:250 mm(10 in)。在 380 mm×380 mm(15 in×15 in)尺寸的试样上分别平行于织物的长度和宽度的方向上做三组 250 mm(10 in)的标记,每一个标记点距离布边至少 50 mm(2 in),同一方向的每组标记线必须相距至少 120 mm(5 in)。

（2）选项 2:460 mm(18 in)。在 610 mm×610 mm(24 in×24 in)尺寸的试样上分别平行于织物的长度和宽度的方向上做三组 460 mm(18 in)的标记,每一个标记点距离布边至少 50 mm(2 in),同一方向的每组标记线必须相距至少 250 mm(10 in)。

（3）窄幅织物:宽度大于 125 mm(5 in)小于 380 mm(15 in)的织物,应取全幅宽织物,长度剪成 380 mm(15 in),并按照选项 1 的要求标记出长度方向,宽度方向标记尺寸可自行选择。

对于 25～125 mm(1～5 in)幅宽的织物,应取织物的全幅宽,长度取 380 mm(15 in),只使用两组平行于长边的标记。宽度方向标记尺寸可自行选择(图8-7)。

对于幅宽小于25 mm的样品,应取织物的全幅宽,长取380 mm,只使用一组平行于长边的标记。宽度方向标记尺寸可自行选择。

3. 原始测量和试样尺寸

(1) 在报告中必须注明试样的尺寸以及标记的距离。

(2) 在采用不同的试样尺寸、不同的标记的距离、不同的试样数量或者不同数量的标记进行试验时,尺寸变化的结果没有可比性的。

(3) 为了提高尺寸变化计算的准确度和精确度,要采用合适的、精确到毫米(1/10或1/8英寸)的卷尺或直尺来进行测量并记录每组标记之间的距离。这就

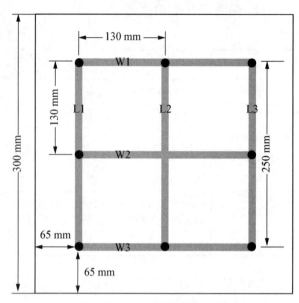

图8-7 织物试样的标记图示

是测量值A。如果窄幅织物的宽度小于380 mm,那么测量并记录宽度值。如果应用校准过的模板直接进行标记并测量尺寸变化率,那么不需要进行原始的测量。

(六) 测试程序

1. 洗涤

(1) 按表8-5选择洗涤程序并在设备上设定。

(2) 对试样及陪洗物称重,使总质量达到(1.8±0.1)kg。另一个可选择的负载总质量为(3.6±0.1)kg。用负载质量为1.8 kg所得到的尺寸变化结果和用负载质量为3.6 kg所得到的尺寸变化结果是不相等的,两者之间也不具有可比性。

(3) 选择指定的水位、规定的洗涤温度,同时漂洗温度要小于29 ℃(85 °F)。如果漂洗温度达不到,则记录实际的漂洗温度。在洗衣机中加入(18.0±0.5)加仑的水。

(4) 将(66±1)g的AATCC 1993标准洗涤剂溶解在(18.0±0.5)加仑的水中。搅拌水以溶解洗涤剂。

把试样和陪洗物放入洗衣机中,根据选定的洗涤周期和时间(表8-5)来设置洗衣机。开始洗涤。对于采用干燥程序A、B、D的试样,完成整个洗涤程序。每次洗涤循环后,把缠在一起的试样和陪洗物分开,小心处理以免产生扭曲破坏,选择合适的程序进行干燥。对于采用干燥程序C的试样,洗涤过程进行到最后一次漂洗程序。在洗衣机最后一次漂洗开始排水以前,将试样从洗衣机拿出。

2. 干燥

按表8-8选择干燥程序,对于所有的干燥方式,允许试样完全干燥后进行清洗。再重复选择的洗涤和干燥程序,共3次或协议的循环次数。

表 8-8 干燥程序

程序	干燥方式	操作程序
程序 A	翻转干燥	把试样和陪洗物放入烘干机中烘干,根据"家庭洗涤测试条件标准"设置温度,控制选定的循环排气温度,直到所有试样和陪洗物完全烘干。在烘干机停止以后,立即取出衣物
程序 A1	常规翻转干燥	
程序 A2	缓和翻转干燥	
程序 A3	耐久压烫翻转干燥	
程序 B	悬挂晾干	把试样的两角挂起,长度方向垂直。允许试样挂在室温不高于 26 ℃(78 ℉)的静止空气中直至晾干。不允许风直接对着试样吹干,因为这会导致织物的扭曲变形
程序 C	滴干	把正在滴水的试样的两角吊起,长度方向垂直。允许试样挂在室温不高于 26 ℃(78 ℉)的静止空气中直至晾干。不允许风直接对着试样吹干,因为这会导致织物的扭曲变形
程序 D	摊平晾	将试样平放在水平筛网干燥架或带孔的平面上,在没有扭曲或拉伸作用下去除褶皱。允许试样挂在室温不高于 26 ℃(78 ℉)的静止空气中直至晾干。不允许风直接对着试样吹干,因为这会导致织物的扭曲变形

3. 调湿

在最后一次洗涤和干燥周期以后,把每一件试样分开放在筛网或带孔平板上,在温度(21±1)℃、相对湿度(65±2)%的大气中,调湿至少 4 小时。

4. 熨烫

如果试样严重起皱,并且消费者总是希望对这种织物缝制的服装进行熨烫,那么在再次测量标记以前可以对试样进行手工熨烫。根据熨烫织物中的纤维类型,采用合适的熨烫温度,可参考 AATCC 133 中的熨烫温度指南。在压烫过程中,仅仅施加去除褶皱所需的力。

在熨烫以后,把每一件试样分开放在筛网或带孔平板上,在温度(21±1)℃、相对湿度(65±2)%的大气中,调湿至少 4 h。

5. 测量

在调湿后,在没有张力条件下把试样放置于平坦光滑的水平台面上,测量并记录每一组标记之间的距离,精确至毫米,即测量值 B。如果用校准过的缩水率打印尺进行尺寸变化率的测量,那么测量每组标记精确至 0.5% 或更小单位,并直接记录尺寸变化率。

6. 计算与说明

如果测量是直接以尺寸变化率表示的,在第一、三或其他指定的洗涤和干燥循环以后,对试样的每一个方向的测量值取平均值。分别计算长度和宽度方向上的平均值,精确至 0.1%;如果测量数值是以毫米表示,在第一、三或其他指定的洗涤和干燥循环以后,用下式进行计算:

$$DC = [(B-A)/A] \times 100\% \tag{8-3}$$

式中:DC 为尺寸变化平均值;A 为原始尺寸平均值;B 为洗涤后尺寸平均值。

取相同位置的尺寸变化率的平均值,精确到 0.1%。以负号(—)表示尺寸减少(收缩),

以正号(＋)表示尺寸增大(伸长)。

想一想

1. 试述织物起毛起球的过程及机理。
2. 织物起毛起球的测试方法有几种?
3. 总结哪些织物较容易勾丝,为什么?
4. 试述随机翻滚法织物起球性能检测要点。
5. GB/T 4802.3 如何进行结果评定?

任务三　织物起毛起球性能检测

起毛指纺织品或服装在水洗、干洗、穿着或使用过程中,不断受到揉搓和摩擦等外力作用,织物表面纤维凸出或纤维端伸出形成毛绒而产生明显的表面变化。起球指当毛绒的高度和密度达到一定值时,再进一步摩擦,伸出表面的纤维缠结形成凸出于织物表面、致密且光线不能透过并可产生投影的球。以上现象称为织物的起毛起球。抗起毛起球性指织物抵抗因摩擦而表面起毛起球的能力。

一、中国国家标准和 ISO 标准

(一) 试验标准

GB/T 4802.1(圆轨迹法)

GB/T 4802.2(改型马丁代尔法)

GB/T 4802.3(起球箱法)

GB/T 4802.4(随机翻滚法)

(二) 试验方法与原理

1. 圆轨迹法

按规定方法和试验参数,利用尼龙刷和织物磨料或仅用织物磨料,使织物摩擦起毛起球。然后在规定光源条件下,对起毛起球性能进行视觉描述评定。

2. 改型马丁代尔法

在规定压力下,圆形试样以李莎茹图形的轨迹与相同织物或羊毛织物、磨料织物进行摩擦。经规定的摩擦阶段后,在规定光源条件下,对起毛和(或)起球性能进行视觉描述评定。

3. 起球箱法

安装在聚氨酯管上的试样,在具有恒定转速、衬有软木的木箱内任意翻转。经过规定次数的翻转后,在规定光源条件下,对起毛和(或)起球性能进行视觉描述评定。

4. 随机翻滚法

采用随机翻滚式起球箱使织物在铺有内衬材料的圆筒状试验仓中随意翻滚摩擦。在规定光源条件下,对起毛起球性能进行视觉描述评定。

(三)圆轨迹法

1. 试验仪器与工具

(1)磨料。①尼龙刷:尼龙丝直径 0.3 mm;②织物磨料:2201 全毛华达呢,密度为 445 根/10 cm×244 根/10 cm,单位面积质量为 305 g/m²。

视频 8-1
圆轨迹法

图 8-8　YG(B)502LM 织物起毛起球仪

(2)泡沫塑料垫片,单位面积质量约 270 g/m²,厚度约 8 mm,直径约 105 mm。

(3)裁样用具。

(4)评级箱。

(5)织物起毛起球仪(图 8-8)。

2. 调湿和试验用大气

调湿和试验用大气采用 GB/T 6529 规定的标准大气。

3. 试样准备

(1)预处理:如需预处理,可采用双方协议的方法水洗或干洗样品。

(2)试样:从样品上剪取 5 个圆形试样,每个试样的直径为(113±0.5)mm。在每个试样上标记织物反面。当织物没有明显的正反面时,两面都要进行测试。另剪取 1 块评级所需的对比样,尺寸与试样相同。取样时,各试样不应包括相同的经纱和纬纱(纵列和横行)。

(3)试样的调湿:在标准大气中调湿平衡,一般至少调湿 16 h,并在同样的大气条件下进行试验。

4. 试验步骤

(1)试验前仪器应保持水平,尼龙刷保持清洁。

(2)分别将泡沫塑料垫片、试样和织物磨料装在试验夹头和磨台上,试样应正面朝外。

(3)根据织物类型按表 8-9 选取试验参数进行试验。

(4)取下试样准备评级,注意不要使试验面受到任何外界影响。

表 8-9　试验参考及适用织物类型实例

参考类型	压力(cN)	起毛次数	起球次数	适用织物类型
A	590	150	150	工作服面料、运动服面料、紧密厚重织物等
B	590	50	50	合成纤维长丝外衣织物等
C	490	30	50	军需服(精梳混纺)面料等
D	490	10	50	化纤混纺、交织织物等
E	780	0	600	精梳毛织物、轻起绒织物、短纤维纬编针织物、内衣面料等
F	490	0	50	粗梳毛织物、绒类织物、松结构织物等

注:1. 表中未列的其他织物可以参考表中所列类似织物或按照有关方面商定选择参数类别。
　　2. 根据需要或有关方协商同意,可以适当选择参数类别,但应在报告中说明。
　　3. 考虑到所有类型织物测试或穿着时的起球情况是不可能的,因此有关各方面可以采用取得一致意见的试验参数,并在报告中说明。

125

5. 起毛起球的评定

评级箱应放置在暗室中。沿织物经(纵)向将一块已测试样和未测试样并排放置在评级箱的试样板的中间,如果需要,可采用适当方式固定在适宜的位置,已测试样放置在左边,未测试样放置在右边。如果测试样在测试前未经过预处理,则对比样应为未经过预处理的试样;如果测试样在起球测试前经过预处理,则对比样也应为经过预处理的试样。

为防止直视灯光,在评级箱的边缘,从试样的前方直接观察每一块试样进行评级(图 8-9)。

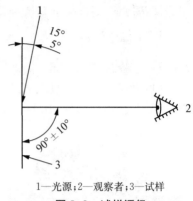

1—光源;2—观察者;3—试样

图 8-9 试样评级

评级箱用白色荧光管或灯泡照明,保证在试样的整个宽度上均匀照明,并且应满足观察者不直视光线。光源的位置与试样的平面应保持 5°～15°,观察方向与试样平面应保持 90°±10°。正常矫正视力的眼睛与试样的距离应在 30～50 cm。

也可依据表 8-10 中列出的视觉描述对每一块试样进行评级。如果介于两级之间,记录半级。①由于评定的主观性,建议至少 2 人对试样进行评定。②在有关方的同意下可采用样照,以证明最初描述的评定方法。③可采用另一种评级方式,转动试样至一个合适的位置,使观察到的起球较为严重,这种评定可提供极端情况下的数据。如,沿试样表面的平面进行观察的情况。④记录表面外观变化的任何其他状况。

表 8-10 视觉描述评级

级数	状态描述
5	无变化
4	表面轻微起毛和(或)轻微起球
3	表面中度起毛和(或)中度起球,不同大小和密度的球覆盖试样的部分表面
2	表面明显起毛和(或)起球,不同大小和密度的球覆盖试样的大部分表面
1	表面严重起毛和(或)起球,不同大小和密度的球覆盖试样的整个表面

6. 结果记录

记录每一块试样的级数,单个人员的评级结果为其对所有试样评定等级的平均值。

样品的试验结果为全部人员评级的平均值,如果平均值不是整数,修约至最近的 0.5 级,并用"-"表示,如 3-4。如单个测试结果与平均值之差超过半级,则应同时报告每一块试样的级数。

(四) 改型马丁代尔法

1. 试验仪器与工具

马丁代尔耐磨试验仪;评级箱;辅料;试样安装辅助装置。

辅料包括磨料与毛毡,磨料一般情况下与试样织物相同;毛毡作为一组试样的支撑材料有两种尺寸,一种是顶部(试样夹具)直径为(90±1)mm,一种是底部(起球台)直径为 140～145 mm。

2. 试样准备

（1）标记：取样前在需要评级的每块试样反面的同一点作标记，确保评级时沿同一纱线方向评定。

（2）试样规格：直径为 140～145 mm 的圆形，如果起球台上的磨料为试样织物，至少取 3 组试样，每组包括 2 块试样。如果起球台上的磨料为毛织物，至少需要 3 块试样。

另多取 1 块试样用于评级时的对比样。在标准大气条件下调湿和试验。

3. 试验步骤

（1）试样的安装：

① 试样夹具中试样的安装：从试样夹具上移开试样夹具环和导向轴。将试样安装辅助装置小头朝下放置在平台上，将试样夹具环套在其上。翻转试样夹具，在试样夹具内部中央放入直径（90±1）mm 的毡垫。将直径为 140～145 mm 的试样测试面朝上放在毡垫上。小心地将带有毡垫和试样的试样夹具放置在辅助装置的大头端的凹槽处，将试样夹具环拧紧在试样夹具上。根据织物种类，选择负荷质量，决定是否需要在导板上，试样夹具的凹槽上放置加载块，见表 8-11。

② 起球台上试样或磨料的安装：移开试样夹具导板，将一块直径为 140～145 mm 的毛毡放在磨料上，再把试样或羊毛织物磨料（经纬向纱线平行于仪器台边缘）摩擦面向上放置在毛毡上。将质量为（260±1）g 的重锤压在磨台上的毛毡和磨料上，拧紧夹持环，固定毛毡和磨料，取下加压重锤。

③ 将试样夹具放置在起球台上：将试样夹具导板放在适当的位置，将试样夹具放置在相应的起球台上，将试样夹具导向轴插入固定在导板上的轴套内，并对准每个起球台，最下端插入其对应的试样夹具接套。

（2）起球测试：

① 试验参数选择：选择试样摩擦阶段、摩擦次数，预置摩擦次数，见表 8-11。

② 启动仪器，对试样进行摩擦，达到预置摩擦次数，仪器自动停止。

表 8-11　起球试验分类与参数选择

类别	纺织品种类	磨料	负荷质量(g)	评定阶段	摩擦次数
1	装饰织物	羊毛织物磨料	415±2	1	500
				2	1 000
				3	2 000
				4	5 000
2	机织物（装饰织物除外）	机织物本身（面/面）或羊毛织物面料	415±2	1	125
				2	500
				3	1 000
				4	2 000
				5	5 000
				6	7 000

(续表)

类别	纺织品种类	磨料	负荷质量(g)	评定阶段	摩擦次数
3	针织物 (装饰织物除外)	针织物本身(面/面) 或羊毛织物面料	155±1	1	125
				2	500
				3	1 000
				4	2 000
				5	5 000
				6	7 000

注:1. 试验表明,通过7 000次的连续摩擦后,试验和穿着之间有较好的相关性,因为2 000次摩擦后还存在的毛球,经过7 000次摩擦后,毛球可能已经被磨掉了。

2. 对于2、3类中的织物,起球摩擦次数不低于2 000,在协议内评定阶段观察到的起球级数即使未达到4-5级或以上,也可在7 000次之前终止试验(达到规定摩擦次数后,无论起球好坏,均可终止试验)。

4. 起毛起球的评定

方法和操作同GB/T 4802.1。

5. 结果记录

每一块试样的级数,单个人员的评级结果为其对所有试样评定等级的平均值。

样品的试验结果为全部人员评级的平均值,如果平均值不是整数,修约至最近的0.5级,并用"-"表示,如3-4。如单个测试结果与平均值之差超过半级,则应同时报告每一块试样的级数。

(五)起球箱法

1. 试验仪器与工具

起球试验箱;聚氨酯载样管;装样器;PVC胶带;缝纫机;评级箱。

试验箱内软木衬垫应定期检查,当出现可见的损伤或影响其摩擦性能的污染时,应更换软木衬垫。

2. 试样准备

(1)预处理:如需预处理,可采用双方协议的方法水洗或干洗样品。

(2)取样:从样品上剪取4个试样,每个试样的尺寸为125 mm×125 mm。在每个试样上标记织物反面和织物纵向。当织物没有明显的正反面时,两面都要进行测试。另剪取1块尺寸为125 mm×125 mm的试样作为评级所需的对比样。取样时,试样之间不应包括相同的经纱和纬纱。

(3)试样的数量:取2个试样,如可以辨别,每个试样正面向内折叠,距边12 mm缝合,其针迹密度应使接缝均衡,形成试样管,折的方向与织物的纵向一致。取另2个试样,分别向内折叠,缝合成试样管,折的方向应与织物的横向方向一致。

(4)试样的安装:将缝合试样管的里面翻出,使织物正面成为试样管的外面。在试样管的两端各剪6 mm端口,以去掉缝纫变形。将准备好的试样管装在聚氨酯载样管上,使试样两端距聚氨酯管边缘的距离相等,保证接缝部位尽可能的平整。用PVC胶带缠绕每个试样的两端,使试样固定在聚氨酯管上,且聚氨酯管的两端各有6 mm裸露。固定试样的每条胶

视频8-2
起球箱法

带长度应不超过聚氨酯管周长的 1.5 倍。

3．试验步骤

保证起球箱内干净、无绒毛，把四个安装好的试样放入同一起球箱内，关紧盖子。启动仪器，转动箱子至协议规定的次数。在没有协议或规定的情况下，建议粗纺织物翻转 7 200 转，精纺织物翻转 14 400 转。转动停止后，从起球试验箱中取出试样并拆除缝合线。

4．起毛起球的评定

方法和操作同 GB/T 4802.1。

5．结果记录

记录每一块试样的级数，单个人员的评级结果为其对所有试样评定等级的平均值。样品的试验结果为全部人员评级的平均值，如果平均值不是整数，修约至最近的 0.5 级，并用"-"表示，如 3-4。如单个测试结果与平均值之差超过半级，则应同时报告每一块试样的级数。

（六）随机翻滚法

1．仪器和材料

起球箱（图 8-10）；聚氯丁二烯内衬材料；评级箱；评级标准样照；裁样器；短绒棉；胶黏剂。

图 8-10　YG(B)512 乱翻式起球测试仪

2．试样准备

（1）预处理：如需预处理，可采用双方协议的方法水洗或干洗样品。可参考 GB/T 8629 或 GB/T 19981 中的程序。

（2）试样制备：与织物经向（纵向）或纬向（横向）呈约 45°剪取 100 mm×100 mm 的正方形试样 4 块，其中 3 块分别在反面编号用于测试，第 4 块用于评级参考，不进行测试，不用进行封边处理。经相关方同意，可使用面积为 100 cm² 的圆形试样。沿织物宽度方向均匀取样或从服装样品的 3 个不同衣片上交错取样，避免每两块试样中含有相同的经纱或纬纱。试样应具有代表性，且避开样品的褶皱和疵点部位，如果没有特殊要求，不要从布边附近剪取试样（距布边的距离不小于幅宽的 1/10）。操作时使用尽量小的力，以避免试样拉伸，

（3）试样封边：为防止试样边缘在测试过程中磨损或脱散，使用胶黏剂将试样的边缘封住，涂封的宽度不超过 3 nm，完全干燥（至少 2 h）后进行测试。

3．试验步骤

①将试样和聚氯丁二烯内衬按照 GB/T 6529 规定要求调湿，所有试验在标准大气环境中进行；②将聚氯丁二烯内衬平整地安装在试验仓内，保证测试时与试验仓紧密贴合，不产生错位；③将取自同一个样品的 3 块试样放在一个试验仓中进行试验，如果需要，在每个测试阶段，将长约 6 mm、质量约 25 mg 的短绒棉和试样一起放入试验仓；④关闭仓门，启动仪器，按总测试时间运行（每个阶段测试完成后继续进行下个阶段，直到完成总测试时间），保证测试过程中试样没有卷绕在叶轮上或附着在试验仓内壁上。每阶段总测试时间：阶段

1 为 5 min;阶段 2 为 15 min(阶段 1 后再设置 10 min);阶段 3 为 30 min(阶段 2 后再设置 15 min);⑤每个测试阶段完成后,取出试样,用气流除去试样表面没有纠结成球的多余纤维和试验仓内残留的毛絮。

4. 起毛起球的评定及结果表达

结果评定时光源箱和试样放置方法和操作同 GB/T 4802.1。根据表 8-12 和表 8-13 中列出的级数对每一块试样进行起毛评级、起球评级和毡化评级,如果结果介于两级之间,记录半级。

表 8-12 起球等级描述

级数	状态描述
5	无变化
4	表面轻微起球
3	表面中度起球——不同大小和密度的球覆盖试样的部分表面
2	表面明显起球——不同大小和密度的球覆盖试样的大部分表面
1	表面严重起球——不同大小和密度的球覆盖试样的整个表面

表 8-13 起毛和毡化等级描述

级数	起毛状态描述	毡化状态描述
5	无变化	无变化
4	表面轻微起毛	表面轻微毡化
3	表面中度起毛	表面中度毡化
2	表面明显起毛	表面明显毡化
1	表面严重起毛	表面严重毡化

辨一辨

1. GB/T 4802.1 与 ASTM D3511 在抗起毛起球测试中磨料的选择有何差异?

2. GB/T 4802.4 与 ASTM D3512 在纺织品随机翻滚法抗起毛起球测试中有何差异?

二、国外检测标准

(一)毛刷式

1. 试验标准

ASTM D3511/D3511-M(纺织物抗起球性和其他相关表面变化的标准试验方法:毛刷式织物起球试验仪)

2. 适用范围

该标准适用于所有类型的服装用织物,包括机织物和针织物。

3. 测试原理

按规定的条件,用尼龙刷来回摩擦织物表面,将纤维刷成自由的末端,使其在纺织品表面形成绒毛,再将两个样品在一起摩擦,并作圆周运动,使纤维末端形成球粒。纤维的起球程度由测试样品与标准样照进行比较而评定。

4. 测试设备

测试仪器为毛刷式起毛起球测试仪。

5. 样品准备

(1)如有需要,在切割测试样品前对样品进行清洗或干洗。

(2)将样品切成(320±1)mm 的正方形,它的边与经向和纬向平行,或切割成直径为(175±2)mm 圆形,共切割 6 个测试样品(图 8-11)。在每个样品上标记经向、纬向,并标记符号 AL、BL、AC、BC、AR、BR(L、C、R 分别代表织物制品的左、中、右区域)。

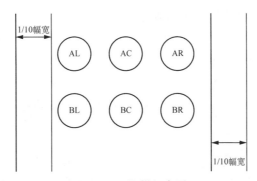

图 8-11 取样示意图

(3)所取样品离布边的距离不小于 1/10 幅宽。

(4)将测试样品放在测试环境下进行调湿平衡。

6. 测试程序

(1)要求在测试的环境中进行。

(2)将刷子的平板放置在半径为 19 mm 的旋转平台上,刷毛向上。

(3)将 6 个样品装在 6 个支架上,织物的面暴露在外,并且承受足够的张力以防起皱。将样品支架放在垂直的定位销上,使织物的面能够与刷子接触。

(4)开动测试仪,摩擦样品 4 min±10 s。

(5)将刷子平板取下,将 AL、AC、AR 样品的支架装在半径为 19 mm 的旋转平台上,使织物面朝上,再将 BL 与 AL、BC 与 AC、BR 与 AR 分别面对面地装在相应的定位销上。运行摩擦 2 min±10 s。

7. 结果记录

(1)使用观察设备,选择合适的织物或样照,评价每个样品摩擦后的外观,按表 8-12 中的标准对样品评级。

(2)取每个实验室的采样单元和批量样品的平均数据。

(3)检查样品的起球不匀性,如果起球集中在长度或者宽度方向上的任何一个样条上,或者集中在样品的任何一个部分上,记录报告这种情况。条带表明织物可能使用了不同的纱线织造。

（二）乱翻式

1. 测试标准

ASTM D3512/D3512M（随机翻滚起球试验仪）

2. 测试方法

该标准与 GB/T 4802.4 比较，除下列 4 个方面的差别外，其余基本相近。

（1）试样：试样为 105 mm×105 mm 的正方形，剪取至少 3 块试样。

（2）调湿：试样和软木衬垫在测试前应在温度为（21±1）℃，相对湿度（65±2）％的环境中放置 4 h 以后方可测试。

（3）测试程序：在每个转筒中放入 3 个试样（同一样品）和 25 mg（长度 5 mm 左右）的灰色短棉纤，使纤维自由分散到转筒中（若不够 3 个试样，可少放，但最好不要取其他的试样补充，以免干扰测试结果）。盖上盖子，将定时器设置为 30 min。打开空气压缩机开关，调节压缩机空气阀门直到机器压力表读数为 2～3 psi，打开操作开关，开始测试。

（4）结果评级：在评级箱中，与标准样卡对照评定样品起毛起球等级。报告 3 个试样测试结果的平均值。

任务四　织物勾丝性能检测

织物中纤维和纱线由于勾挂而被拉出织物表面的现象称为勾丝。针织物和由变形长丝织造的机织物在使用过程中，遇到坚硬的物体，极易发生勾丝，并在织物表面形成丝环和（或）紧纱段。当碰到的是锐利物体，且作用力剧烈时，单丝易被勾断，呈毛丝状凸出于织物。织物产生勾丝，不仅外观严重恶化，而且影响织物的耐用性。这里介绍一种典型的测试织物勾丝性能的方法：钉锤法。

一、中国国家标准

（一）试验标准

GB/T 11047（钉锤法）

（二）适用范围

本标准规定了采用钉锤法测定织物勾丝性能的试验方法和评价指标。

本标准适用于针织物和机织物及其他易勾丝的织物，特别适用于化纤长丝及其变形纱织物。

本标准不适用于具有网眼结构的织物、非织造布和簇绒织物。

（三）术语和定义

（1）勾丝：织物中纱线或纤维被尖锐物勾出或勾断后浮在织物表面形成的线圈、纤维（束）圈状、绒毛或其他凸凹不平的疵点。

（2）勾丝长度：勾丝从其末端至织物表面间的长度。

（3）紧纱段（紧条痕）：当织物中某段纱线被勾挂形成勾丝，留在织物中的部分则被拉直并明显紧于邻近纱线，从而在勾丝的两端或一侧产生皱纹和条痕。

视频 8-3
钉锤法

(四) 检测仪器及测试原理

1. 测试原理

将筒状试样套于转筒上,用链条悬挂的钉锤置于试样表面上。当转筒以恒速转动时,钉锤在试样表面随机翻转、跳动,试样表面产生勾丝。经过规定的转数后,对比标准样照对试样的勾丝程度进行评级。

2. 试验仪器与工具

(1) 钉锤勾丝仪(图 8-12):①钉锤圆球直径为 32 mm,钉锤与导杆的距离为 45 mm(图 8-13);②钉锤上等距植入碳化钨针钉 11 根,针钉外露长度 10 mm;③转筒转速为(60±2)r/min;④毛毡厚 3~3.2 mm,宽度 165 mm。一般使用 200 h,或表面变得粗糙及出现小洞、严重磨损等现象时,应予以更换。

图 8-12 YG518-II 织物勾丝试验仪

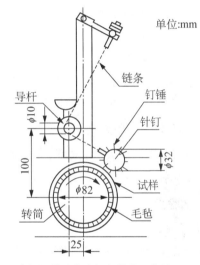

单位:mm

注:具有相同效果的类似仪器均可使用

图 8-13 织物勾丝试验仪

(2) 评定板:厚度不超过 3 mm,规格为 140 mm×280 mm。

(3) 分度为 1 mm 的直尺;剪刀;划样板;缝纫机等。

(4) 评级箱:采用 12 V、55 W 的石英卤灯(图 8-14)。

(5) 8 个橡胶环;勾丝 5 级标准样照。

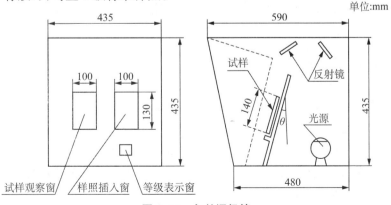

单位:mm

图 8-14 勾丝评级箱

（五）试样准备

（1）样品的抽取方法和数量按产品标准规定或有关方面协商进行。

（2）样品至少取 550 mm×全幅，不要在匹端 1 m 内取样，样品应平整无皱。

（3）在调湿后的样品上裁取经（纵）向和纬（横）向试样各 2 块，每块试样的尺寸为 200 mm×330 mm，不要在距布边 1/10 幅宽内取样，试样上不得有任何疵点和折痕。试样应不含相同的经纬纱线，见图 8-15。

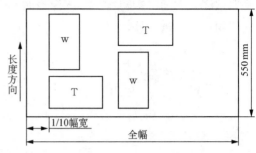

图 8-15 采样方法

（4）试样正面相对缝纫成筒状，其周长应与转筒周长相适应。非弹性织物的试样套筒周长为 280 mm，弹性织物（包括伸缩性大的织物）的试样套筒周长为 270 mm。将缝合的筒状试样翻至正面朝外。如试样套在转筒上过松或过紧，可适当减小或增加周长，使其松紧适度。经（纵）向试样的经（纵）向与试样短边平行，纬（横）向试样的纬（横）向与试样短边平行。

（六）调湿与试验用大气

调湿和试验用标准大气：温度（20±2）℃，相对湿度（65±4）%。纯涤纶织物至少平衡 2 h，公定回潮率为 0 的织物可直接进行试验。

（七）试验步骤

1. 试样安装

将筒状试样的缝边分向两侧展开套在转筒上，对针织横向试样，宜使其中一块试样的纵列线圈头端向左，另一块向右。用两个橡胶环各自固定住套筒两端。经（纵）向和纬（横）向试样应随机地装放在不同的转筒上。将钉锤绕过导杆放在试样上，并利用卡尺设定钉锤与导杆之间的距离为 45 mm。

2. 测试

（1）设置仪器转数，启动仪器，观察钉锤应能自由地在整个转筒上翻转、跳动，否则应停机检查。

（2）达到规定转数 600 后，自动停机，小心地移去钉锤，取下试样。

（八）结果评定

1. 勾丝评级

试样在取下后至少放置 4 h 再评级。

（1）试样固定于评级板上，使评级区处于评定板正面，或直接将评定板插入筒状试样，使缝线处于背面中心。

（2）把试样放在评级箱观察窗内，将标准样照放在另一侧。

（3）依据试样勾丝（包括紧纱段）的密度，按表 8-14 中的视觉描述对每一块试样进行评级。如果介于两级之间，记录半级。

表 8-14　视觉描述评级

级数	状态描述
5	表面无变化
4	表面轻微勾丝和(或)紧纱段
3	表面中度勾丝和(或)紧纱段,不同密度的勾丝(紧纱段)覆盖试样的部分表面
2	表面明显勾丝和(或)紧纱段,不同密度的勾丝(紧纱段)覆盖试样的大部分表面
1	表面严重勾丝和(或)紧纱段,不同密度的勾丝(紧纱段)覆盖试样的整个表面

2.试验结果

样品的试验结果为全部人员评级的平均值,修约至最近的 0.5 级,并用"-"表示,如 3-4 级。分别计算经(纵)向和纬(横)向试样勾丝级别的平均数。可采用另一种评级方式,转动试样至合适的位置,使观察到的起球较为严重,这种评定可提供极端情况下的数据。如,沿试样表面的平面进行观察的情况。

3.勾丝性能评定

如果试样勾丝中含有中勾丝或长勾丝,则按表 8-15 规定对所评级别予以顺降,一块试样中、长勾丝累计顺降最多为 1 级。

表 8-15　中、长勾丝顺降级别

勾丝类别	占全部勾丝的比例	顺降级别/级
中勾丝(长度介于 2~10 mm 的勾丝)	1/2~3/4	1/4
	≥3/4	1/2
长勾丝(长度≥10 mm 的勾丝)	1/4~1/2	1/4
	1/2~3/4	1/2
	≥3/4	1

如果需要,对试样的勾丝性能进行评定,≥4 级表示具有良好的抗勾丝能力,≥3-4 级表示具有抗勾丝能力,≤3 级表示抗勾丝性能差。

注意:①织物结构特殊,或经有关各方协商同意,转数可以根据需要选定;②同一方向的试样的勾丝级差超过 1 级,则应增测两块。

二、ASTM D3939/D3939M(钉锤勾丝试验法)

1.适用范围

本标准用于对机织物和针织物的抗勾丝性能进行测试,适用于变形纱、非变形纱、短纤纱或综合使用这些纱线制成的机织物或针织物。

本标准不适用于网眼织物类型的孔眼结构织物。太硬太厚,不容易紧固在转筒和毡垫上的面料以及簇绒织物或非织造布,也不适用本方法。

2.原理

将圆筒型试样套在转筒上,当转筒转动时,钉锤在试样表面随机翻动、跳动,使试样产生勾丝。可将测试样与标准样照比较评价勾丝程度。抗勾丝等级分为 5 级(没有或无显著勾丝)到 1 级(非常严重勾丝)。

3. 设备及材料

(1) 钉锤勾丝仪(ICI 型):样板(纬编针织物 205 mm×330 mm、经编针织物和机织物 205 mm×320 mm),毡套[全羊毛或羊毛混纺的毛毡,厚度为(3.5±0.5)mm,面密度为(1 400±200)g/m²],隔距片,橡胶环。

(2) 其他设备:①缝纫机、缝纫线(棉,线号 30~50 tex 或者相同粗细的涤/棉线)、标准校准织物、标准样照(1~5 级)、评级箱[含一个白色荧光灯(CWF),色温 4 100~4 500 K];②附加设备:符合 AATCC 135 要求的洗衣机、滚筒烘干机、洗涤剂。

4. 样品准备

(1) 用取样模板进行裁样,取 2 块经向和 2 块纬向的试样,分别用于测试经向(长度方向)和纬向(宽度方向)的抗勾丝性能。取样时,试样需距离布边至少 1/10 幅宽,不能包含相同的经、纬纱。需在取好的试样边缘标注测试面和试样类型(长度或宽度方向)。

(2) 当需要水洗或干洗后测试抗勾丝性能时,按下述方法水洗或干洗样品,再裁成试样:

陪洗织物加试样的质量为 3.5 kg 或 8 lb。陪洗织物应与试样为相同面料、相同生产工艺、相同后整理及前处理。用正常洗涤程序、温水以及洗涤织物。不加柔软剂。洗涤一遍后放入烘干机,选择正常循环,中等温度烘干 20 min 或直至干透。

干洗程序:按照 ASTM D2724 进行。

(3) 将每块试样平行于短边,正面向内对折,并在短边边缘缝合试样。纬编针织物缝合余量距边缘为 30 mm,机织物和经编针织物为 15 mm。翻转缝合后的管状试样,并使测试面朝外。

5. 设备的准备

(1) 将毛毡筒套在转筒上,用热水浇湿毛毡,去除多余水分,使其干透。如有必要,也可稍稍加热以加速干燥。将毡缩后的毛毡筒紧紧地套在转筒上。若毛毡损坏,如表面高低不平及出现破洞和严重磨损,应及时更换。

(2) 检查钉锤,看其是否有毛刺或损坏。借助放大镜检查针尖端是否完好。如有损伤,应及时更换。

(3) 钉锤与拉杆间距离(即钉锤与拉杆间的链条长度)规定为 45 mm。每次做试验之前,都要检查这个距离,并检查钉锤工作是否正常。

(4) 转筒的转速应满足(60±2)r/min,试验规定旋转次数为 600。

(5) 勾丝仪的校准:若每天使用,应每天用标准校准织物检查勾丝仪的状况。如果检查试样的结果与标准织物级别没在±0.5 级之内,则检测另一块试样。若结果合格可进行试验,若不合格则按以上仪器的各项指征检查仪器,直到检测的试样在规定的级别之内。

6. 调湿

温度(21±1)℃;相对湿度(65±2)%;时间至少 4 h。

7. 测试程序

(1) 检查试样是否有影响测试抗勾丝效果的瑕疵,如意外勾丝或起球等,若不合格应将其更换。如无法更换试样(如水洗后织物起球),则记下疵点,评定抗勾丝性能时排除此疵点。

（2）将试样正面朝外小心地套在转筒上，其缝边应分向两侧展开，使缝口平滑。然后用橡胶圈固定试样两端。

（3）若仪器有多个转筒，一半转筒的试样应为长度方向的试样，另一半转筒的试样应为宽度方向的。

（4）将钉锤放在转筒上，并使其能自由转动。

（5）设定规定的600转，启动测试仪。

（6）将试样取下，接缝放在试样的背面中间。

8. 评级与试验结果

（1）推荐使用 ICI 标准样照 1～5 级及评级箱评定试样。

（2）对比试样样照，对试样的勾丝程度进行评级，5 级最好，1 级最差。

（3）本方法勾丝是由于一个物体拉、拔、刮面料上的纤维、纱线或纱段时产生的。勾丝可分为三种类型：①有凸出的但没有变形的勾丝；②有变形但没有凸出的勾丝；③既有凸出又有变形的勾丝。

本试验中，勾丝凸出是指面料上一组纤维、纱线或纱段伸出面料表面；勾丝变形是指面料上一组纤维、纱线或纱段从面料表面移位使得面料的外观图案有明显的改变，但纤维、纱线或纱段没有伸出面料表面；勾丝颜色对比是指面料上的勾丝颜色不同于其周围的颜色，颜色有明显的改变。印花织物勾丝易发生颜色变化。

（4）评定面料的勾丝现象时，还要观察是否有特别大的凸出（大于 4 mm）、大的变形（大于 15 mm）和特别明显的颜色对比发生。如果试样有一半以上有以上三种现象，则应在报告中指出。在标准中不同的只是凸出的数量，如果样品上至少一半有小的凸出或变形（小于等于 15 mm 或 6 in），要在报告中注明。

练 — 练

一、判断对错，错误的请改正

（　）1. 在织物起毛起球性能（马丁代尔法）测试中，试样只能跟相同织物磨料进行摩擦。

（　）2. 对织物进行折痕回复性测试时，一般经纬向各取 10 个试样，且每一方向正反面各 5 个。

（　）3. 悬垂系数是指悬垂试样的投影面积与未悬垂试样的投影面积的比率。

（　）4. 悬垂系数表征织物悬垂性能的大小，悬垂系数大，悬垂性好，织物柔软；悬垂系数小，悬垂性差，织物硬挺。

（　）5. ASTM D3511 中的"严重起球"评为 2 级。

（　）6. GB/T 4802.4—2009 中将三个试样放入同一个转筒中进行测试。

二、填空

1. GB/T 4802.2 规定，试样是直径为（　　）mm 的圆形织物。

2. GB/T 3819 中织物折痕回复角的测定有两种方法，即折痕水平回复法（简称水平法）和（　　）法。

3. 在织物折痕回复性测试中，采用水平法时，其试样为（　　）的长方形。

4. 在悬垂性测试中，夹持盘直径为 18 cm 时，剪取直径为（　　）cm 的试样。

5. 在织物勾丝性能测定中,中勾丝占全部勾丝比例 1/2～3/4 时,顺降级别为(   )。

6. 在勾丝性能测试中,其试样的尺寸为(   )。

三、选择题

1. 在对织物折痕回复性能采用回复角法测试时,下述说法不正确的是(   )。

    A. 以折痕回复角表示折痕回复性的两种测试方法分别为水平回复法和垂直回复法。

    B. 加压为 10 N,时间为 5 min。

    C. 折痕回复角越大,表示折痕回复性越差。

    D. 测试结果取均值并进行修约,取整数。

2. GB/T 8630 规定水洗尺寸变化率的平均值修约至(   )。

    A. 0.01 %   B. 0.1%   C. 1%   D. 10%

3. GB/T 8629 规定的干燥方式不包括(   )。

    A. 悬挂晾干   B. 烘箱干燥   C. 平板压烫   D. 翻转干燥

4. GB/T 4802.1 规定以下哪种织物不需要利用尼龙刷在织物上起毛,直接用羊毛磨料摩擦起毛起球? (   )

    A. 军需服   B. 化纤混纺织物   C. 纬编针织物   D. 运动服面料

5. GB/T 4802.3 规定在结果评定时,光源的位置与试样的平面应保持(   )。

    A. 5°～15°   B. 45°～55°   C. 60°～75°   D. 90°～100°

6. ASTM D3512 规定的试验条件为(   )。

    A. 取 3 个测试样,(105±2)mm×(105±2)mm,连同 25 mg、6 mm 长的灰棉绒放入转筒中,试验时间为 60 min。

    B. 取 3 个测试样,样品尺寸为 100 mm×100 mm,放入转筒中,试验时间为 45 min。

    C. 取 3 个测试样,样品尺寸为 105 mm×105 mm,连同 25 mg、6 mm 长的灰棉绒放入转筒中,试验时间为 30 min。

    D. 取两经两纬 4 个测试样,样品尺寸为 125 mm×125 mm,放入转筒中,试验时间为 60 min。

项目九

纺织品功能性检测

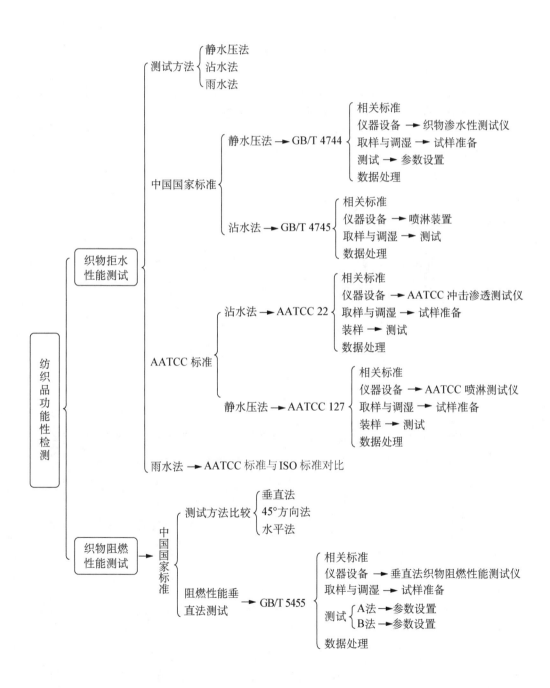

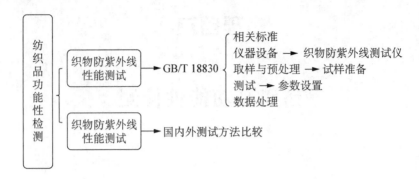

课程思政:掌握纺织品功能性测试方法及测试结果评定。培养学生的职业素养,保持科学、严谨的态度,确保测试方案科学有效。

为了满足人类服用和装饰、工业以及国防等行业对纺织品性能的更高要求,以及改善合成纤维织物的服用性能,需要对纺织品进行特种功能整理,赋予纺织品特殊功能。

功能纺织品是指通过物理、化学或两者相结合以及生物方法等处理手段,使外观和内在品质获得提高,并被赋予某种特殊功能的纺织品。常见纺织品功能性有拒水拒油、阻燃、抗菌、防霉、除螨、防蛀、防蚊虫、防紫外线、抗静电、防辐射、负离子、远红外、蓄热调温、吸湿速干等。

想一想

功能纺织品性能检测通常应遵循哪些原则?

任务一　织物拒水性能检测

辨一辨

1. 织物防水效果的检测方法有哪些?分别适用于哪类织物?

2. 什么是拒水整理?纺织品防水整理和拒水整理有何区别?

3. 检测织物防水性能过程中注意事项有哪些?

4. 依据 GB/T 4744 检测时,第三处渗水产生在夹紧装置的边缘处,该如何处理?为什么?

5. 如何评定沾水等级?

6. 如何评定防水性能?

7. 比较 GB/T 4745 与 AATCC 22 在进行沾水法防水性能测试时的差异。

生活中有很多织物是经过抗水或拒水整理的,比如说雨伞、雨衣等,不同用途的织物对防水性、透水性的要求不同。用于雨衣、帐篷、帆布等的织物应具有良好的防水性,而过滤用布应具有良好的透水性。

(1) 防水性：织物抵抗被水润湿和渗透的性能，能阻止一定压力或一定动能的液态水渗透。织物防水性能的表征指标有静水压等。

(2) 拒水性：纺织品表面抵御水滴沾湿的性能，即抗沾湿性。经过拒水拒油整理的纺织品表面仍保留孔隙，仍然保持纺织品的透气透湿性能。

织物防水性能的测试方法主要有沾水法（图 9-1）、静水压法（图 9-2）及雨水法（图 9-3）。其中，沾水法用于测试各种织物的表面抗湿性，不适合测定织物的渗水率，一般用于拒水性能测试；静水压法用于测试织物的抗渗水性，主要用于紧密织物，如帆布、油布、苫布、帐篷布及防雨服装布等；雨水法多用于测试织物的渗透防护性能。

图 9-1　喷淋式防水测试仪　　图 9-2　耐静水压测试仪　　图 9-3　淋雨式测试仪

一、中国国家检测标准和 ISO 标准

（一）静水压法

1. GB/T 4744 和 ISO 811

(1) 适用范围：GB/T 4744 适用于各类织物（包括复合织物）及其制品；ISO 811 适用于紧密织物，如帆布、油布、苫布、帐篷布、防雨服装布等。

(2) 检测仪器及测试原理：

① 测试原理：以织物承受的静水压来表示水透过织物所遇到的阻力。在标准大气条件下，试样的一面承受持续上升的水压，直到另一面出现三处渗水点为止，记录第三处渗水点出现时的压力值，并以此评价试样的防水性能。

② 检测仪器：YG812D 型数字式渗水性测试仪（图 9-4）。

(3) 调湿与试验用大气：调湿和试验用大气按 GB/T 6529 的规定执行。经相关方同意，调湿和试验可在室温或实际环境中进行。

(4) 试样准备：选取有代表性的试样。在织物不同部位裁取至少 5 块试样，试样尺寸约170 mm×170 mm，可不剪下试样进行测试。避开有很深褶皱或折痕的部位。

(5) 测试。

① 每个试样使用洁净的蒸馏水或去离子水进行试验。

② 擦净夹持装置表面的试验用水，夹持调湿后的试样，使试样正面与水面接触。夹持

视频 9-1
静水压法

试样时,确保在测试开始前试验用水不会因受压而透过试样。如果无法确定织物正面、单面涂层织物涂层一面与水面接触,其他织物两面分别测试,分别报告结果。

③ 以(6.0±0.3) kPa/min[(60±3) cmH$_2$O/min]的水压上升速率对试样施加持续递增的水压,并观察渗水现象。如果选用其他水压上升速率,例如1.0 kPa/min,在报告中注明。

④ 记录试样上第三处水珠刚出现时的静水压值。不考虑那些形成以后不

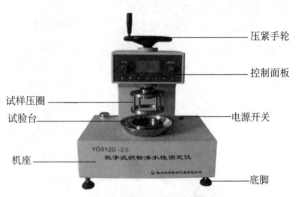

压紧手轮
控制面板
试样压圈
试验台
电源开关
机座
底脚

图 9-4　YG812D 型数字式渗水性测试仪

再增大的细微水珠,在织物同一处渗出的连续性水珠不作累计。如果第三处水珠出现在夹持装置的边缘,且导致第三处水珠的静水压值低于同一样品其他试样的最低值,则剔除此数据,增补试样另行试验,直到获得正常试验结果为止。试验时如果出现织物破裂水柱喷出或复合织物出现充水鼓起现象,记录此时的压力值,并在报告中说明试验现象。

(6) 结果和评价:

① 结果表达:以 kPa(cmH$_2$O)表示每个试样的静水压值及其平均值 P,保留一位小数。对于同一样品的不同类型试样(例如,有接缝试样和无接缝试样)分别计算其静水压平均值。

② 防水性能评价:如果需要,按照表 9-1 给出样品的抗静水压等级或防水性能评价。对于同一样品的不同类型试样,分别给出抗静水压等级或防水性能评价。

表 9-1　抗静水压等级和防水性能评价

抗静水压等级	静水压值 P(kPa)	防水性能评价
0 级	$P < 4$	抗静水压性能差
1 级	$4 \leqslant P < 13$	具有抗静水压性能
2 级	$13 \leqslant P < 20$	
3 级	$20 \leqslant P < 35$	具有较好的抗静水压性能
4 级	$35 \leqslant P < 50$	具有优异的抗静水压性能
5 级	$50 \leqslant P$	

注:以不同水压上升速率测得的静水压值不同,表中的防水性能评价基于水压上升速率为 6.0 kPa/min 的条件。

2. ISO 9073-16

(1) 标准名称:ISO 9073-16[耐透水性的测定(静态液压)]。

(2) 适用范围:只限于非织造布的耐水渗透性检测。

(3) 测试原理:在试样的一面施加以恒定速率增加的水压,直到试样的另一面出现三处渗水为止,记录水压数据。水压可以从试样的上面或下面施加。

(4) 设备与材料:ISO 9073-16 规定的试验仪器基本同 ISO 811,符合标准要求的设备

即可,无指定。

不同的是,接触样品水温要求(23±2)℃,以及需要尼龙网、秒表、三级水和裁切模板。

(5)样品准备:裁切 5 块试样,尺寸控制在 100 cm²,按照 ISO 139 的方法调湿,避免样品接触其他污染物,如肥皂、盐、油类物质以及灰尘。

(6)测试程序:将非织造布夹持在恒定压力增速的压头中,静水压压力增速为(10±0.5)cmH₂O/min 或者(60±3)cmH₂O/min。开始施放压力之后,观察布料表面是否有水通过,当出现三处不同位置的水滴泄露的时候,记录下水压。

(7)结果表述:以"h·Pa"为单位记录水渗透时的压力,如果使用其他单位需要特别指出。计算出渗透时候的平均压力。

(二)沾水法

1. 试验标准

GB/T 4745(防水性能的检测和评价 沾水法)

2. 适用范围

适用于经过或未经过防水整理的织物;不适用于测定织物的渗水性,不适用于预测织物的防雨渗透性能。

3. 测试原理

将试样安装在环形夹持器上,保持夹持器与水平成 45°,试样中心位置距喷嘴下方一定的距离。用一定量的蒸馏水或去离子水喷淋试样。喷淋后,通过试样外观与沾水现象描述及图片的比较,确定织物的沾水等级,并以此评价织物的防水性能。

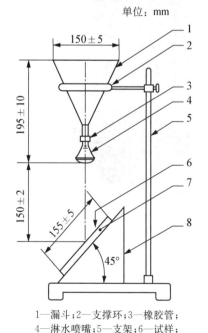

单位:mm

1—漏斗;2—支撑环;3—橡胶管;
4—淋水喷嘴;5—支架;6—试样;
7—试样夹持器;8—底座

图 9-5 喷淋装置

4. 检测仪器

(1)喷淋装置(图 9-5):由一个垂直夹持的直径为(150±5)mm 漏斗和一个金属喷嘴组成,漏斗与喷嘴由 10 mm 口径的橡胶皮管连接。漏斗顶部到喷嘴底部的距离为(195±10)mm。

(2)金属喷嘴:金属喷嘴为凸圆面,面上均匀分布着 19 个直径为(0.86±0.05)mm 的孔,(250±2)mL 水注入漏斗后,其持续喷淋时间应在 25～30 s。

(3)试样夹持器。

(4)试验用水:蒸馏水或去离子水,温度为(20±2)℃ 或(27±2)℃。经相关方同意,可使用其他温度的试验用水,水温在试验报告中报出。

5. 调湿与试验用大气

调湿和试验用标准大气按 GB/T 6529 的规定执行,经相关方允许,调湿和试验可在室温或实际条件下进行。

6. 试样准备

从织物的不同部位至少取三块试样,每块试样尺寸至少为 180 mm×180 mm,试样应具有代表性,取样部位不应有褶皱或折痕。

7. 步骤

(1) 在 GB/T 6529 规定的大气条件下调湿试样至少 4 h。

(2) 试样调湿后,用夹持器夹紧试样,放在支座上,试验时试样正面朝上。除非另有要求,织物经向或长度方向应与水流方向平行。

(3) 将 250 mL 试验用水迅速而平稳地倒入漏斗,持续喷淋 25~30 s。

(4) 喷淋停止后,立即将夹有试样的夹持器拿开,使织物正面向下几乎成水平,然后对着一个固体硬物轻轻敲打一下夹持器,水平旋转夹持器 180°后再次轻轻敲打夹持器一下。

(5) 敲打结束后,根据表 9-2 中的沾水现象描述立即对夹持器上的试样正面润湿程度进行评级。

(6) 重复步骤(1)~(5),对剩余试样进行测定。

8. 结果和评价

(1) 沾水评级。按照表 9-3 或图 9-6 确定每个试样的沾水等级。对于深色织物,图片对比不是十分令人满意,主要依据文字描述进行评级。

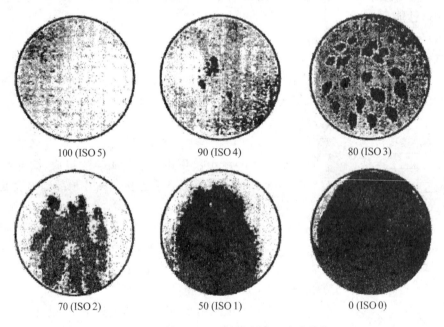

100 (ISO 5) 90 (ISO 4) 80 (ISO 3)

70 (ISO 2) 50 (ISO 1) 0 (ISO 0)

图 9-6 基于 AATCC 图片的 ISO 沾水等级

① 图片等级:本部分给出了与表 9-3 中整数等级对应的图片(图 9-6)。GB/T 4745 规定的等级与 ISO 标准等级以及 AATCC 标准的图片等级关系如下:

GB 0＝ISO 0＝AATCC 0——整个试样表面完全润湿;

GB 1＝ISO 1＝AATCC 50——受淋表面完全润湿;

GB 2＝ISO 2＝AATCC 70——试样表面超出喷淋点处润湿,润湿面积约为受淋表面一半;

GB 3＝ISO 3＝AATCC 80——试样表面喷淋点处润湿;

GB 4＝ISO 4＝AATCC 90——试样表面有零星的喷淋点处润湿;

GB 5＝ISO 5＝AATCC 100——试样表面没有水珠或润湿。

② 文字描述见表9-2。

表9-2 沾水等级

沾水等级	沾水现象描述
0级	整个试样表面完全润湿
1级	受淋表面完全润湿
1.5级	试样表面超出喷淋点处润湿,润湿面积超出受淋表面一半
2级	试样表面超出喷淋点处润湿,润湿面积约为受淋表面一半
2.5级	试样表面超出喷淋点处润湿,润湿面积少于受淋表面一半
3级	试样表面喷淋点处润湿
3.5级	试样表面等于或少于半数的喷淋点处润湿
4级	试样表面有零星的喷淋点处润湿
4.5级	试样表面没有润湿,有少量水珠
5级	试样表面没有水珠或润湿

(2)防水性能评价:如果需要,对样品进行防水性能评价。进行评价时,计算所有试样沾水等级的平均值,修约至最接近的整数级或半级,按照表9-3评价样品的防水性能。计算试样沾水等级平均值时,半级以数值0.5记录。

表9-3 防水性能评价

沾水等级	防水性能评价
0级	不具有抗沾湿性能
1级	不具有抗沾湿性能
1.5级	抗沾湿性能差
2级	抗沾湿性能差
2.5级	抗沾湿性能较差
3级	具有抗沾湿性能
3.5级	具有较好的抗沾湿性能
4级	具有很好的抗沾湿性能
4.5级	具有优异的抗沾湿性能
5级	具有优异的抗沾湿性能

二、AATCC 检测标准

(一) 静水压法

1. 试验标准

AATCC 127(纺织品防水性能 静水压法)。

2. 适用范围

适用于所有纺织品,包括任何经过或未经拒水整理的织物。

3. 测试原理

在试样的一面施加以恒定速率增加的水压,直到试样的另一面出现三处渗水为止,记录此时的水压。水压可以从试样的上面或下面施加。

4. 设备与材料

静水压测试仪;蒸馏水或去离子水。

5. 样品准备

(1) 在织物上沿幅宽的对角线方向至少取 3 块有代表性的测试样品,每块试样尺寸至少为 200 mm×200 mm。

(2) 尽可能少地触摸样品,避免折叠和污染被测试部分。

(3) 测试前,将试样放在标准大气压、温度(21±1)℃、相对湿度(65±2)%下调湿至少 4 h。

(4) 与水接触的织物正反面必须注明,因为正面与反面接触的结果会不同,在每块试样的角上标明正反面。

6. 测试程序

(1) 检测与测试样品接触的水温度是否为(21±1)℃。

(2) 擦干夹具的表面。

(3) 将试样需要测试的表面朝水,夹紧试样。

(4) 包含两个测试方法,每次测试包含三个平行样。

① 方法 1——静水压测试仪:启动发动机,按住控制杆,使升高溢出速率为 10 mm/s。水流出时,关闭通气孔。

② 方法 2——静水头测试仪。

(5) 忽略邻近夹具边缘 3 mm 以内的水珠,当水珠在三个不同位置渗出时,记录此时的静水压。

7. 结果表述

要求计算每个样品的平均静水压。

(二) 喷淋法

1. 试验标准

AATCC 22(纺织品 防水性能 沾水法)

2. 适用范围

本标准适用于任何纺织品,不论其是否经过拒水整理。本标准能测定织物抗水润湿性能。

本测试方法的结果取决于织物中纤维、纱线和织物结构的拒水性能。

3. 测试原理

在规定条件程序下,将水喷淋至一块绷紧的试样上,使其表面形成一润湿图案,其大小与织物的拒水性能有关。评定结果是将其与标准样卡做对比。

4. 仪器和试剂

AATCC 喷淋测试仪(图 9-7),250 mL 量筒,蒸馏水或去离子水,秒表。

5. 样品准备

最少取三块试样,每块大小为 180 mm×180 mm。测试前放在标准大气下,即相对湿度 (65±2)%和温度(21±1)℃,调湿至少 4 h。

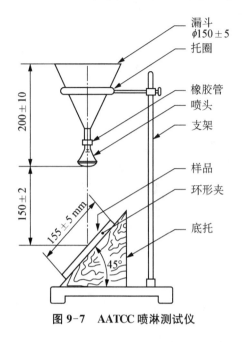

图 9-7 AATCC 喷淋测试仪

漏斗 φ150±5
托圈
橡胶管
喷头
支架
样品
环形夹
底托

200±10
150±2
155±5 mm
45°

6. 测试程序

(1) 校准仪器:将 250 mL、温度为(27±1)℃ 的蒸馏水注于测试仪器的漏斗中,用秒表测算漏斗中的水全部流下来所需要的时间。喷淋时间必须在 25～30 s 之内,否则要检验漏斗的喷嘴孔。

(2) 将测试样紧紧地固定于直径为 152.4 mm 的金属环形夹上,试样的表面应光滑,不可有褶皱。

(3) 将带有织物的环形夹放置在测试仪器的支架上,使得喷头的中心对准环的中心。

如果是斜纹、华达呢、凹凸织物或者类似凸条结构的织物,环形夹以织物用于最终产品的方向放置。

(4) 使织物的经向顺着布面水珠流下的方向,将 250 mL、(27±1)℃的水倒入测试仪器的漏斗中,并喷淋试样 25～30 s。

(5) 手持试样环的一边,将试样正面朝下,朝一硬物快速地敲击另一边一下,然后将试样水平旋转 180°,手持原敲击处快速地再敲一下,以拍掉试样表面部分未润湿的水珠。

(6) 重复以上步骤,测试完其余两块试样。

7. 评级与报告

参照 GB/T 4745 中的评级方法。

(三) 冲击渗水性测试

1. 试验标准

AATCC 42(耐水性:冲击渗透试验)

2. 适用范围

适用于所有纺织品服装,包括任何经过或未经拒水整理的织物。

3. 测试原理

在指定高度下,按特定方式将一定容量的水喷淋到试样的张紧表面上(试样与水平面呈 45°),试样后面垫一个称量过质量的吸水纸,之后立即称量吸水纸的吸水质量,来测定渗水性。

4. 仪器和试剂

AATCC Ⅰ号冲击渗透测试仪或者Ⅱ号冲击渗透测试仪(图 9-8);白色 AATCC 纺织吸水纸;蒸馏水或去离子水;天平,精确到 0.1 g。

5. 样品准备

最少取三块试样,每块大小为 178 mm × 330 mm,长度方向为经向。试样和吸水纸在测试前放在一标准大气下,即相对湿度(65±2)%和温度(21±1)℃,调湿至少 4 h。

6. 测试程序

(1) 将试样的一边夹在 45°斜面顶端(152±10)mm 的弹簧夹子上,另一个(152±10)mm、质量为 0.453 6 kg 的夹子夹在试样的自由端。称重 152 mm×230 mm 的标准吸水纸,精确至 0.1 g,将其插入到试样的下面。

(2) 将(500±10)mL、(27±1)℃的蒸馏水或去离子水倒入测试仪的漏斗中,在指定高度(0.6m)下将水喷淋到试样上。

(3) 整个喷淋结束后,拿起测试样,取出下面的吸水纸,然后迅速再称重,精确至 0.1 g。

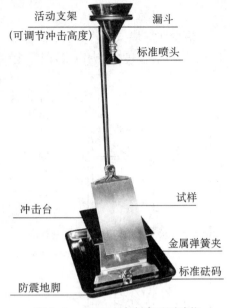

图 9-8　AATCC 冲击渗透测试仪

7. 结果表述

每个样品做三个平行样,取平均值,当结果大于 5.0 g 时,直接可记录为>5.0 g 或者+5.0 g。

(四) 雨水法不同检测标准比较(表 9-4)

表 9-4　雨水法不同检测标准比较

项目	AATCC35	ISO 22958	ISO 9865
测试原理	在测试样品背面放置一块已知质量的吸水纸,以特定时间持续淋水后,称取吸水纸质量变化或量杯中的质量,以此衡量水的通过性。		在测试样品背面放置一块已知质量的吸水纸,以特定时间持续淋水后,称取吸水纸质量变化或量杯中水的质量,以此衡量水的通过性。由上到下地模拟淋雨器的水流冲击
仪器和试剂	AATCC 淋雨测试仪 AATCC 纺织吸水纸		淋雨仪器组合(包含淋雨器、装样器和框架)及离心器
水温	(27±1)℃	(20±2)℃或者(27±1)℃	(27±2)℃或者(20±3)℃
调湿	相对湿度(65±2)% 温度(21±1)℃,至少 4 h		相对湿度(65±2)% 温度(20±2)℃或者(27±2)℃
样品准备	3 块样品,尺寸最小 20 cm×20 cm		至少 4 块样品,直径 140 mm

(续表)

项目	AATCC35	ISO 22958	ISO 9865
测试程序	1. 吸水纸:15.2 cm×15.2 cm 2. 称重标准吸水纸,精确到 0.1 g 3. 夹持试样 4. 将试样放在喷淋的中间位置,距离喷嘴 30.5 cm。水平地将(27±1)℃的水流直接喷淋到试样上,持续 5 min 5. 称重标准吸水纸,精确到 0.1 g		1. 调湿后称量样品的质量为 m_1(精确至 0.01 g) 2. 夹持试样 3. 经受人造淋雨,水温控制在(20±3)℃。试验过程中,刮水器会将透过试样到底面的水刮到样杯中,起收集作用 4. 将组合样品暴露在人造淋雨下 10 min 后,对比标准照片,也可以将样品静置 1 min 或者 5 min 后评级。评级后,将样品放入离心机离心 15 s,迅速称量样品质量(精确至 0.01 g),记录湿态样品质量 m_2
结果表述	超过 5 g 的渗水值		$W_{吸水率} = \dfrac{m_2 - m_1}{m_1} \times 100\%$

任务二　织物阻燃性能检测

 辨一辨

1. 什么是织物的阻燃性?
2. 织物阻燃性能的评价指标有哪些? 织物燃烧试验方法有哪类?
3. 说出织物垂直方向试样易点燃性的测试方法的适用范围,请找出其他织物燃烧性能的测试标准,并与此方法进行比较。

织物阻燃性是指织物阻止延续燃烧的性能。大多数纺织品是易燃和可燃的,在一定条件下容易引发火灾,造成生命财产损失,因此某些纺织品需要具有较好的阻燃性,如儿童服装、睡衣、寝具、地毯、窗帘、消防、军用纺织品等。

一、试验标准及适用范围

阻燃性能测试方法有多种,不同种类织物有不同的测试方法,相同种类织物也可以用不同的测试方法来评价其阻燃性能。常见的测试方法有垂直法、水平法、45°倾斜法、限氧指数法等,其中垂直法和水平法是最为常用的。

GB/T 5454(纺织品燃烧试验氧指数法)规定试样置于垂直的试验条件下,在氧、氮混合气流中,测定试样刚好维持燃烧所需最低氧浓度(也称极限氧指数)的试验方法。适用于测定各种类型的纺织品(包括单组分或多组分),如机织物、针织物、非织造布、涂层织物、层压织物、复合织物、地毯类等(包括经过阻燃处理和未经处理的)的燃烧性能。

GB/T 5455（垂直方向损毁长度、阴燃和续燃时间的测定）规定了垂直方向纺织品底边点火时燃烧性能的试验方法，适用于各类织物及其制品。

GB/T 5456（垂直方向试样火焰蔓延性能的测定）规定了纺织品垂直方向火焰蔓延时间的试验方法。适用于各类单组分或多组分（涂层、绗缝、多层、夹层制品及类似组合）的纺织织物和产业用制品，如服装、窗帘帷幔及大型帐篷（凉棚、门罩）。

GB/T 8745（织物表面燃烧时间的测定）规定了纺织织物表面燃烧时间的测定方法。适用于表面具有绒毛（如起绒、毛圈、簇绒或类似表面）的纺织织物。

GB/T 8746（垂直方向试样易点燃性的测定）规定了纺织织物垂直方向易点燃性的试验方法。适用于各类单层或多层（如涂层、绗缝、多层、夹层和类似组合）的织物。只能用于评定在实验室控制条件下的材料或材料组合接触火焰后的性能。试验结果不适用于供氧不足的场合或在大火中受热时间过长的情况。

GB/T 14644（45°方向燃烧速率测定）规定了服装用纺织品易燃性的测定方法及评定服装用纺织品易燃性的三种等级。适用于测量易燃纺织品穿着时一旦点燃后燃烧的剧烈程度和速度（图9-9）。

GB/T 14645（45°方向损毁面积和接焰次数测定）中A法适用于纺织织物在45°状态下的损毁面积和损毁长度测定，B法适用于纺织品在45°状态下受热熔融至规定长度时接触火焰次数的测定。

二、试验方法与原理

织物燃烧性能的测试近年来受到世界各国的重视。美国、日本对材料阻燃要求很高，规定了不同行业、不同材料的测试标准。国内外纺织品燃烧性能测试的方法标准很多，有日本JIS纺织品燃烧性试验方法标准、美国ASTM纺织品阻燃试验方法标准、国际标准化组织制定的纺织品燃烧性能试验标准等。

图9-9　45°燃烧测试仪

图9-10　水平垂直燃烧仪

表9-5 纺织品燃烧性能测试方法比较

测试标准	试样要求	试样调湿	试验环境	火焰高度 点火时间	试样点 火角度
GB/T 5454	150 mm×58 mm,一般经纬向各15块,特殊情况下经纬向各10块	(20±2)℃、相对湿度(65±4)％标准大气中平衡24 h以上。也可按照各方商定条件处理	10～30 ℃,相对湿度30%～80%	15～20 mm 10～15 s	垂直
GB/T 5455	条件A:300 mm×89 mm,经纬向各5块	条件A调湿:(20±2)℃,相对湿度(65±4)％标准大气中平衡8～24 h	10～30 ℃,相对湿度30%～80%	(40±2)mm 条件A:12 s 条件B:3 s	垂直
	条件B:300 mm×89 mm,经向3块,纬向2块	条件B干燥:将试样置于(105±3)℃的烘箱内干燥(30±2) min,取出后放置在干燥器中至少冷却30 min			
GB/T 5456	560 mm×170 mm,经纬向各3块。若织物两面不同,则应另取一组试样,同时试验试样正反面	(20±2)℃、相对湿度(65±4)％标准大气中平衡8～24 h(视织物的薄厚而定)	10～30 ℃,相对湿度15%～80%	(40±2)mm 点火10 s或按GB/T 8746中规定的临界点火时间	垂直
GB/T 8745	150 mm×75 mm,经纬向各4块	试样在(105±2)℃的烘箱中干燥不少于1 h,然后在干燥器中至少冷却30 min,每一块试样从干燥器中取出后,应在1 min内开始试验	10～30 ℃,相对湿度15%～80%	(1.0±0.1)s (40±2)mm	垂直
GB/T 8746	200 mm×80 mm,试样数量应保证每种试样经纬向至少获得5个点燃和5个未点燃结果,每个方向至少准备10块试样	(20±2)℃、相对湿度(65±2)％标准大气中平衡8～24 h。也可按照各方商定条件处理	10～30 ℃,相对湿度15%～80%	(25±2)s或(40±21) s或20 s A:(25±2)mm B:(40±2)mm	垂直
GB/T 14644	160 mm×50 mm,经纬向各5块	同GB/T 5455条件B	一般室温条件,无风	16 mm (1±0.05)s	45°

测试标准	试样要求	试样调湿	试验环境	火焰高度 点火时间	试样点 火角度
GB/T 14645	A 法：330 mm × 230 mm，长边与经向 或纬向平行，经纬向 各 3 块	调湿或干燥 调湿：(20±2)℃、相 对湿度(65±4)%标 准大气中平衡 8～ 24 h 干燥：将试样置于 (105±3)℃的烘箱内 干燥至少 (60±2) min，取出后放置在干 燥器中至少冷却 30 min 对于 B 法，先将试样 卷成圆筒状塞入试样 支承线圈中后再调湿 或干燥	10～30 ℃，相对湿度 15%～80%	(45±2)mm 30 s	45°
	B 法：试样长度为 100 mm，质量 1 g，长 边与经向或纬向平 行，经纬向各 5 块				
FZ/T 01028	340 mm×100 mm，长 边与经向或纬向平 行，经纬向各 5 块	(20±2)℃、相对湿度 (65±4)% 调湿至 平衡	15～30 ℃，相对湿度 30%～80%	(38±2)mm 15 s	水平
GB 8410	356 mm×100 mm，应 从被试零件上取下至 少 5 块试样。如果沿 不同方向有不同燃烧 速度的材料，则应在 不同方向裁取试样， 并且要将 5 块(或更 多)试样在燃烧箱中 分别试验	(23±2)℃、相对湿度 45%～55%标准状态 下调节至少 24 h		38 mm 15 s	水平

三、纺织品燃烧性能试验垂直法

1. 测试标准

GB/T 5455(垂直方向损毁长度、阴燃和续燃时间的测定)

2. 调湿与试验用大气

调湿或干燥条件为两种：条件 A 是将试样放置在 GB/T 6529 规定的标准大气下进行调湿，然后将调湿后的试样放入密闭容器；条件 B 是将试样置于(105±3)℃烘箱内干燥至少(30±2)min，取出后放置在干燥器中至少冷却 30 min。

3. 设备和材料

(1) 垂直燃烧试验仪见图 9-11。

(2) 气体(条件 A：工业用丙烷或丁烷；条件 B：纯度不低于 97%甲烷)；重锤；医用脱脂棉；不锈钢尺(精度 1 mm)；密封容器。

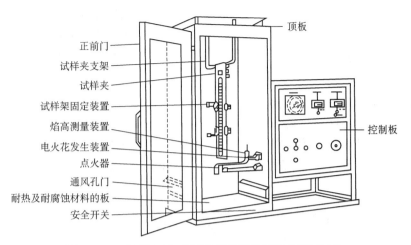

图 9-11 YG(B)815D-Ⅰ型垂直法织物阻燃性能测试仪

4. 试样准备

剪取试样时距离布边至少 100 mm,试样的两边分别与织物的经(纵)向和纬(横)向平行,试样表面应无沾污、无褶皱。经向试样不能取自同一经纱,纬向试样不能取自同一纬纱。如果测试制品,试样中可包含接缝或装饰物。

根据调湿条件准备试样。条件 A 中尺寸为 300 mm×89 mm,经(纵)向取 5 块,纬(横)向取 5 块,共 10 块试样;条件 B 中尺寸为 300 mm×89 mm,经(纵)向取 3 块,纬(横)向取 2 块,共 5 块试样。

5. 试验步骤

(1) 试验温湿度:试验在温度为 10～30 ℃ 及相对湿度为 30%～80% 的大气环境中进行。

(2) 接通电源及气源。

(3) 将试验箱前门关好,按下电源开关,指示灯亮表示电源已通,将条件转换开关放在焰高测定位置,打开气体供给阀门,按点火开关,点着点火器,用气阀调节装置调节火焰,使其高度稳定达到(40±2) mm,然后将条件转换开关放在试验位置。

(4) 将试样放入试样夹中,试样下沿应与试样夹两下端齐平,打开试验箱门,将试样夹连同试样垂直挂于试验箱中。

(5) 关闭箱门,此时电源指示灯应明亮,按点火开关,点着点火器,待火焰稳定后,移动火焰使试样底边正好处于火焰中点位置上方,点燃试样。此时距试样从密封容器内取出的时间必须在 1 min 以内。

(6) 点火时间根据选用的调湿条件确定,条件 A 为 12 s,条件 B 为 3 s。

(7) 到点火时间后,将点火器移开并熄灭火焰,同时打开计时器,记录续燃时间和阴燃时间,读数应精确到 0.1 s。

(8) 当试验熔融性纤维制成的织物时,如果被测试样在然烧过程中有熔滴产生,则应在试验箱的箱底平铺上 10 mm 厚的脱脂棉。注意熔融脱落物是否引起脱脂棉的燃烧或阴燃,并记录。

（9）打开试验箱前门，取出试样夹，卸下试样，先沿其长度方向上损毁面积内最高点折一条直线，然后在试样的下端一侧，距其底边及侧边各约 6 mm 处，挂上选用的重锤，再用手缓缓提起试样下端的另一侧，让重锤悬空，再放下，测量试样撕裂的长度，即为损毁长度，结果精确到 1 mm。

6. 试验结果及分析

根据调湿条件计算结果。条件 A 中分别计算经（纵）向纬（横）向 5 块试样的续燃时间、阴燃时间和损毁长度的平均值，结果精确至 0.1 s 和 1 mm；条件 B 中计算 5 块试样的续燃时间、阴燃时间和损毁长度的平均值，结果精确至 0.1 s 和 1 mm。

任务三　织物防紫外线性能的评定

想一想

1. 织物防紫外线性能的评定方法有哪些？
2. 说明紫外线分光光度计法测定抗紫外线整理效果的原理？
3. 什么是紫外辐射防护系数 UPF？
4. 评定织物抗紫外线效果通常的指标有哪些？防紫外线产品有哪些要求？

织物防紫外线性能指织物能耐受紫外线照射的性能。紫外线是波长范围在 10～400 nm 之间的电磁波，按紫外线波长分为：长波紫外线（UVA：320～400 nm）、中波紫外线（UVB：280～320 nm）、短波紫外线（UVC：200～280 nm）。需要防护的主要是中、长波紫外线。

紫外线照射到织物上，一部分被吸收，另一部分被反射，还有一部分被透过。透过的紫外线对皮肤产生影响，纺织品紫外线防护原理，就是通过增大纺织品的吸收率或反射率，减少透过率，来达到防紫外线伤害的目的。

防紫外线的机理主要包括普通纤维通过吸收紫外线，对紫外线起到阻隔作用。主要用屏蔽剂对纤维或织物进行防紫外线处理来增强纺织品吸收或反射紫外线的能力。

目前，世界上使用的抗紫外线的测试方法大致可分为直接测试法与仪器测定法。直接测试法包括人体测试法及变色褪色法。其特点是简便、快速、面广、量大，但客观性和重现性都很差，且人体测试法受人体间的皮肤差异影响，存在较大的系统偏差，且对人体有害。

仪器测定法一般包括紫外线强度累计法、我国 GB/T 18830—2009 标准也采用分光光度计法。

一、中国国家标准

1. 试验标准

GB/T 18830（纺织品防紫外线性能的评定）

视频 9-2
纺织品防
紫外线性
能的测试

2. 适用范围

适用于评定在规定条件下织物防护日光紫外线的性能。

3. 测试原理

用单色或多色的 UV 射线辐射试样,收集总的光谱透射射线,测定出总的光谱透射比,并计算试样的紫外线防护系数值。可采用平行光束照射试样,用一个积分球收集所有透射光线;也可采用光线半球照射试样,收集平行的透射光线。

4. 调湿与试验用大气

调湿和试验应按 GB/T 6529 进行。如果试验装置未放在标准大气条件下,调湿后试样从密闭容器中取出至试验完成应不超过 10 min。

5. 检测仪器及设备

(1) UV 光源:提供波长为 290～400 nm 的 UV 射线。适合的 UV 光源有氙弧灯、氘灯和日光模拟器。

在采用平行入射光束时,光束端面至少 25 mm^2,覆盖面至少应该是织物循环结构的 3 倍。此外,对于单色入射光束,积分球入口的最小尺寸与照明斑的最大尺寸之比应该大于 1.5。

(2) 积分球:积分球的总孔面积不超过积分球内表面积的 10%。内表面应涂有高反射的无光材料,例如涂硫酸钡。积分球内还装有挡板,遮挡试样窗到内部探测头或试样窗到内部光源之间的光线。

(3) 单色仪:适合于在波长 290～400 nm 范围内,以 5 nm 或更小的光谱带宽的测定。

(4) UV 透射滤片:仅透过小于 400 nm 的光线,且无荧光产生。如果单色器装在样品之前,应把较适合的 UV 透射滤片放在样品和检测器之间。如果这种方式不可行,则应将滤片放在试样和积分球之间的试样窗口处。UV 透射滤片的厚度应在 1～3 mm。

(5) 试样夹:使试样在无张力或在预定拉伸状态下保持平整。该装置不应遮挡积分球的入口。

6. 试样准备

对于匀质材料,至少要取 4 块有代表性的试样,距布边 5 cm 以内的织物应舍去。对于具有不同色泽或结构的非匀质材料,每种颜色和每种结构至少要试验 2 块试样。

试样尺寸应保证充分覆盖住仪器的孔眼。

7. 测试程序

(1) 在积分球入口前方放置试样试验,将穿着时远离皮肤的织物面朝着 UV 光源。

(2) 对于单色片放在试样前方的仪器装置,应使用 UV 透射滤片,并检验其有效性。

(3) 记录 290～400 nm 的透射比,每 5 nm 至少记录一次。

8. 计算和结果的表达

(1) 计算每个试样 UVA 透射比的算术平均值 $T(\text{UVA})_i$,并计算其平均值 $T(\text{UVA})_{\text{AV}}$,保留两位小数。

(2) 计算每个试样 UVB 透射比的算术平均值 $T(\text{UVB})_i$,并计算其平均值 $T(\text{UVB})_{\text{AV}}$,保留两位小数。

(3) 计算每个试样的 UPF,及其平均值 UPF_{AV},修约至整数。

① 对于匀质材料:当样品的 UPF 值低于单个试样实测的 UPF 值中的最低值时,则以

试样最低 UPF 作为样品的 UPF 值。当样品的 UPF 值大于 50 时,表示为"UPF>50"。

② 对于非匀质材料:对各种颜色或结构进行测试,以其中最低的 UPF 作为样品的 UPF 值。当样品的 UPF 值大于 50 时,表示为"UPF>50"。

9. 评定与标识

(1) 防紫外线性能评定:当样品的 UPF>40,且 $T(UVA)_{AV}<5\%$ 时,可称为"防紫外线产品"。

(2) 防紫外线产品的标识:

——本标准的编号,即 GB/T 18830—2009;

——当 40<UPF≤50 时,标为 UPF40+。当 UPF>50 时,标为 UPF50+;

——长期使用以及在拉伸或潮湿的情况下,该产品所提供的防护有可能减少。

二、AATCC 183—2020 紫外线透过或阻挡性能测试(辐射通过织物)

1. 适用范围

本测试方法用来评价制作防紫外线辐射纺织品的织物阻碍或透过紫外线辐射的能力。可以用来测试样品在干态和湿态下的防紫外线性能。

2. 测试原理

用分光光度计或已知波长范围的分光辐射度计测定穿过样品的紫外线。紫外线防护系数 UPF 是根据穿过空气时算出的紫外线辐射平均效应 UVR 与穿过样品时计算出的紫外线辐射平均效应 UVR 的比值计算的。

测试 UVA 与 UVB 的辐射阻隔百分率。

3. 测试仪器

分光光度计或配备积分球的分光辐射度计;滤光片:Schott Class UG11;干净的塑料食物保鲜膜,做湿态样品使用;AATCC 吸水纸。

4. 仪器校准

(1) 校准:按照厂商的说明校准分光光度计或分光辐射度计。推荐使用物理标准来确认光谱透射率的测量。当测试湿态样品时,把塑料膜覆盖在观测口,并重新校准。

(2) 波长标度:用水银蒸汽中的放电器发射的辐射谱来校准分光光度计或分光辐射度计上的波长标度。分光光度计或分光辐射度计波长可用氧化钬玻璃滤片的吸收光谱来校准。详情参考 ASTM E 275。

(3) 透射比:当光路上没有放置试样时,将透射比设置为 100%,这是相对于空气的透射。零透射比可用不透光的材料挡住光路的方法来。可用仪器生产商或标准化实验室提供的中性滤光片或校准多孔板筛来确认透射比的比例线性。

5. 试样准备

(1) 每块样布上至少取两个样品,以备干态与湿态测试。每个样品的尺寸至少为 50 mm×50 mm,或直径为 50 mm 的圆。在准备和拿样时不要扭曲样品。如果样品包括不同的颜色和组织结构,则要测试每一种颜色的组织结构,每种样品的尺寸应足够覆盖测试点。

(2) 带荧光的样品,因为面料中的染料或增白剂会影响光谱传输中的测量,可能会使得到的结果产生人为的偏高。

6. 试样调湿

对于干燥样品,在测试前,每个样品都要在标准规定的(21 ± 1)℃、相对湿度(65 ± 2)%标准大气环境中放置至少 4 h,每个样品都单独放在有孔的筛网架上或放置架上。

7. 测试

(1) 干态测试:把样品直接放在积分球的样品传输端上。先对样品任意方向测定,然后旋转 45°进行测试,然后再旋转 45°进行测试。分别记录每个结果。在有多种颜色的样品上,要测试紫外线透过率最高的区域,并在此区域测定三个值。

(2) 湿态测试:把样品全部浸在水中,浸泡 30 min,并不时挤压样品,使样品湿润均匀完全。把湿样放在两张吸水纸中间,然后在轧车或者类似装置中挤压,使其含湿率为(140 ± 5)%。然后测试。用塑料膜挡在观测口前以防仪器沾水,并保证样品含湿率。

8. 计算

(1) 计算每个样品三个测试值的平均紫外线透过率。

(2) 计算每个样品的防紫外线系数 UPF:

$$UPF = \frac{\sum\limits_{280}^{400} E_\lambda \times S_\lambda \times \Delta\lambda}{\sum\limits_{280}^{400} E_\lambda \times S_\lambda \times T_\lambda \times \Delta\lambda} \tag{9-1}$$

式中:E_λ 为相对红斑的光谱效能;S_λ 为太阳光谱辐照度;T_λ 为样品的平均紫外线透射率(测得);$\Delta\lambda$ 为检测的波长间隔。

(3) 计算 UVA 的平均紫外线透过率:

$$T(UVA) = \frac{\sum\limits_{315}^{400} T_\lambda \times \Delta\lambda}{\sum\limits_{315}^{400} \Delta\lambda} \tag{9-2}$$

(4) 计算 UVB 的平均紫外线透射率:

$$T(UVB) = \frac{\sum\limits_{280}^{315} T_\lambda \times \Delta\lambda}{\sum\limits_{280}^{315} \Delta\lambda} \tag{9-3}$$

三、国内外检测标准关于纺织品防紫外线性能测试方法比较(表 9-6)

表 9-6 纺织品防紫外线性能测试方法比较

项目	GB/T 18830	AATCC 183	EN 13758	AS/NZS 4399
适用范围	所有纺织品	干、湿态和拉伸状态的织物	服装面料	干态且非拉伸态的未处理纺织品

(续表)

项目		GB/T 18830	AATCC 183	EN 13758	AS/NZS 4399
测试波长范围(nm)		290~400	280~400	290~400	290~400
最小波长间隔(nm)		5	5	5	5
样品数量		4	2(一干一湿)	4	2经2纬
样品放置		随机放置	每次旋转45°,共测试3次	随机放置	随机放置
非匀质样品		每种颜色和结构至少2个样品	每种颜色和结构至少1个样品	每种颜色和结构至少2个样品	每种颜色至少1个样品
调湿		需要	需要	需要	不需要
试验环境	温度(℃)	20±2	21±1	20±2	20±5
	相对湿度(%)	65±4	65±2	65±4	50±2
参照的日光光谱辐照度		美国新墨西哥州Albuquerque市7月3日夏季中午	美国新墨西哥州Albuquerque市7月3日夏季中午	美国新墨西哥州Albuquerque市7月3日夏季中午	澳大利亚墨尔本市1月1日冬季中午
报出值		样品UPF值 UPF平均值 $T(UVA)_{AV}$ $T(UVB)_{AV}$	UPF值 $T(UVA)_{AV}$ $T(UVB)_{AV}$ $100\%-T(UVB)_{AV}$	样品UPF值 UPF单值 $T(UVA)_{AV}$ $T(UVB)_{AV}$	UPF修正值 UPF平均值
抗紫外线要求		UPF>40,UVA平均透射率<5%	UPF≥15,分三类防护等级	UPF>40,匀质试样UVA平均透射率<5%	UPF≥15,分三类防护等级

练 一 练

一、选择题

1. GB/T 4744—2013《纺织品防水性能的检测和评价静水压法》标准在对织物进行防水性能采用静水压法测试时,下述说法不正确的是(   )。

   A. 在测试时,当织物的另一面出现三处渗水点时,停止并完成测试。

   B. 表征织物防水性能的指标有沾水等级、抗静水压等级、水渗透量。

   C. 织物不同部位至少测试5次。

   D. 静水压值取平均并保留整数。

2. 下列性能属于纺织品功能性检测内容的是(   )。

   A. 拉伸性能、阻燃性能　　　　　　　　B. 悬垂性、撕破性能

   C. 远红外性能、接触瞬间凉感性能　　　D. 耐皂洗色牢度、缝线强力

3. GB/T 4744 要求水压上升速率为（　　）。

    A. （5.0±0.3）kPa/min　　　　　　　　　　B. （5.0±0.2）kPa/min

    C. （6.0±0.2）kPa/min　　　　　　　　　　D. （6.0±0.3）kPa/min

4. GB/T 18830 规定 UV 光源提供的波长是（　　）的 UV 射线。

    A. 250～400 nm　　　　　　　　　　　　B. 290～400 nm

    C. 300～400 nm　　　　　　　　　　　　D. 350～400 nm

5. 当 UPF 值大于 50 时，表示为（　　）。

    A. UPF>50　　　　　B. UPF 50+　　　　　C. UPF 50 以上　　　　　D. UPF 50↑

二、填空题

1. GB/T 4744 规定要在织物不同的部位取至少（　　）块来测试。

2. 依据 GB/T 4744 某织物的抗静水压等级为 1 级，表明该织物（　　）。

3. GB/T 18830 规定对于匀质材料，至少取（　　）块有代表性的试样。

4. 经检测，样品的 UPF 值>40，且 $T(UVA)_{AV}$<5% 时，可以称其为（　　）。

5. 阻燃性能常见的测试方法有（　　）法、水平法、（　　）法、（　　）法等。

三、判断对错，错误的请改正

（　　）1. 对于 GB/T 4744，抗静水压等级为 5 级时，静水压值 P 为 35 kPa≤p<50 kPa。

（　　）2. GB/T 18830 规定：非匀质材料，以其中平均的 UPF 值作为样品的 UPF 值。

（　　）3. GB/T 5455 中，条件 A 的点火时间为 3 s。

（　　）4. GB/T 4745 中，防水性能评价为 3 级，表明织物具有较好的抗沾湿性能。

项目十

纺织品舒适性检测

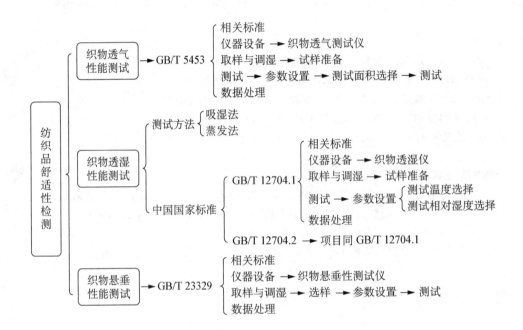

任务一 织物透气性能检测

想一想

1. 什么是织物的透气性？衡量织物透气性的指标及其含义是什么？
2. 什么是透气量？什么是透气率？
3. 阐述织物透气性的检测原理。
4. 如何选择 GB/T 5453(织物透气性的测定)中的试验参数？
5. 如何评定面料透气性的试验结果？

织物透气性指在一定的压力差下,单位时间内流过织物单位面积的空气量体现了气体分子通过织物的能力大小,是织物通透性中最基本的性能。织物的透气性通常以透气率来表示。

对某些特殊用途的织物,如降落伞伞面、帆船篷布、服用涂层面料及宇航服面料等,都有特定的透气要求。

一、中国国家标准

（一）试验标准

GB/T 5453（织物透气性的测定）

（二）适用范围

适用于多种纺织织物，包括产业用织物、非织造布和其他可透气的纺织制品。

（三）测试原理

在规定的压差条件下，测定一定时间内垂直通过试样给定面积的气流流量，计算出透气率。气流速率可直接测出，也可通过测定流量孔径两面的压差换算而得。

视频 10-1
织物透气
性的测定

（四）检测仪器

数字式透气仪。

（五）试样准备

（1）调湿：标准大气条件下调湿和进行测试。

（2）取样：准备 10 块以上边长为 150 mm 的正方形试样。

（六）试验步骤

（1）试样安装：将试样固定在试验平台上，应保证试样平整面不被拉伸、变形。

（2）参数设置：①试验有效面积为 20 cm²，也可根据需要选取 5 cm²、50 cm²、100 cm²；②压降设置为 100 Pa（服用织物）或 200 Pa（产业用织物），也可根据需要选取 50 Pa 或 500 Pa。

（3）启动透气仪器，进行测试。

注意：如果织物正反两面透气性存在差异，则应在报告中注明测试面；同一样品的不同部位，至少重复测定 10 次。

（七）试验结果

计算织物的平均透气率（mm/s 或 m/s），结果修约至测量范围的 2%。

$$R = \frac{q_v}{A} \times 167 \ (\text{mm/s}) \tag{10-1}$$

或

$$R = \frac{q_v}{A} \times 0.167 \ (\text{m/s}) \tag{10-2}$$

式中：q_v 为平均气流量（L/min）；A 为试验面积（cm²）；167 为由 L/min·cm² 换算成 mm/s 的系数；0.167 为由 L/min·cm² 换算成 m/s 的系数。

其中式（10-2）主要用于稀疏织物、非织造布等透气率较大的织物。

二、ASTM D737

（一）试验标准

ASTM D737（织物透气性的标准试验方法）

（二）适用范围

本方法适用于大多数织物。

（三）测试原理

空气垂直透过一定面积的织物,在织物的两面形成一定的压力差。在这个压力差下,以单位时间内通过织物的空气量作为衡量织物透气性的指标。

（四）试验仪器与材料

（1）试验仪器透气性测试仪,测试头圆形,测试面积 $38.3 \text{ cm}^2 \pm 0.3\%$,其他可替换测试面积如 5 cm^2、6.45 cm^2 和 100 cm^2。

（2）固定试样夹持系统。

（3）调节可获得 $100\sim2\,500$ Pa 的压力差,至少必须提供 125 Pa 的气流压力差。

（4）压力表（精度误差为 $\pm2\%$）。

（5）流量计:用于测试通过织物的气流速率,单位 $\text{cm}^3/(\text{s} \cdot \text{cm}^2)$,精度误差为 $\pm2\%$。

（6）校准盘:一定压力差下已知透气量。

（7）剪样模板。

（五）试样准备

距离布边 1/10 幅宽以上,要有代表性,沿斜对角取样。不要折叠,没有折痕、褶皱,用剪样模板取 10 块测试样品。剪取的样品最小尺寸至少要比使用的压脚大 20%。

（六）仪器准备和校准

按仪器说明书准备和校准仪器,确认所用范围和所需压力差的校准。

（七）调湿及测试

（1）试样按 ASTM D1776 进行预调湿。将调湿后的样品放在标准大气[(21 ± 1)℃、相对湿度$(65\pm2)\%$]环境中进行测试。

（2）试样轻拿轻放,保持其自然状态。

（3）将试样放于测试仪的测试头下,按操作说明开始测试。

（4）若是涂层织物,将织物涂层面朝下以减少漏气。

（5）按材料说明或合同要求确定压力差,若无特别说明,则用 125 Pa 的压力差。

（6）记录读数,单位 $\text{cm}^3/(\text{s} \cdot \text{cm}^2)$,保留 3 位有效数字。

对于特定要求,可以分别测试漏气量以及透过试样的气流量,用一不透气盖板盖住试样测得漏气量,然后从原测试结果中减去,得到有效的透气量。

（八）计算

（1）记录每个试样测试的读数,单位为 $\text{cm}^3/(\text{s} \cdot \text{cm}^2)$,保留 3 位有效数字。若透气性结果是在海拔 600 m 以上测定的,则需要根据修正系数修正。

（2）计算所有测试结果的平均值。

（3）如果需要,则计算标准差。

任务二 织物透湿性能检测

辨一辨

1. 织物透湿性的检测方法有哪些? 如何进行选择?
2. 衡量透湿性的指标有哪些?
3. 进行透湿性测试时如何准备试样?
4. 如何评价织物的透湿性能?

织物透湿性指织物两侧在一定相对湿度差条件下,织物透过水气的性能。透湿性是影响舒适性的重要指标,对人体的热、湿平衡十分重要。

织物透湿性的评价指标通常用透湿率、透湿度和透湿系数。

评价织物透湿性的常用测试方法是透湿杯法,透湿杯法分为吸湿法和蒸发法。蒸发法又可分为正杯法和倒杯法。

一、试验标准

GB/T 12704.1—2009《纺织品织物透湿性试验方法第 1 部分:吸湿法》;

GB/T 12704.2—2009《纺织品织物透湿性试验方法第 2 部分:蒸发法》。

二、适用范围

适用于厚度在 10 mm 以内的各类织物,不适用于透湿率大于 29 000 g/(m² · 24 h)的织物。

三、测试原理

1. 吸湿法

用织物试样将装有干燥剂的透湿杯开口封住,放置在规定温湿度的密封环境中,根据透湿杯在一定时间内质量的变化,计算试样的透湿率、透湿度和透湿系数。

2. 蒸发法

用织物试样将装有一定温度蒸馏水的透湿杯开口封住,放置在规定温湿度的密封环境中,根据透湿杯在一定时间内质量的变化,计算试样的透湿率、透湿度和透湿系数。

四、检测仪器及试剂

1. 检测仪器

(1)透湿仪如图 10-1 所示。

(2)透湿杯(压环、杯盖、螺栓及螺帽)及干燥器;电子天平(精度为 0.001 g);织物厚度仪;量筒等。

2. 试剂

吸湿剂;干燥剂(无水氯化钙)等。

五、试样准备

(1) 试样在标准大气条件下调湿。

(2) 每个样品至少剪取 3 块试样,直径为 70 mm。对两面材质不同的样品(如涂层),应在两面各取 3 块试样。

图 10-1   YG501D-II-250
透湿试验仪

六、试验步骤

(一) 试验条件

优先采用①组试验条件,若需要可采用②组、③组或其他试验条件:①温度(38 ± 2)℃,相对湿度(90 ± 2)%;②温度(23 ± 2)℃,相对湿度(50 ± 2)%;③温度(20 ± 2)℃,相对湿度(65 ± 2)%。

(二) 试验测试

1. 吸湿法

(1) 向清洁、干燥的透湿杯内装入约 35 g 干燥剂,干燥剂装填高度为距试样下表面位置 4 mm 左右,空白试样的杯中不加干燥剂。

(2) 将试样测试面朝上放置在透湿杯上,装上垫圈和压环,旋上螺帽,再用乙烯胶黏带从侧面封住压环、垫圈和透湿杯,组成试验组合体。

(3) 迅速将试验组合体水平放置在已达到规定试验条件[温度(38 ± 2)℃、相对湿度(90 ± 2)%]的试验箱内,平衡 1 h 后取出。

(4) 用杯盖盖上对应试样组合体,放在 20 ℃干燥器中平衡 30 min,按编号逐一称量试验组合体(不超过 15 s),精确至 0.001 g。

(5) 除去杯盖,迅速将试验组合体放入试验箱内,试验 1 h 后取出,再次按同一顺序称量。

(6) 试验结果计算:

① 透湿率(WVT)计算:计算 3 块试样透湿量的平均值,结果修约至 3 位有效数字。

$$WVT = \frac{\Delta m - \Delta m'}{A \cdot t} \tag{10-3}$$

式中:WVT 为透湿率[g/(m² · h)或 g/(m² · 24 h)];Δm 为同一试验组合体两次称量之差(g);$\Delta m'$为空白试样的同一试验组合体两次称量之差(g)(不做空白试验时,$\Delta m' = 0$);A 为有效试验面积(m²)(本试验装置为 0.002 83 m²);t 为试验时间,(h)。

② 透湿度(WVP)计算:结果修约至 3 位有效数字。

$$WVP = \frac{WVT}{\Delta p} = \frac{WVT}{P_{CB}(R_1 - R_2)} \tag{10-4}$$

式中:WVP 为透湿度[g/(m² · Pa · h)];Δp 为试样两侧水蒸气压差(Pa);P_{CB} 为在试验温

度下的饱和水蒸气压力(Pa);R_1 为试验时试验箱内的相对湿度(％;)R_2 为透湿杯内的相对湿度(％)(透湿杯内的相对湿度可按 0 计算)。

③ 透湿系数:

$$PV = 1.157 \times 10^{-9} WVP \cdot d \tag{10-5}$$

式中:PV 为透湿系数(透湿系数仅对于均匀的单层材料有意义)[g・cm/(s・cm²・Pa)];d 为试样厚度(cm)。

④ 对于两面不同的试样,若无特别指明,分别按以上公式计算两面的透湿率、透湿度和透湿系数,并在试验报告中说明。

2. 蒸发法

(1) 正杯法(方法 A):①用量筒量取与试验条件温度相同的蒸馏水 34 mL,注入清洁、干燥的透湿杯内,使水距试样下表面位置 10 mm 左右;②将试样测试面朝下放置在透湿杯上,其余步骤同"吸湿法"。

(2) 倒杯法(方法 B):倒杯法与正杯法不同之处,是将试样测试面朝下放置在透湿杯上,其余步骤同"正杯法"。

(3) 试验结果计算同吸湿法。

任务三　织物悬垂性能检测

想一想

1. 什么是织物的悬垂性? 衡量织物悬垂性的指标是什么?
2. 进行悬垂性测试时,如何进行试样准备?
3. 如何评定悬垂性的测试结果?

织物悬垂性是指织物因自重而下垂的性能,反映织物的悬垂程度和悬垂形态。悬垂程度是指织物悬垂曲面在自重作用下下垂的程度,可用单向悬垂系数、平面悬垂系数、侧面悬垂系数、织物悬垂经纬向投影长度比(悬垂比)等表征,主要取决于织物的刚柔性。

悬垂性根据运动形态可分为静态悬垂性和动态悬垂性。静态悬垂性是指织物在自然状态下的悬垂程度和悬垂形态。动态悬垂性是指织物在一定运动状态下的悬垂程度、悬垂形态和漂动频率。

相关指标的概念有:①悬垂性,已知尺寸的圆形织物试样在规定条件下悬垂时的变形能力。②悬垂波数,表示悬垂波或折曲的数量,是悬垂形态参数之一。③波幅,表示大多数的悬垂波或折曲的尺寸,以厘米表示,是悬垂形态参数之一。④平均波幅,表示悬垂波或折曲的平均尺寸,以厘米表示,是统计数据之一。⑤悬垂系数,悬垂试样的投影面积与未悬垂试样的投影面积的比率,以百分率表示。

一、试验标准

GB/T 23329（织物悬垂性的测定）

二、适用范围

适用于各类纺织品。

三、试验原理

利用图像处理法测定织物的悬垂性。将圆形试样水平置于与圆形试样同心且较小的夹持盘之间，夹持盘外的试样沿夹持盘边缘自然悬垂，将悬垂试样投影到白色片材上，用数码相机获取试样的悬垂图像，从图像中得到有关试样悬垂性的具体定量信息。利用计算机图像处理技术得到悬垂波数、波幅和悬垂系数等指标。

四、试验器材

1. 悬垂性测定仪（图 10-2）

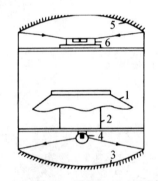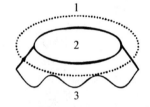

1—试样；2—圆盘架；3—悬垂试样

1—试样；2—圆盘架；3—反光镜；
4—点光源；5—反光镜；6—光敏元件

图 10-2　光电式织物悬垂性测试仪

2. 其他器材

圆形模板（3 个，直径分别为 24 cm、30 cm 和 36 cm）；秒表；相机支架；数码相机；评估软件；白色片材。

五、试样准备

（1）在标准大气条件下调湿。

（2）每个样品至少取 3 个试样，并标出每个试样的中心。分别在每个试样的两面标记"a"和"b"。试样直径的选择如表 10-1 所示。

六、试验步骤

（1）将数码相机和计算机连接，开启计算机评估软件进入检测状态，打开照明灯光源，使数码相机处于捕捉试样影像状态。

表 10-1　试样直径的选择

夹持盘直径(cm)	悬垂系数(%)	试样直径(cm)
18	<30	30 和 24
	30~85	30
	>85	30 和 36
12	—	24

（2）将白色片材放在仪器的投影部位。

（3）将试样 a 面朝上，放在下夹持盘上，让定位柱穿过试样的中心，立即将上夹持盘放在试样上，其定位柱穿过中心孔，并迅速盖好仪器透明盖。

（4）从上夹持盘放到试样上起，开始计时。

（5）30 s 后即用数码相机拍下试样的投影图像。

（6）用计算机处理软件得到悬垂系数、悬垂波数、最大波幅、最小波幅及平均波幅等指标。

（7）按上述步骤，对同一试样的 b 面朝上进行试验。

（8）重复上述步骤，直至完成所有试样的测试。

七、试验结果

分别对不同直径的试样进行计算：

（1）计算每个试样 a 面和 b 面的悬垂系数、悬垂波数、最大波幅、最小波幅及平均波幅。

（2）计算每个样品的悬垂系数、悬垂波数、最大波幅、最小波幅及平均波幅。

注：不同直径的试样得出的结果没有可比性。

练　一　练

一、选择题

1. GB/T 12704.2(蒸发法)中，下列表述正确的是（　　）。
   A. 适用于各类片状织物。
   B. 采用倒杯法时，只适合测防水透气性织物。
   C. 在正杯法中，测试面朝上放置在透湿杯上。
   D. 在透湿杯中两种方法均放置干燥剂。

2. 依据 GB/T 5453，在织物透气性能检测中，关于试验面积和压降，下列表述正确的是（　　）。
   A. 试验面积 20 cm²，服用织物压降为 50 Pa。
   B. 试验面积 20 cm²，产业用织物压降为 200 Pa。
   C. 经协商，试验面积也可以选用 5、50 或 100 cm²，但压降必须为服用织物 100 Pa、产业用织物 200 Pa。
   D. 以上均不正确。

3. 在热阻和湿阻测定中，下述说法不正确的是（　　）。

A. 测试不受材料厚度的影响。

B. 试样尺寸应完全覆盖测试板表面。

C. 每个样品至少取 3 块试样,应平整、无褶皱。

D. 以上都不对。

4. 根据 GB/T 12704.1 规定,需要提前对干燥剂烘干,其烘干条件是(   )。

    A. 160 ℃×3 h   B. 160 ℃×4 h   C. 180 ℃×3 h   D. 180 ℃×4 h

5. GB/T 12704.1 规定,需要用到的干燥剂粒度要求是(   )。

    A. 0.55～2.5 mm   B. 0.60～2.5 mm

    C. 0.63～2.5 mm   D. 0.65～2.5 mm

6. GB/T 12704.2 规定,需要精确量取试验条件下的蒸馏水(   )。

    A. 31 mL   B. 32 mL   C. 33 mL   D. 34 mL

7. 依据 GB/T 12704,计算透湿率时,试验的测试面积为(   )。

    A. 0.002 80m^2 B. 0.002 82 m^2 C. 0.002 83 m^2 D. 0.002 85 m^2

项目十一

纺织品色牢度检测

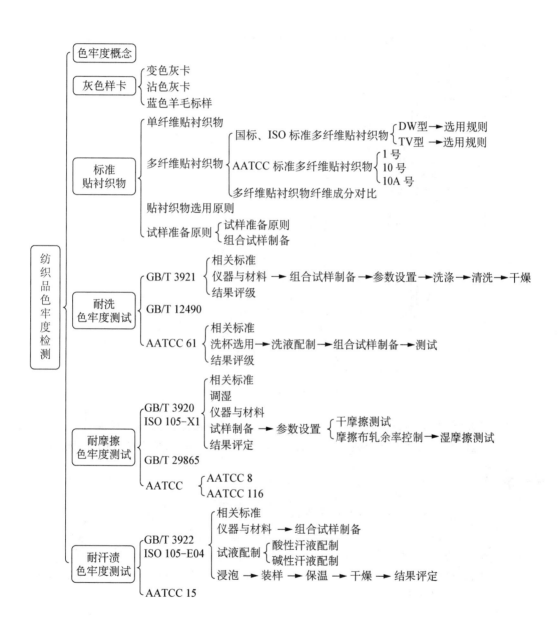

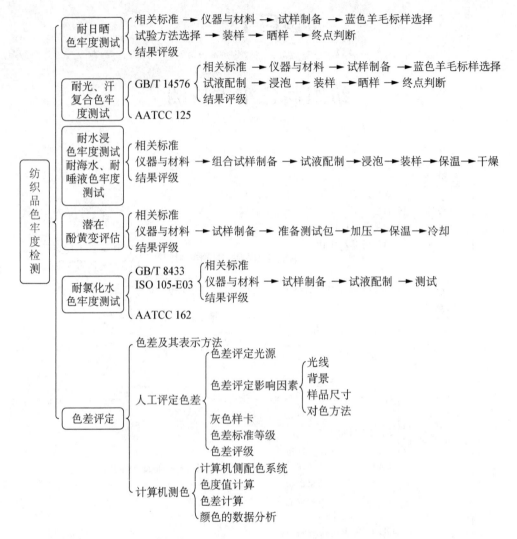

课程思政：能根据纺织品色牢度检测标准，制定检测方案并能熟练完成操作。培养学生求真务实的科学精神、努力解决实际问题的能力，具备获取新知识独立学习的能力。

想一想

1. 什么是色牢度？主要考核的色牢度指标有哪些？

2. 什么是变色样卡、沾色样卡？

3. 什么是蓝色羊毛标样？印染布应该选择哪两种蓝色羊毛标样？为什么？

4. 什么是贴衬织物？贴衬织物分为几类？测试纯纺、混纺和交织物的耐汗渍色牢度应如何选择单纤维贴衬织物？

一、织物色牢度的定义与概念

所谓色牢度是指经染色或印花加工的产品在使用过程中或以后的加工处理过程中，纺织品上的染料因光、汗、摩擦、洗涤、熨烫等各种因素的作用而在不同程度上保持其原来色泽的性能（或不褪色的能力），是衡量染色产品质量的重要指标之一。

色牢度包括耐水浸、耐皂洗、耐日晒、耐摩擦、耐汗渍、耐光汗、耐唾液、耐熨烫、耐刷洗、耐海水、耐氯化水等项目。比较常用的项目有耐皂洗、耐汗渍、耐唾液、耐日晒、耐光汗、耐摩擦等。

如果纺织品染色牢度不佳，染料会从织物转移到人体皮肤上，再通过人体分泌产生的汗渍或唾液的催化作用可能发生分解，从而对人体健康造成危害。GB 18401—2010《国家纺织产品基本安全技术规范》、GB 31701—2015《婴幼儿及儿童纺织产品安全技术规范》及 GB/T 18885—2020《生态纺织品技术要求》都把与人体穿着或使用纺织品安全性直接有关的耐水浸、耐汗渍、耐摩擦、耐唾液色牢度指标纳入标准要求范围。

二、染色牢度评定用灰色样卡

染色牢度是根据试样的变色和贴衬织物的沾色分别评定的。变色牢度使用 GB/T 250—2008《评定变色用灰色样卡》来评定；沾色牢度使用 GB/T 251—2008《评定沾色用灰色样卡》来评定。评定色牢度级别时，以试后样与原样之间以目测对比色差的大小为依据，以样卡色差程度与试样相近的一级作为试样的牢度等级。在评价纺织品的色牢度时，耐日晒色牢度和耐气候色牢度分为 8 级，1 级最差，8 级最好；其他色牢度均分为 5 级，1 级最差，5 级最好。耐摩擦色牢度仅评定沾色等级，耐日晒、耐氯化水色牢度仅评定变色等级。

1. 评定变色用灰色样卡

评定变色用灰色样卡亦称变色样卡，如图 11-1 所示，它是对印染纺织品染色牢度进行评定时，用作试样变色程度对比标准的灰色样卡。

GB/T 250评定变色用灰色样卡　　　　　　AATCC评定变色用灰色样卡

图 11-1　变色样卡

2. 评定沾色用灰色样卡

评定沾色用灰色样卡亦称沾色样卡，如图 11-2 所示，它是对印染纺织品染色牢度进行评定时，用作贴衬织物沾色程度对比标准的灰色样卡。

各级色差在规定条件下均经过色度计测定，仪器进行牢度评级时，对处理前后试样进行测色，并用选定的色差公式计算总色差，根据色差与牢度对应关系评级，表 11-1 给出了 CIE1976 LAB 色差公式总色差与牢度级别的对应关系，表 11-2 给出了日晒牢度级别与色差的对应关系。

视频 11-1 灰色样卡

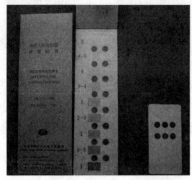
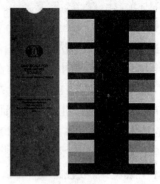

GB/T 251评定沾色用灰色样卡　　　　　AATCC评定沾色用灰色样卡

图 11-2　沾色样卡

表 11-1　CIE1976 LAB 色差公式总色差与牢度级别的对应关系

牢度级别（级）	变色色差		沾色色差	
	变色 CIELAB 色差	容差	沾色 CIELAB 色差	容差
5	0	0.2	0	0.2
4-5	0.8	±0.2	2.2	±0.3
4	1.7	±0.3	4.3	±0.3
3-4	2.5	±0.35	6.0	±0.4
3	3.4	±0.4	8.5	±0.5
2-3	4.8	±0.5	12.0	±0.7
2	6.8	±0.6	16.9	±1.0
1-2	9.6	±0.7	24.0	±1.5
1	13.6	±1.0	34.1	±2.0

表 11-2　日晒牢度级别与色差的对应关系

牢度级别（级）	变色色差	牢度级别（级）	变色色差
	变色 CIELAB 色差		变色 CIELAB 色差
1	9.6～19.5	5	1.3～1.6
1-2	7.4～9.6	5-6	1.1～1.3
2	5.3～7.4	6	0.9～1.1
2-3	4.3～5.3	6-7	0.7～0.9
3	3.0～4.3	7	0.4～0.7
3-4	2.2～3.0	7-8	0.2～0.4
4	1.9～2.2	8	0～0.2
4-5	1.6～1.9		

想一想

ISO 蓝色羊毛标样和美国生产的 AATCC 蓝色羊毛标样的测试结果可以互换吗?

3. 蓝色羊毛标样

耐光色牢度蓝色羊毛标样是以规定深度的八种染料染于羊毛织物上制成的,共分八级,即 8、7、6、5、4、3、2 和 1 级,代表八种耐光色牢度等级。当八级标样同时在天然日光或人工光源中曝晒时,能形成八种不同褪色程度,1 级标样褪色最严重,表示耐光色牢度最差;8 级标样不褪色,表示耐光色牢度最好。如果 4 级标样在光的照射下需要一定时间以达到某种程度褪色,则在同样条件下产生同等程度的褪色,3 级标样约需要一半的时间,而 5 级标样约需要增加一倍的时间。根据试样曝晒前后的褪色程度与同时曝晒的八块蓝色羊毛标样的褪色程度比较,以评定试样耐光色牢度等级。

目前常用蓝色羊毛标样有欧洲生产的 ISO 蓝色羊毛标样和美国生产的 AATCC 蓝色羊毛标样。ISO 蓝色羊毛标样符合 ISO 105-B08:1995,我国 GB/T 730—2008《纺织品色牢度试验蓝色羊毛标样(1～7)级的品质控制》等效采用该标准,以规定深度的八只染料染羊毛哔叽织物制成,适用于 GB/T 8427—2019《纺织品 色牢度试验 耐人造光色牢度:氙弧》和 ISO 105-B02:2014 中规定的曝晒条件。美国 AATCC 蓝色羊毛标样 L2～L9 是用 C. I. Mordant Blue 1(媒介蓝 1,43830)和 C. I. Solubilized Vat Blue 8(可溶性还原蓝 8,73801)两种染料染色的羊毛以不同比例混合制得,适用于 GB/T 8427—2019 和 ISO 105-B02:2014 中规定的曝晒条件,也适用于 AATCC 16 系列标准。蓝色羊毛标样 1～8 与 L2～L9 之间不能混用,测试结果也不能互换。

蓝色羊毛标样是将羊毛织物用下列染料按规定浓度染成的,所用染料名称列于表11-3 中。

表 11-3　蓝色羊毛标样 1～8 级的染料名称

级别	染料名称	染料索引(C. I.)编号
1 级	酸性艳蓝 FFR	C. I. Acid Blue 104
2 级	酸性艳蓝 FFB	C. I. Acid Blue 109
3 级	酸性纯蓝 6B	C. I. Acid Blue 83
4 级	酸性蓝 EG	C. I. Acid Blue 121
5 级	酸性蓝 RX	C. I. Acid Blue 47
6 级	酸性淡蓝 4GL	C. I. Acid Blue 23
7 级	可溶性还原蓝 O_4B	C. I. Vat Blue 5
8 级	可溶性还原蓝 AGG	C. I. Vat Blue 8

三、标准贴衬织物

贴衬织物是指一小块由单种纤维或多种纤维制成的未染色织物,在试验中用以评定沾色。

（一）单纤维贴衬织物

一般指单位面积具有中等质量的平纹织物，不包含化学损伤的纤维、整理剂、残留化学品、染料或荧光增白剂。国家标准规定，单纤维标准贴衬织物主要有毛贴衬（GB/T 7568.1）、棉贴衬及黏纤贴衬（GB/T 7568.2）、聚酰胺贴衬（GB/T 7568.3）、聚酯贴衬（GB/T 7568.4）、聚丙烯腈贴衬（GB/T 7568.5）、丝贴衬（GB/T 7568.6）、亚麻贴衬和苎麻贴衬（GB/T 13765）。

（二）多纤维贴衬织物

（1）用于中国标准和 ISO 标准的多纤维贴衬织物由各种不同纤维的纱线制成，每种纤维形成一条宽度至少为 15 mm、厚度均匀的织条，每一织条均应和相应种类的单纤维标准贴衬具有相似的沾色性能。标准 GB/T 7568.7 规定有两种不同的多纤维贴衬织物：一种是 DW 型，用于 40 ℃和 50 ℃的试验，如用于 60 ℃的试验，需在试验报告中注明，另一种是 TV 型，用于 60 ℃的试验和 95 ℃的试验。分别根据需要选用。

ISO 多纤维贴衬要符合 ISO 105-F10 标准的规定，在 ISO 105C 系列和 ISO 105E 系列标准中作为标准参考织物使用，判定沾色结果合格与否，只按沾色最严重的结果作为最终测试结果。

想一想

美国 AATCC 标准的多纤维贴衬织物分为哪几类，选用的规则包括哪些？

视频 11-2
标准贴衬织物

（2）用于美国 AATCC 标准的多纤维贴衬织物常用的有三种，分别是 1 号、10 号和 10A 号，其中 AATCC 1 号和 AATCC 10 号多纤维贴衬织物的每条纤维条宽为 8 mm。AATCC 10A 号每条纤维条宽为 15 mm。AATCC 多纤维贴衬织物的沾色性能可用 AATCC 评估程序 10 评估。

视频 11-3
标准多纤维贴衬织物

表 11-4 所示为 ISO 和 AATCC 多纤维贴衬织物成分。

表 11-4　ISO 和 AATCC 多纤维贴衬织物成分

分类	ISO 标准		AATCC 标准		
多纤维贴衬	DW 型	TV 型	AATCC 1 号	AATCC 10 号	AATCC 10A 号
成分	醋酯纤维 漂白棉 聚酰胺纤维 聚酯纤维 聚丙烯腈纤维 羊毛	三醋酯纤维 漂白棉 聚酰胺纤维 聚酯纤维 聚丙烯腈纤维 黏胶纤维	醋酯纤维 棉纤维 聚酰胺纤维 丝 黏胶纤维 羊毛	醋酯纤维 棉纤维 聚酰胺纤维 聚酯纤维 聚丙烯腈纤维 羊毛	醋酯纤维 棉纤维 聚酰胺纤维 聚酯纤维 聚丙烯腈纤维 羊毛
宽度（mm）	15	15	8	8	15

（三）贴衬织物的选用

（1）一般选用原则：提供两种选用贴衬织物的方法。由多纤维贴衬织物代替单纤维贴衬织物的试验结果有可能存在差异,应在试验报告中给出所用贴衬织物类型的详细说明,包括尺寸。

(2)贴衬织物的选择,下列程序可以任选其一:

使用两块单纤维贴衬织物时,第一块贴衬织物与所测试纺织品应属同类纤维,如为混纺品,则应与其中主要纤维同类。第二块贴衬织物应按各个试验方法中指定的类别选用。贴衬织物应与试样尺寸相同,按一般原则,试样两面各用贴衬织物完全覆盖。

使用一块多纤维贴衬织物时,不可同时有其他的贴衬织物,否则会影响多纤维贴衬织物的沾色程度。贴衬织物应与试样尺寸相同,按一般原则,只覆盖试样正面。

(3)贴衬织物的使用:用单纤维贴衬织物时,应与试样尺寸相同,试样两面用贴衬织物完全覆盖。使用多纤维贴衬织物时,应与试样尺寸相同,一般只覆盖试样正面。

想一想

印花或单面织物制备色牢度组合试样时应注意哪些问题?

四、试样准备的一般原则

(一)试样及组合试样

试样是一小块试验用的纺织材料,通常从代表一批染色或印花纺织材料的较大样品中取得。组合试样由试样与选定用于评定沾色的一块或两块贴衬织物组成。

视频 11-4
色牢度试
样准备

(二)试样制备一般原则

(1)织物:从机织物、针织物等其他布匹上剪取规定尺寸的试样。织物应无褶皱,能使整个作用面产生一致的作用效果。

(2)纱线:可编织成织物,然后从中取样;也可将纱线平行卷绕,如绕在 U 形金属框上,或将纱线紧密地绕在一块硬纸板上。所用制备方法应在试验报告中说明。

(3)散纤维:可梳压为薄层后取规定尺寸进行试验。

(三)组合试样制备

(1)缝纫线不应含有荧光增白剂。

(2)试样为织物,按下列方法之一制备组合试样。取(100±2)mm×(40±2)mm 试样 1 块:①正面与 1 块同尺寸的多纤维贴衬织物相贴合,并沿一短边缝合。所有不同的颜色都应与多纤维贴衬条的 6 种成分接触进行试验,如不能与 6 种纤维成分接触,需取多个组合试样以包含全部颜色。②夹于两块同尺寸的单纤维贴衬织物之间,并沿一短边缝合,如果试样是多色或印花织物,正面与两单纤维贴衬织物每块的一半相接触,剪下其余一半,交叉覆盖于背面,缝合两个/两条短边。如一块试样不能包含全部颜色,需取多个组合试样以包含全部颜色。

(3)试样为纱线或散纤维时,①可以将纱线编织成织物,按照织物的方式进行试验。②取纱线或散纤维约等于贴衬织物总质量的 1/2,夹于一块多纤维贴衬织物及一块同尺寸染不上色的织物之间,沿四边缝合;或者夹于两块规定的单纤维贴衬织物之间,沿四边缝合。

任务一　纺织品耐洗色牢度检测

在人们的日常生活中,基本上所有纺织品都要进行洗涤,在一定温度的洗涤液的作用下,染料会从纺织品上脱落,最终使纺织品原本的颜色发生变化,称为变色。同时,进入洗涤液的染料又会沾染其他纺织品,亦会使其他纺织品的颜色产生变化,称为沾色。纺织品耐皂洗色牢度指印染品的色泽抵抗肥皂溶液洗涤的牢度,通过纺织品自身的变色和其他织物的沾色程度来反映纺织品耐皂洗色牢度质量的优劣,是评价纺织品染色牢度的重要指标。

想一想

1. GB/T 3921(纺织品色牢度试验耐皂洗色牢度)采用了哪个 ISO 标准?

2. GB/T 3921(纺织品色牢度试验耐皂洗色牢度)和 GB/T 12490(纺织品 色牢度试验 耐家庭和商业洗涤色牢度)存在哪些差异?

一、耐皂洗色牢度检测

视频 11-5
耐皂洗色
牢度测试

(一)试验标准

GB/T 3921(耐皂洗色牢度)

ISO 105-C10(耐皂液或肥皂和苏打液洗涤色牢度)

(二)适用范围

GB/T 3921 规定了测定常规家庭用所有类型的纺织品耐洗涤色牢度的方法,包括从缓和到剧烈的不同洗涤程序的 5 种试验。此标准仅用于测定洗涤对纺织品色牢度的影响,并不反映综合洗熨程序的结果。

(三)试验方法与原理

将纺织品试样与一块或者两块规定的标准贴衬织物缝合在一起,置于皂液或肥皂和无水碳酸钠混合液中,在规定时间和温度条件下进行机械搅动,再经清洗和干燥。以原样作为参照样,用灰色样卡或仪器评定试样变色和贴衬织物沾色。

(四)检测仪器与材料

1. 检测仪器

耐洗色牢度试验机[不锈钢洗杯容量(550 ± 50) mL];不锈钢珠(直径为 6 mm);天平(精度 0.01 g);机械搅拌器;加热皂液装置。

试验机具有多只容量为(550 ± 50) mL 的不锈钢容器,直径为(75 ± 5) mm,高为(125 ± 10) mm,轴及容器的转速为(40 ± 2)r/min,水浴温度由恒温器控制,使试验溶液保持在规定温度±2 ℃内。

2. 试剂

（1）肥皂以干重计，所含水分不超过 5％，并符合要求：游离碱（以 Na_2CO_3 计）≤0.3％；游离碱（以 NaOH 计）≤0.1％；总脂肪物≥850 g/kg；制备肥皂混合脂肪酸冻点≤30 ℃；碘值≤50；肥皂不应含荧光增白剂。

（2）无水碳酸钠（Na_2CO_3）。

（3）皂液：①方法 A 和 B，每升水中含 5 g 肥皂；②方法 C、D、E，每升水中含 5 g 肥皂和 2 g 碳酸钠。

3. 三级水

符合 GB/T 6682 规定。

4. 贴衬织物

符合 GB/T 6151 规定。

（1）多纤维贴衬织物：DW 型用于 40 ℃和 50 ℃的试验，如用于 60 ℃的试验，需在试验报告中注明；TV 型用于 60 ℃和 95 ℃的试验。

（2）单纤维贴衬织物（符合 GB/T 7568.1～GB/T 7568.6、GB/T 13765 或 ISO 105-F07）：第一块由与试样同类的纤维制成，第二块单纤维贴衬织物的选择如表 11-5。如试样为混纺或交织品，则第一块由主要含量的纤维制成，第二块由次要含量的纤维制成。

表 11-5　单纤维贴衬织物选择

第一块	第二块	
	40 ℃和 50 ℃的试验	60 ℃和 95 ℃的试验
棉	羊毛	黏胶纤维
羊毛	棉	—
丝	棉	—
黏胶纤维	羊毛	棉
醋酯纤维	黏胶纤维	黏胶纤维
聚酰胺纤维	羊毛或棉	棉
聚酯纤维	羊毛或棉	棉
聚丙烯腈纤维	羊毛或棉	棉

（3）一块染不上色的织物（如聚丙烯），需要时用。

5. 灰色样卡

（五）试样准备

（1）取（100±2）mm×（40±2）mm 试样 1 块。

（2）组合试样制备方法按试样制备的一般原则执行。

（3）测定组合试样的质量，单位为 g，以便于浴比精确。

（六）试验步骤

（1）配液：根据采用的试验方法制备皂液，见表 11-6。

表 11-6　GB/T 3921 及 ISO 105-C10 试验条件

试验方法编号	温度(℃)	时间	钢珠数量(个)	碳酸钠
A(1)	40	30 min	0	—
B(2)	50	45 min	0	—
C(3)	60	30 min	0	+
D(4)	95	30 min	10	+
E(5)	95	4 h	10	+

（2）洗涤：将组合试样及规定数量的不锈钢珠放在容器内，按表 11-6 注入预热至试验温度±2 ℃的需要量的皂液，使浴比为 50∶1，盖上容器，在规定的试验条件下进行洗涤，并开始计时。

（3）清洗：按 GB/T 3921，取出组合试样，分别放在三级水中清洗两次，然后在流动水中冲洗至干净；按 ISO 105-C10，取出组合试样，用三级水清洗两次，然后在流动水中冲洗 10 min，挤去水分。

（4）干燥：挤去过量的水分，展开组合试样。除去多余水分，悬挂在不超过 60 ℃的空气中干燥，试样与贴衬织物仅由一条缝线连接。

（七）试验结果

用灰色样卡或仪器对比原始试样，评定试样的变色和贴衬织物的沾色。

二、耐家庭和商业洗涤色牢度

（一）试验标准

GB/T 12490（耐家庭和商业洗涤色牢度）

ISO 105-C06（耐家庭和商业洗涤色牢度）

（二）适用范围

适用于测定各种类型的常规家庭用纺织品耐家庭和商业洗涤色牢度，不适用于在洗涤操作某些方面要求更严的工业及医用纺织品。不反映商业洗涤程序中的荧光增白剂的效应。

（三）检测原理

由于试验温度、溶液体积、有效氯含量、过硼酸钠质量浓度、试验时间、钢珠数量和 pH 值等方面的不同要求，形成 16 个试验条件供选择使用，试验过程中的解吸和摩擦作用对于一次单个试验而言，对试样所造成的变色和沾色非常接近于一次家庭和商业洗涤；对于一次复合试验而言，则接近五次以上温度不超过 70 ℃的家庭和商业洗涤的效果。

（四）检测仪器与材料

1. 检测仪器及设备

耐洗色牢度试验机；不锈钢珠（直径 6 mm）；天平（精度 0.01 g）；机械搅拌器；加热皂液装置。

2. 试剂和材料

(1) 贴衬织物:符合 GB/T 6151 或 ISO 105-A01 规定。①一块 DW 型多纤维贴衬织物或 TV 型多纤维贴衬织物,根据不同温度选用。②两块单纤维贴衬织物(符合 GB/T 7568.1~GB/T 7568.6、GB/T 13765 或 ISO 105-F07)。第一块用与试样同类纤维制成,第二块用规定的纤维制成。如试样为混纺或交织品,则第一块用主要含量的纤维制成,第二块用次要含量的纤维制成。③如需要,用一块不上染的织物(如聚丙烯类)。

(2) 不含荧光增白剂的洗涤剂:至少应准备 1 L 的洗涤剂,须保证溶液的均匀性。可用 AATCC 1993 标准洗涤剂 WOB(低泡型)或 ECE 含磷洗涤剂(不含荧光增白剂)。

(3) 试剂:无水碳酸钠(Na_2CO_3);次氯酸钠或次氯酸锂(使用前应测定有效氯的实际含量);过硼酸钠四水合物($NaBO_3 \cdot 4H_2O$);三级水。

(4) 评定变色用和沾色用灰色样卡。

(五) 测试程序与操作

1. 样品准备

(1) 取(100 ± 2)mm×(40 ± 2)mm 试样 1 块。

(2) 组合试样制备方法按试样制备的一般原则执行。

(3) 测定组合试样的质量,单位为 g,以便于精确浴比。

2. 测试程序

称取 4 g 洗涤剂溶解在 1 L 的水中,制备成洗涤溶液。用 C、D、E 试验方法时.每升溶液中加入约 1 g 碳酸钠调节 pH 值(表 11-7)。温度冷却到 20 ℃后方可测定。用 A、B 试验方法时不需调节 pH 值。在需要使用过硼酸盐试验中,现配含有过硼酸钠的溶液,将溶液加热到不超过 60 ℃,使用时间不超过 30 min。对于试验 D3S 和试验 D3M,洗液中应放入次氯酸钠或次氯酸锂,以达到 0.015% 的有效氯浓度。

表 11-7　GB/T 12490 或 ISO 105-C06 试验条件

试验编号	温度 (℃)	溶液体积 (mL)	有效氯含量 (%)	过硼酸钠质量浓度 (g/L)	时间 (min)	钢珠数量 (个)	调节 pH 值
A1S	40	150	—	—	30	10	不用调节
A1M	40	150	—	—	45	10	不用调节
A2S	40	150	—	1	30	10	不用调节
B1S	50	150	—	—	30	25	不用调节
B1M	50	150	—	—	45	50	不用调节
B2S	50	150	—	1	30	25	不用调节
C1S	60	50	—	—	30	25	10.5 ± 0.1
C1M	60	50	—	—	45	50	10.5 ± 0.1
C2S	60	50	—	1	30	25	10.5 ± 0.1
D1S	70	50	—	—	30	25	10.5 ± 0.1

试验编号	温度（℃）	溶液体积（mL）	有效氯含量（%）	过硼酸钠质量浓度（g/L）	时间（min）	钢珠数量（个）	调节 pH 值
D1M	70	50	—	—	45	100	10.5±0.1
D2S	70	50	—	1	30	25	10.5±0.1
D3S	70	50	0.015	—	30	25	10.5±0.1
D3M	70	50	0.015	—	45	100	10.5±0.1
E1S	95	50	—	—	30	25	10.5±0.1
E2S	95	50	—	1	30	25	10.5±0.1

按表 11-8 在不锈钢杯中加入规定量溶液（除试验 D2S 和试验 E2S 外），将溶液预热到规定温度±2 ℃，然后将试样和规定数量的钢珠放入钢杯中，盖紧钢杯，按表 11-8 规定的时间和温度运转设备。

对于试验 D2S 和试验 E2S，将试样放入溶液已预热到大约 60 ℃的钢杯中，盖紧钢杯并在 10 min 内将温度升到规定±2 ℃。按表 11-8 规定的温度和时间运转设备。

洗涤结束后取出组合试样，分别在 100 mL、40 ℃温水中清洗 1 min，清洗 2 次。洗涤后需经酸洗的，每块组合试样用 100 mL、30 ℃乙酸溶液处理 1 min，然后在 100 mL、30 ℃水中清洗 1 min。挤去组合试样上多余的水分，将试样放在不超过 60 ℃的空气中干燥。

（六）结果评级

（1）评定试样的变色：GB/T 250 或 ISO 105-A02 灰色样卡。

（2）评定贴衬织物的沾色：GB/T 251 或 ISO 105-A03 灰色样卡。

我国纺织品耐洗色牢度的现行标准主要有 GB/T 3921 和 GB/T 12490，两个标准在适用范围、评级工具以及洗涤剂的选择上有所差异（表 11-8）。

表 11-8　GB/T 3921 与 GB/T 12490 差异对比

标准	适用范围	评级工具	洗涤剂的选择
GB/T 3921	常规家庭用所有类型的纺织品耐洗色牢度的测试	标准灰色样卡或测色仪	不含荧光增白剂实务标准皂片，60 ℃和 95 ℃皂洗需加入无水碳酸钠
GB/T 12490	各种类型的常规家庭用纺织品耐家庭和商业洗涤色牢度测试，不适用于在洗涤操作某些方面要求更严的工业及医用纺织品	标准灰色样卡	不含荧光增白剂的 AATCC 标准洗涤剂 WOB(低泡型)或 ECE 标准洗涤剂，需要时可加入无水碳酸钠、过硼酸钠或次氯酸钠

　　1. AATCC 61 规定如何选择洗杯容量?

　　2. AATCC 61 规定组合试样制备应如何选择多纤维贴衬布? 应如何缝制组合试样?

　　3. AATCC 61 规定多纤维贴衬布结果评定时是否需要评定所有六种纤维成分的沾色程度?

三、快速法

(一) 试验标准

AATCC 61

(二) 适用范围

AATCC 61 适用于评价纺织品耐频繁洗涤的色牢度。

(三) 检测原理

AATCC Test Method 61 有 5 个试验条件可供选择,织物用典型手洗、家庭或商业洗、添加或不添加含氯洗涤剂和摩擦作用等五种方法处理后,其颜色的变化很接近一次 45 min 的试验。由于织物纤维含量、颜色向贴衬物转移等客观原因,五种典型洗涤方法的沾色效果不能完全符合 45 min 的试验效果。

(四) 检测仪器与材料

1. 检测仪器及设备

(1) 变速洗衣机:配备可固定在仪器上在恒温控制的水浴中以(40±2)r/min 的转速旋转密封的不锈钢杯。分别为:型号Ⅰ,500 mL,75 mm×125 mm,适用于测试项 1A;型号Ⅱ,1 200 mL,90 mm×200 mm,适用于测试项 1B、2A、3A、4A 和 5A。

(2) 不锈钢球(直径 6 mm);供测项目 1B 使用的白色合成橡胶球(直径 9~10 mm),硬度为 70;聚四氟乙烯垫圈;预热器或加热板。

(3) 评级灰卡,包括 AATCC 彩色样卡、AATCC 变色灰卡和沾色灰卡(图 11-3)。

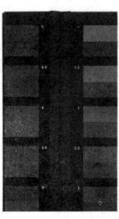

图 11-3　AATCC 变色灰卡和沾色灰卡

2. 试剂和材料

（1）AATCC 的多纤维贴衬织物（1 号或 10 号）。

（2）漂白棉织物质量为（100±3）g/m²，不含荧光增白剂）。

（3）AATCC 1993 标准洗涤剂 WOB（不含荧光增白剂、无磷）或 AATCC 2003 标准液体洗涤剂 WOB（不含荧光增白剂）。

（4）AATCC 1993 标准洗涤剂（含荧光增白剂）或 AATCC 2003 标准液体洗涤剂（含荧光增白剂）。

（5）次氯酸钠漂白剂。

（6）浓度为 10% 的 H_2SO_4、10% 的 KI、0.1 mol 的 $Na_2S_2O_3$。

（五）测试程序与操作

1. 样品准备

（1）不同测试项所需试样规格为：①测试项 1A：100 mm×50 mm；②测试项 1B、2A、3A、4A、5A：150 mm×50 mm。每个样品只测试一个试样，为提高测试的精确度，可测试多块试样。每一钢杯只容纳一个试样。

测试 1A 和 2A 中的沾色用多纤维布；测试 3A 中的沾色多纤维布或漂白棉布。对于 3A 可使用多纤维布，但不考核醋酸纤维、锦纶、聚酯纤维及丙烯酸纤维的沾色，除非试样中有上述其中一种纤维。在测试 4A 及 5A 中不考核沾色。

（2）由于 AATCC 标准采用多种纤维贴衬织物或漂白棉织物来评定沾色，所以还需按照以下要求准备样品：①使用纤维条宽为 8 mm 的多纤维贴衬织物或漂白棉布。准备尺寸为 50 mm×50 mm 的方形样多纤维贴衬织物或漂白棉织物与试样正面贴合，沿试样的短边缝合。当使用多种纤维贴衬织物时，将纤维贴衬织物置于试样短边的一端，羊毛置于试样右边缝制。六种纤维条的方向应与试样的长边平行。②使用纤维条为 150 mm 宽的多纤维贴衬织物。多纤维贴衬织物的大小为 50 mm×100 mm，与试样正面相贴，沿试样长边放置，多纤维条平行于试样的短边，将羊毛条置于最顶端位置以防羊毛损失。

（3）测试样品为针织布。为避免布边卷起，获得一个完整、均等的测试结果，用同尺寸的漂白棉织物与针织试样沿四边缝在一起后，再将多纤维贴衬织物与针织试样的正面相贴缝在一起。

（4）对于绒类产品试样，将多纤维织物与试样绒毛的顺向末端缝合在一起。

（5）准备纱线试样：①将纱线编织成针织布，按织物及多纤维贴衬织物用法处理，每一试样都要保留未洗的针织布作对比样。②每一样品取 2 束 110 m 长的纱样，将每束折成宽为 50 mm 的纱样（长度为 100 mm 或 150 mm）。纱样要紧密均匀卷绕，并保留一块未洗的纱样，移去模板，将纱样和一块同等质量的漂白棉缝制在一起，再选择纤维条宽为 8 mm 或 15 mm 的多纤维布并缝合。

2. 测试

（1）试验条件见表 11-9。

（2）配液：将设备升温到所需的温度，准备所需的洗涤溶液并预热到所需的温度。1A、1B、2A 和 3A 钢珠和洗涤液用量等项的选用见表 11-9。

表 11-9 AATCC61—2013 标准试验条件

测试编号	温度(℃)	溶液体积(mL)	洗涤粉剂浓度(%)	洗涤液剂浓度(%)	有效氯含量(%)	钢珠数量(个)	胶球数量(个)	洗涤时间(min)
1A	40±2	200	0.37	0.56	无	10	0	45
1B	31±2	150	0.37	0.56	无	0	10	20
2A	49±2	150	0.15	0.23	无	50	0	45
3A	71±2	50	0.15	0.23	无	100	0	45
4A	71±2	50	0.15	0.23	0.015	100	0	45
5A	49±2	150	0.15	0.23	0.027	50	0	45

（3）预热：可在设备中将钢杯预热，也可采用加热板预热。

（4）试样装入试样杯，装入设备中。启动设备，以(40±2)r/min 的转速运转 45 min。

（5）清洗：每一试样采用(40±3)℃的三级水清洗 3 次，每次 1 min，清洗时应不停地搅拌。

（6）脱水：用手挤干水分，也可采用离心分离机或绞扭机。

（7）干燥：在温度不超过 71 ℃的烘箱中干燥试样，也可将试样置于锦纶布袋中采用滚筒烘干，注意其排气温度应介于 60～71 ℃；另外，还可以在空气中晾干。

（8）评级前调湿：应将试样置于温度为(21±1)℃，相对湿度为(65±2)%的环境中调湿 1 h。

（9）评级前，还要将洗后试样及相邻多纤维布修整，如散纱或试样表面的松纤维、长毛羽等。对于绒类试样，用毛刷将其毛的倒向梳成与原样一致。如果试样由于洗涤和干燥而起皱，应先将试样平整。

（六）结果评级

（1）用变色灰卡评定试样变色程度时，按 AATCC 评价程序 1 进行评级；用仪器评定试样的变色程度时，根据 AATCC 评定程序 7 进行评级。

（2）用沾色灰卡评定贴衬织物沾色程度时，按照 AATCC 评价程序 2 进行评级；用 AATCC 彩色样卡时，按照 AATCC 评价程序 8 进行评级；用仪器评定贴衬织物沾色程度时，按照 AATCC 评价程序 6 进行评级。

（3）记录与报告。

任务二 纺织品耐摩擦色牢度检测

纺织品耐摩擦色牢度是指印染纺织品上的色泽耐受摩擦的坚牢程度。一般通过沾色色差评级来反映纺织品耐摩擦色牢度质量的优劣。

按检测仪器的摩擦头与被测试样之间摩擦运动方式的不同来分，耐摩擦色牢度试验方法可分为往复式和立体旋转式两种。

一、纺织品往复式耐摩擦色牢度测试

想一想

1. 依据 GB/T 3920 测试时,印花布应该如何选择测试位置?

2. 耐摩擦色牢度需测试哪些指标?

3. 湿摩擦色牢度测试时需进行调湿处理吗?

4. GB/T 3920 和 AATCC 8 在湿摩擦色牢度测试时有哪些异同? 结果评定有哪些差异?

(一)中国国家标准和 ISO 标准

1. 试验标准

GB/T 3920(耐摩擦色牢度)

ISO 105-X12(耐摩擦色牢度)

2. 适用范围

GB/T 3920 规定了各类纺织品耐摩擦沾色牢度的试验方法,每一样品可做两个试验,一个使用干摩擦布,另一个使用湿摩擦布。

3. 试验方法与原理

将试样分别用一块干摩擦布和一块湿摩擦布摩擦,用灰色样卡评定摩擦布的沾色程度。绒类织物采用方形摩擦头,其他纺织品采用圆形摩擦头。

4. 检测仪器与材料

(1)耐摩擦色牢度试验仪:具有两种可选尺寸的摩擦头。①长方形摩擦头尺寸为 19 mm×25.4 mm,用于绒类织物(包括纺织地毯)。②圆形摩擦头直径为(16±0.1)mm,用于其他纺织品。③ 摩擦头施以向下的压力为(9±0.2)N,直线往复动程为(104±3)mm。

(2)棉摩擦布:符合 GB/T 7568.2 或 ISO 105-F02 的规定,剪成规格为:①用于圆形摩擦头,(50±2)mm×(50±2)mm 正方形;②用于长方形摩擦头,(25±2)mm×(100±2)mm 长方形。

(3)耐水细砂纸:选择 600 目氧化铝耐水细砂纸。

(4)评定沾色用灰色样卡:符合 GB/T 251 或 ISO 105-A03。

5. 试样准备

(1)试样为织物或地毯:①试样规格:准备两组尺寸不小于 50 mm×140 mm 的试样,分别用于干摩擦试验和湿摩擦试验。每组各两块试样,其中一块试样的长度方向平行于经纱(或纵向),另一块试样的长度方向平行于纬纱(或横向)。当测试有多种颜色的纺织品时,宜注意取样的位置。如果颜色的面积足够大,可制备多个试样,对单个颜色分别评定;如果颜色面积小且聚集在一起,可参照本条款规定,也可选用旋转式装置的试验仪进行试验。②可以选择使试样的长度方向与织物的经向和纬向成一定角度。③若地毯试样的绒毛层易于辨别,试样绒毛的顺向与试样长度方向一致。

(2)试样为纱线:将其编织成织物,尺寸不小于 50 mm×140 mm,或沿纸板长度方向将

视频 11-6
耐摩擦色
牢度测试

纱线平行缠绕于与试样尺寸相同的纸板上。

（3）调湿与试验用大气：试验前将试样和摩擦布放置在 GB/T 6529 规定的标准大气下调湿至少 4 h。

6. 试验步骤

（1）在试验仪平台和试样之间，放置一块砂纸，以助于减少试样在摩擦过程中的移动。

（2）用夹紧装置将试样固定在试验仪平台上，使试样的长度方向与摩擦头的运行方向一致。

（3）选择合适的摩擦头，将调湿后的摩擦布（或湿摩擦布）固定在摩擦头上，使其经（纵）向与摩擦头运动方向一致。①干摩擦：将调湿后的摩擦布平放在摩擦头上，使摩擦布的经向与摩擦头的运行方向一致，摩擦头在试样上沿规定轨迹做往复直线摩擦共 10 次后取下摩擦布。②湿摩擦：称量调湿后的摩擦布，然后将其完全浸入蒸馏水中，将摩擦布通过轧液装置，然后再次称量，使摩擦布的含水率为 95%～100%，然后用与干摩擦一样的方法进行操作，试验后将摩擦布晾干。

（4）取下摩擦布，对其调湿（或在室温下晾干、调湿），并去除摩擦布上可能影响评级的任何多余纤维。

7. 试验结果

在适宜的光源下，用评定沾色用灰色样卡评定摩擦布的沾色级数。

8. 注意事项

评定时，在每个被评摩擦布的背面放置 3 层摩擦布。

（二）AATCC 标准

1. 试验标准

AATCC 8（摩擦测试仪法）

2. 适用范围

按照测试标准，分别可做干摩擦和湿摩擦两个试验。AATCC 8 适用于各种类型的染色或印花的纺织品。但对地毯或印花面积太小的织物，不推荐使用该测试方法。

3. 检测原理

AATCC 8 规定在指定的条件下，分别用一块干摩擦布和一块湿摩擦布相对试样进行摩擦，用 AATCC 沾色灰色样卡或彩色样卡评定摩擦布的沾色等级。

4. 检测仪器与材料

（1）检测仪器及设备：AATCC 耐摩擦色牢度试验仪：摩擦头的直径为（16±0.1）mm，垂直压力为 9 N，直线往复动程为（104±3）mm。

（2）试剂和材料：① 棉摩擦布尺寸 50 mm×50 mm；② 沾色灰色样卡或 AATCC 彩色沾色样卡、白色 AATCC 吸水纸、试样夹持器等。

5. 测试程序与操作

（1）样品准备。如果被测纺织品是织物，取两块不小于 50 mm×130 mm 的样品，沿与经向或纬向成对角线的方向取样。如果测试的纺织品是纱线，将其织成织物，并保证试样的尺寸不小于 50 mm×130 mm，或将纱线平行缠绕于与试样尺寸相同的纸板上形成一层，纱线应沿摩擦方向绷紧。如果要提高测试的精确度，可以多取试样进行测试。

调湿的温度为（21±1）℃、相对湿度为（65±2）%。

（2）测试程序。①干摩擦测试过程与 ISO 标准相同。②湿摩擦测试的含水率控制在（65±5）％，然后用与干摩擦一样的方法进行操作，试验后将摩擦布晾干。

6. 结果评级

依据 AATCC 8 评级时，在每个被评摩擦布的背面放置三层摩擦布。使用沾色灰色样卡或 AATCC 彩色沾色样卡的评级结果，取平均值，精确到 0.1 级，注明在评定沾色时所用沾色灰色样卡或 AATCC 彩色沾色样卡的类别。

二、立体旋转式耐摩擦色牢度测试

想一想

　　1. GB/T 3920 和 GB/T 29865 分别适用于哪类产品的耐摩擦色牢度测试？

　　2. GB/T 3920 与 AATCC 116 在耐摩擦色牢度测试时有哪些异同？

（一）中国国家标准及 ISO 标准

1. 试验标准

GB/T 29865（耐摩擦色牢度小面积法）

ISO 105-X12（耐摩擦色牢度）

2. 适用范围

GB/T 29865 规定了纺织品耐摩擦色牢度的试验方法，其被测试面积小于 GB/T 3920 的试验面积，包括两种试验，一种使用干摩擦布，另一种使用湿摩擦布。

3. 试验方法与原理

将纺织试样分别与一块干摩擦布和一块湿摩擦布作旋转式摩擦，用沾色用灰色样卡评定摩擦布沾色程度。该方法专用于小面积印花或染色的纺织品耐摩擦色牢度试验。

视频 11-7
耐摩擦色
牢度小面
积法

4. 检测仪器与材料

（1）耐摩擦色牢度试验仪（图 11-4）：摩擦头直径为（25±0.1）mm，作正反方向交替旋转运动，向下施加的压力为（11.1±0.5）N，旋转角度为（405±3）°。

（2）摩擦布：符合 GB/T 7568.2 中规定的棉标准贴衬织物，剪取边长为（50±2）mm 的正方形。

（3）耐水细砂纸，或不锈钢丝直径为 1 mm、网孔宽约为 20 mm 的金属网。

（4）评定沾色用灰色样卡，符合 GB/T 251 或 ISO 105-A03。

图 11-4　旋转式摩擦仪

5. 试样准备

取 2 块试样，分别用于干摩擦试验和湿摩擦试验。

（1）对于织物样品，需准备尺寸不小于 25 mm×25 mm 的试样。

（2）对于纱线样品，将其编织成织物，所取试样尺寸不小于 25 mm×25 mm，或将纱线平行缠绕在适宜尺寸的纸板上，并使纱线在纸板上均匀地铺成一层。

（3）在试验前,将试样和摩擦布放置在 GB/T 6529 规定的标准大气下进行调湿。

6. 步骤

（1）干摩擦:将调湿后的摩擦布平整地固定在摩擦头上,使垂直加压杆作正向和反向转动摩擦共 40 次,摩擦 20 个循环,转速为每秒 1 个循环。取下摩擦布。

（2）湿摩擦:称量调湿后的摩擦布,将其完全浸入蒸馏水中,取出并去除多余水分后,重新称量,使摩擦布的含水率为 95%～100%,然后用与干摩擦一样的方法进行操作。

（3）干燥:将湿摩擦布晾干。

7. 评定

（1）去除摩擦布表面上可能影响评级的多余纤维。

（2）评定时,在每个被评摩擦布的背面放置三层摩擦布。

（3）在适宜的光源下,用评定沾色用灰色样卡评定摩擦布的沾色级数。

注:旋转摩擦试验仪通常会使摩擦布沾色部位的边缘比中心部位沾色严重,可能导致评定摩擦布沾色级数困难。

（二）AATCC 标准

1. 试验标准

AATCC 116(旋转垂直摩擦仪法)

2. 适用范围

按照测试标准,可做干摩擦和湿摩擦两个试验,适用于各种类型的染色或印花的纺织品,尤其适用于面积太小而无法依据 AATCC 8 进行测试的织物。

3. 检测原理

将纺织试样分别与一块干摩擦布和一块湿摩擦布作旋转式摩擦,用 AATCC 沾色灰色样卡或彩色样卡评定摩擦布的沾色等级。

4. 检测仪器与材料

（1）垂直旋转摩擦牢度仪。

（2）棉摩擦布:标准摩擦布,尺寸为(50±1)mm×(50±1)mm。

（3）AATCC 彩色沾色样卡、沾色灰卡、白色 AATCC 吸水纸等。

5. 测试程序与操作

（1）样品准备:取 2 块试样,分别用于干摩擦试验和湿摩擦试验。对于织物样品,需准备尺寸不小于 25 mm×25 mm 的试样。调湿的要求是温度为(21±1)℃、相对湿度为(65±5)%,至少 4 h。

（2）测试程序:

① 干摩擦测试过程:将调湿后的摩擦布平整地固定在摩擦头上,使垂直加压杆作正向和反向转动摩擦共 40 次,摩擦 20 个循环,转速为每秒 1 个循环。取下摩擦布。

② 湿摩擦测试的含水率控制在(65±5)%,然后用与干摩擦一样的方法进行操作,试验后将摩擦布晾干。

6. 结果评级

在 AATCC 116 标准评级时,在每个被评摩擦布的背面放置三层摩擦布。用沾色灰色样卡或 AATCC 彩色沾色样卡的平均评级结果,精确到 0.1 级,注明在评定沾色时所用沾色灰色样卡或 AATCC 彩色沾色样卡的类别。

三、小结(表 11-10)

表 11-10 耐摩擦色牢度不同标准比较

标准 项目	GB/T 3920	GB/T 29865	AATCC 8	AATCC 116
试样尺寸(mm)	不小于 50×140	正方形,边长不小于 25	不小于 50×130	正方形,边长不小于 25
摩擦头(mm)	圆形（非绒类）：$\phi16\pm0.1$ 矩形（绒类）：19×25.4	圆形:$\phi25\pm0.1$	圆形 $\phi16\pm0.1$	圆形 $\phi16\pm0.1$
摩擦头垂直压力(N)	9 ± 0.2	11.1 ± 0.5	9 ± 0.9	11.1 ± 1.1
摩擦动程(mm)	104 ± 3	无	104 ± 3	无
摩擦布尺寸(mm)	非绒（50±2）×（50±2） 绒类（25±2）×（100±2）	（50±2）×（50±2）	（50±1）×（50±1）	（50±1）×（50±1）
摩擦次数	10 s 内摩擦 10 次	摩擦共 40 次,20 个循环	10 s 内摩擦 10 次	摩擦共 40 次,20 个循环
湿摩擦布含水率(%)	95～100	95～100	65 ± 5	65 ± 5
试样数量	一经一纬干摩擦 一经一纬湿摩擦	一干一湿	一干一湿	一干一湿
运动方向	摩擦布长边与运动方向一致	固定点转动	摩擦布长边与运动方向一致	固定点转动
评级工具	GB/T 251 沾色灰卡	GB/T 251 沾色灰卡	AATCC 沾色灰卡或彩卡	AATCC 沾色灰卡或彩卡

任务三 纺织品耐汗渍色牢度检测

纺织品在加工和使用过程中经常要受到许多试剂的影响,如水、汗渍等。为评价纺织品的颜色对这些复杂作用的抵抗力,国家相应制定了耐水色牢度、耐海水色牢度、耐汗渍色牢度、耐唾液色牢度的测试标准。这些标准通过纺织品自身颜色变色和贴衬织物的沾色程度来反映纺织品相应色牢度质量的优劣,是评价纺织品染色牢度的重要指标。本节讲述耐汗渍色牢度检测。

人的汗液是由复杂的成分组成的,其主要成分为盐,酸碱性因人而异。纺织品短暂地与汗液接触对色牢度可能影响不大,但长时间且紧贴着皮肤与汗液接触,对某些染料就会产生很大的影响。纺织染料有的不耐酸性,有的不耐碱性,耐汗渍色牢度试验就是用不同酸碱度的人造汗液,模拟出汗时的情况对纺织品进行的,主要用于与皮肤接触的纺织品。

想一想

1. 纺织品耐汗渍色牢度需测试哪些指标?
2. ISO 105-E04 与 AATCC 15 规定的仿汗液成分有哪些差别?
3. GB/T 3922 与 AATCC 15 在测试仪器及测试条件上有何异同?

一、中国国家检测标准和 ISO 标准

(一) 试验标准

GB/T 3922(耐汗渍色牢度)

ISO 105-E04(耐汗渍色牢度)

(二) 适用范围

适用于各种纺织品。

(三) 试验方法与原理

将纺织品试样与标准贴衬织物缝合在一起,置于含有组氨酸的酸性、碱性两种试液中分别处理,去除试液后,放在试验装置中的两块平板间,使之受到规定的压强。再分别干燥试样和贴衬织物。用灰色样卡或仪器评定试样的变色和贴衬织物的沾色。

(四) 检测仪器与材料

1. 试验设备

(1) 不锈钢架;重锤(质量约 5 kg);玻璃板或丙烯酸树脂板(60 mm×115 mm×1.5 mm)。

(2) 烘箱:温度保持在(37±2)℃。

2. 人造汗液配方(表 11-11)

视频 11-8
耐汗渍色
牢度测试

表 11-11　人造汗液配方

试　剂	碱性汗液用量 (g/L)	酸性汗液用量 (g/L)
L-组氨酸盐酸盐一水合物($C_6H_9O_2N_3 \cdot HCl \cdot H_2O$)	0.5	0.5
氯化钠(NaCl)	5.0	5.0
磷酸二氢钠二水合物($NaH_2PO_4 \cdot 2H_2O$)	—	2.2
磷酸氢二钠十二水合物($Na_2HPO_4 \cdot 12H_2O$)或 磷酸氢二钠二水合物($Na_2HPO_4 \cdot 2H_2O$)	5 或 2.5	—

所用试剂为化学纯,用符合 GB/T 6682 的三级水配制试液,现配现用。

3. 试验材料

(1) 贴衬布:多纤维贴衬和单纤维贴衬织物任选其一。①一块多纤维贴衬,符合 GB/T 7568.7 或 ISO 105-F10。②两块单纤维贴衬织物,符合 GB/T 7568.1~GB/T 7568.6、GB/T 13765 或 ISO 105-F01~ISO 105-F07。第一块贴衬应由试样的同类纤维制成,第二块贴衬由表 11-12 规定的纤维制成。如试样为混纺或交织品,则第一块贴衬由主要含量的纤维制成,第二块贴衬由次要含量的纤维制成,也可另作规定。③一块染不上色的织物(如聚丙烯纤维织物),需要时使用。

表 11-12 单纤维贴衬织物选择

第一块	第二块
棉	羊毛
羊毛	棉
丝	棉
麻	羊毛
黏胶纤维	羊毛
聚酰胺纤维	羊毛或棉
聚酯纤维	羊毛或棉
聚丙烯腈纤维	羊毛或棉

(2) 其他材料:评定变色用灰色样卡(GB/T 250 或 ISO 105-A02)、评定沾色用灰色样卡(GB/T 251 或 ISO 105-A03)、分光光度测色仪或色度计、一套 11 块的玻璃或丙烯酸树脂板、耐腐蚀平底容器、天平(精确至 0.01 g)、三级水(符合 GB/T 6682)、pH 计(精确至 0.1)。

(五) 试样准备

(1) 取 (100 ± 2) mm $\times (40\pm2)$ mm 试样 1 块。

(2) 组合试样制备方法按试样制备的一般原则执行。

(3) 测定组合试样的质量,单位为 g,以便于精确浴比。

(六) 试验步骤

1. 浸泡

将一块组合试样平放在平底容器内,注入碱性试液使之完全润湿,试液 pH 值为 8.0 ± 0.2,浴比约为 50:1。在室温下放置 30 min,不时撤压和拨动,以保证试液充分且均匀地渗透到试样中。倒去残液,用两根玻璃棒夹去组合试样上过多的试液。

采用相同的程序,将另一组合试样置于 pH 值为 5.5 ± 0.2 的酸性试液中浸湿,然后放入另一个已预热的试验装置中进行试验。

2. 试验

(1) 将组合试样放在两块玻璃板或丙烯酸树脂板之间,然后放入已预热到试验温度的试验装置中,使其所受名义压强为 (12.5 ± 0.9) kPa。

注:每台试验装置最多可同时放置 10 块组合试样进行试验,每块试样间用一块板隔开(共 11 块)。如少于 10 个试样,仍使用 11 块板,以保持名义压强不变。

(2)把带有组合试样的试验装置放入恒温箱内,在(37±2)℃下保持 4 h。根据所用试验装置类型,将组合试样呈水平状态(图 11-5)或垂直状态(图 11-6)放置。

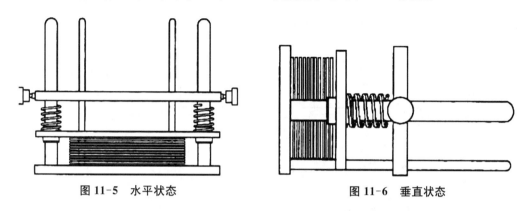

图 11-5　水平状态　　　　　　　　　　图 11-6　垂直状态

3. 干燥

取出带有组合试样的试验装置,展开每个组合试样,使试样和贴衬间仅由一条缝线连接(需要时,拆去除一短边外的所有缝线),悬挂在不超过 60 ℃的空气中干燥。

(七)试验结果

用灰色样卡或仪器评定每块试样的变色和贴衬织物的沾色。

对许多使用含铜直接染料染色的或经铜盐后处理的纤维素纤维,特定试验和自然出汗会引起铜从染色织物上转移。这可能会引起耐光、耐汗渍或耐洗涤色牢度的显著改变,建议评级时考虑这种可能性。

二、国外检测标准

(一)试验标准

AATCC 15(耐汗色牢度)

(二)适用范围

适用于各种印染纺织品的耐汗渍色牢度试验。

(三)测试原理

纺织品试样与规定的贴衬织物贴合成为组合试样,浸入试液中处理,然后去除试液,置于试验装置的两块平板中间,承受规定压力,在指定温度下放置一段时间。干燥试样和贴衬织物,评定试样的变色和贴衬织物的沾色。

(四)设备与材料

1. 试验设备

(1)耐汗渍色牢度测试仪器(水平式和垂直式两种),配有玻璃或丙烯酸树脂夹板。

(2)烘箱:对流式烘箱。

2. 人造汗液配方（表 11-13）

使用的试液只有酸性一种，规定试液储存不能超过三天。

表 11-13 AATCC 15 规定人造汗液配方

试　剂	用量(g/L)
L-组氨酸盐酸盐一水合物($C_6H_9N_3O_2 \cdot HCl \cdot H_2O$)	0.25 ± 0.001
氯化钠(NaCl)	10 ± 0.01
无水磷酸氢二钠	1 ± 0.01
乳酸,USP85%	1 ± 0.01

注:汗液 pH 值范围为 4.3 ± 0.2。

3. 贴衬织物

AATCC 的多纤维贴衬织物（1 号或 10 号）。

4. 其他用具

样卡；天平；pH 计；轧液机；吸水纸等。

（五）样品准备

AATCC 15 规定试样的尺寸为 $(60\pm2)mm\times(60\pm2)mm$，每块试样加上一块同样大小的多纤维贴衬织物，如果染色织物里的纤维没有出现在多纤维测试织物上，测试中也应加入一块没有染色的与试样同一纤维的原材料。

（六）试验程序

把测试样品放入刚准备好的溶液中，使其完全浸润后，取出试样，去除组合试样上的过多试液，再将组合试样夹在两块板中间使其承受一定的压力，再放入烘箱中。

规定试样在测试液中的放置时间为 $(30\pm2)min$，可由轧液机协助使试样完全浸透，试样湿重是原来干重的 (2.25 ± 0.05) 倍，同一试验装置试样数量不限。加上重锤，使试样负重 4.54 kg。烘箱温度为 $(38\pm1)℃$，放置 6 h ±5 min。取出、拆开，在温度为 $(21\pm1)℃$ 和相对湿度为 $(65\pm5)%$ 的条件中放置过夜干燥。

（七）结果评级

使用各自的样卡评级系统，用灰色样卡或仪器法评定试样的变色和贴衬织物的沾色。

（八）记录与报告

(1) 试样的变色级数。

(2) 如用多纤维贴衬织物，其类型和每种纤维的沾色级数。

(3) 沾色评级使用的样卡种类。

三、小结（表 11-14）

表 11-14 耐汗渍色牢度测试标准主要差异对比

项目	GB/T 3922 和 ISO 105-E04	AATCC 15
试样尺寸 (mm)	$(40\pm2)\times(100\pm2)$	$(60\pm2)\times(60\pm2)$

项目	GB/T 3922 和 ISO 105-E04			AATCC 15	
	试剂	碱汗	酸汗	试剂	酸汗
人工汗液组成	L-组氨酸盐酸盐一水合物 ($C_6H_9O_2N_3 \cdot HCl \cdot H_2O$)	0.5	0.5	L-组氨酸盐酸盐一水合物 ($C_6H_9N_3O_2 \cdot HCl \cdot H_2O$)	0.25 ± 0.001
	氯化钠(NaCl)	5	5	氯化钠(NaCl)	10 ± 0.01
	磷酸二氢钠二水合物 ($NaH_2PO_4 \cdot 2H_2O$)	—	2.2	无水磷酸氢二钠	1 ± 0.01
	磷酸氢二钠十二水合物 ($Na_2HPO_4 \cdot 12H_2O$)或	5 或	—	乳酸,USP85%	1 ± 0.01
	磷酸氢二钠二水合物 ($Na_2HPO_4 \cdot 2H_2O$)	2.5	—		
汗液用量	浴比 1:50			在 $\phi90$ mm,深为 20 mm 的培养皿加液至 15 mm	
试样带液量	未规定			原重的(2.25±0.05)倍	
仪器参数	重锤 5 kg,总压强(12.5±0.9)kPa,夹板总数 11 块			重锤 3.63 kg,试样负重 4.54 kg,夹板总数 21 块	
试验参数	温度(37±2)℃,保温 4 h			温度(38±1)℃,保温 6 h±5 min	
干燥	展开每个组合试样,使试样和贴衬间仅由一条缝线连接(需要时,拆去除一短边外的所有缝线),悬挂在不超过 60 ℃ 的空气中干燥			取出、拆开,分别放在金属网上,在温度为(21±1)℃和相对湿度为(65±5)%的条件中放置过夜干燥	

任务四　纺织品耐日晒色牢度检测

耐光色牢度是指染色织物在日光、人造光等光源照射下保持原来色泽的能力,也称为耐光色牢度。染色织物在光的照射下,染料吸收光能,能级提高,分子处于激化状态,染料分子的发色体系发生变化或遭到破坏,导致染料分解而发生变色或褪色现象。耐日晒色牢度(光色牢度)检测方法有日光试验法、氙弧灯试验法和室外曝晒试验法三种。在实际工作中一般采用后两种方法。后两种方法使用的是人造光源,其光谱虽接近日光,但与日光的光谱还是存在着一定的差异,并且各种光源的光谱也有一定的区别,因而测试结果会受到影响。在遇到争议时,仍以日光试验法为准。

一、试验标准

GB/T 8427(耐人造光色牢度:氙弧)

二、适用范围

本方法规定了一种测定各类纺织品的颜色耐相当于日光(D65)的人造光作用色牢度的方法。本标准亦可用于白色(漂白或荧光增白)纺织品。

三、试验方法与原理

纺织品试样与一组蓝色羊毛标样一起在人造光源下按规定条件曝晒,然后将试样与蓝色羊毛标样进行变色对比,从而评定其色牢度。

四、检测仪器与材料

(1) 试验设备:耐光色牢度测试仪(氙弧灯);评级用标准光源箱。
(2) 试验材料:变色灰色样卡、蓝色羊毛标样及待测纺织品试样等。

五、试样准备

(1) 试样尺寸按试样数量和设备试样夹的形状和尺寸而定。
(2) 织物试样应紧附于白纸卡上;纱线试样则应紧密卷绕于白纸卡或平行排列固定于白纸卡上;散纤维试样则梳压整理成均匀薄层固定于白纸卡上。每一曝晒和未曝晒面积不应小于 10 mm×8 mm。
(3) 遮盖物应与试样和蓝色羊毛标样的未曝晒面紧密接触,使曝晒和未曝晒部分之间界限分明,但不应压得太紧。
(4) 试样的尺寸和形状应与蓝色羊毛标样相同,以免对曝晒与未曝晒部分目测评级时,面积较大的试样对照面积较小的蓝色羊毛标样会出现评定较大的偏差。
(5) 对于具有绒面结构的较厚纺织品,小面积不易评定,则曝晒面积应不小于 50 mm×40 mm,最好为更大面积。

六、试验方法的选择

1. 方法一

本方法相对精确,宜在评级有争议时采用。这种方法的特点是通过检查试样来控制曝晒周期,故每个试样需配备一套蓝色羊毛标样。本方法特别适合于测定耐光色牢度性能未知的试样。

将试样和蓝色羊毛标样按图 11-7 所示排列在白纸卡上。用遮盖物 ABCD 遮盖试验卡中间的三分之一。不必将蓝色羊毛标样和试样放在同一个试验卡上,但试验卡应放在合适的试样夹内。

将装好的试验卡在表 11-15 中选定的条件下曝晒。不时提起遮盖物,检查试样的曝晒效果。

表 11-15　曝晒条件

项目	曝晒循环 A1	曝晒循环 A2	曝晒循环 A3	曝晒循环 B
条件	通常条件	低湿极限条件	高湿极限条件	
对应气候条件	温带	干旱	亚热带	
蓝色羊毛标样		1~8		L2~L9
黑标温度[b]	(47±3)℃	(62±3)℃	(42±3)℃	(65±3)℃

黑板温度[b]	(45±3)℃	(60±3)℃	(40±3)℃	(63±3)℃
有效湿度[c]	大约40%有效湿度（注：当蓝色羊毛标样5的变色达到灰色样卡4级时，可实现该有效湿度）	低于15%有效湿度（注：当蓝色羊毛标样6的变色达到灰色样卡3-4级时，可实现该有效湿度）	大约85%有效湿度（注：当蓝色羊毛标样3的变色达到灰色样卡4级时，可实现该有效湿度）	低湿（湿度控制标样的色牢度为L6～L7）
仓内相对湿度	符合有效湿度要求			(30±5)%
辐照度[d]	当辐期度可控时，辐照度应控制为(42±2)W/m² (波长在300～400 nm)或(1.10±0.02 W/(m²·nm)(波长在420 nm)			

a. 该试验条件的仓内空气温度为(40±2)℃。
b. 由于试验仓空气温度与黑标温度和黑板温度不同，所以不宜采用试验仓空气温度控制。
c. 当曝晒的湿度控制标样变色达到灰色样卡4级时，评定蓝色羊毛标样的变色，据此确定有效湿度。
d. 宽波段(300～400 nm)和窄波段(420 nm)的辐照度控制值基于通常设置，但不表明在所有类型设备中均等效，咨询设备制造商其他控制波段的等效辐照度。

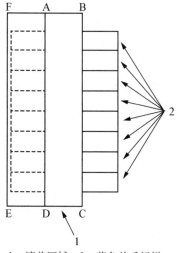

1—遮盖区域；2—蓝色羊毛标样

图 11-7　方法一装样图

继续曝晒，直到试样的曝晒和未曝晒部分的色差等于灰色样卡4级（第一阶段）。从试验仓中取出试验卡。对于白色（漂白或荧光增白）试样即可终止曝晒，并评定其耐光色牢度。

对于其他试样，用另外一个遮盖物FBCE（见图11-7）遮盖试样和蓝色羊毛标样，继续曝晒试验卡的右三分之一。将试验卡继续曝晒，直到试样的曝晒和未曝晒部分的色差等于灰色样卡3级（第二阶段）。

如果蓝色羊毛标样7的变色比试样先达到灰色样卡4级，此时曝晒即可终止。这是因为如果当试样具有等于或高于7级耐光色牢度时，则需要很长时间的曝晒才能达到灰色样卡3级的色差。再者，当耐光色牢度为8级时，这样的色差就不可能测得。当蓝色羊毛标样7产生的色差等于灰色样卡4级时，即可在蓝色羊毛标样7～8级的范围内评级，因为，为达到这个色差所需时间，已足以消除由于不适当曝晒可能产生的任何误差。

2. 方法二

本方法适用于大量试样同时测试。其特点是通过检查蓝色羊毛标样来控制曝晒周期，本方法特别适合染料行业。

如图11-8所示，用遮盖物ABCD遮盖试样和蓝色羊毛标样最左边的四分之一的部分。将装好的试验卡在表11-16中选定的条件下曝晒。不时提起遮盖物ABCD检查蓝色羊毛标样的曝晒效果。当蓝色羊毛标样2的变色达到灰色样卡3级的变色达到灰色样卡4级时，对照在蓝色羊毛标样1、2、3上所呈现的变色情况，评定试样的耐光色牢度。这是耐光色牢度的初评。

将遮盖物 ABCD 重新准确地放在原先位置,继续曝晒,直到蓝色羊毛标样 4 的变色达到灰色样卡 4 级时(第一阶段)。这时再按图 11-8 所示用另外一个遮盖物 AEFD 遮盖试样和蓝色羊毛标样。

继续曝晒,直到蓝色羊毛标样 6 的曝晒部分 EGHF 与未曝晒部分 ABCD 的色差等于灰色样卡 4 级(第二阶段)。用另外一个遮盖物 AGHD 遮盖试样和蓝色羊毛标样(图 11-8)。

继续曝晒,直到所列任意一种情况出现为止(第三阶段):①蓝色羊毛标样 7 的曝晒与未曝晒部分的色差等于灰色样卡 4 级;②最耐光试样曝晒与未曝晒部分的色差等于灰色样卡 3 级;③对于白色纺织品(漂白或荧光增白)最耐光试样的曝晒与未曝晒部分的色差等于灰色样卡 4 级。

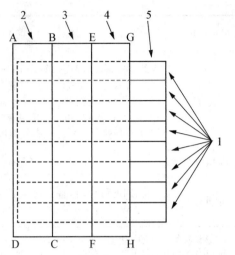

1—蓝色羊毛标样1~8或L2~L9和/或试样;2—未曝晒;
3—第一阶段;4—第二阶段;5—第三阶段

图 11-8　方法二装样

3. 方法三

本方法与方法一相似,但其适用于核对与某种性能要求是否一致。其特点是通过检查目标蓝色羊毛标样来控制曝晒周期。该方法允许多个试样与少数蓝色羊毛标样一起曝晒,通常为目标蓝色羊毛标样以及比目标蓝色羊毛标样低一级和低两级的蓝色羊毛标样。这样做可以对不符合所需性能要求的试样的耐光色牢度级数进一步量化。

将一个或多个试样和相关蓝色羊毛标样按图 11-9 所示排列。蓝色羊毛标样应限定为目标蓝色羊毛标准以及比目标蓝色羊毛标样低一级和低两级的蓝色羊毛标样。用遮盖物 ABCD 遮盖试验卡中间的三分之一。移开原遮盖物,并用另外一个遮盖物遮盖 FBCE 区域(图 11-9),仅曝晒试验卡的右边三分之一部分。将试验卡放回试验仓内继续曝晒直到目标蓝色羊毛标样曝晒和未曝晒部分的色差达到灰色样卡 3 级(第二阶段)。

4. 方法四

本方法与方法一类似,但其适用于测试是否符合商定参比样。其特点是通过检查商定参比样来控制曝晒周期。允许试样只与参比样一起曝晒,不使用蓝色羊毛标样。本方法特别适合于质量控制。允许将许多试样与同一个参比样比较。

将一个或多个试样与相关参比样一起按图 11-10 所示排列在白纸卡上。用遮盖物 ABCD 遮盖试验卡中间三分之一的部分。将试验卡放入试验仓中,在选定的表 11-16 中的曝晒条件下进行曝晒,直到商定参比样的未曝晒和曝晒部分的色差达到灰色样卡 4 级。对于白色纺织品(漂白或荧光增白)至此阶段时即可终止曝晒,并按规定评级。移开原遮盖物,并用另外一个遮盖物遮盖 FBCE 区域(图 11-10),仅曝晒试验卡的右边三分之一的部分。将试验卡放回试验仓内继续曝晒,直到参比样曝晒和未曝晒部分的色差达到灰色样卡 3 级。

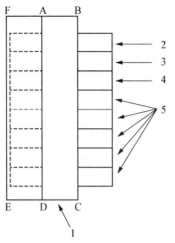

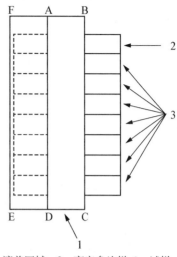

1—遮盖区域；2—蓝色羊毛标样(*n*-2)；3—蓝色羊毛标样(*n*-1)；
4—目标蓝色羊毛标样(*n*)；5—试样

图 11-9　方法三装样

1—遮盖区域；2—商定参比样；3—试样

图 11-10　方法四装样

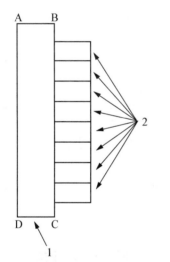

:

1—遮盖区域；2—试样和/或蓝色羊毛标样(如果适用)

图 11-11　方法五装样

5. 方法五

本方法适用于核对是否符合认可的辐照量。可单独将试样曝晒。也可与蓝色羊毛标样一起曝晒，直到达到规定辐照量为止。将一个或多个试样与蓝色羊毛标样 1 按图 11-11 所示排列，用遮盖物 ABCD 遮盖试验卡二分之一的部分。

根据制造商说明书设置仪器，使其达到规定的辐照度水平。将装好的试验卡进行曝晒，直到达到规定辐照量(通常用焦耳表示)。

七、试验结果评定

试样的耐光色牢度为显示相似变色(试样曝晒和未曝晒部分间的目测色差)的蓝色羊毛标样的号数。如果试样所显示的变色在两个相邻蓝色羊毛标样的中间，而不是接近的两个相邻蓝色标样中的一个，应评判为中间级数，如 4-5 级等。如果试样颜色比蓝色羊毛标样 1 更易褪色，则评为 1 级；如果不同阶段的色差得出了不同的评定等级，可取其算术平均值作为试样耐光色牢度，以最接近的半级或整级表示。当级数的算术平均值不是半级或整级时，则评定结果应取其邻近的高半级或整级。如果试样颜色比蓝色羊毛标样 1 更易褪色，则评为 1 级。

八、注意事项

(1) 在评定耐光色牢度前，将试样放在暗处，室温条件下平衡 24 h。以防止光致变色引起的耐光色牢度的评价误差。

（2）若测试白色（漂白或荧光增白）纺织品时，应将试样的白度变化与蓝色羊毛标样对比，从而来评定色牢度。

任务五　纺织品耐光、汗复合色牢度检测

辫一辫

> 1. 什么是纺织品耐光、汗复合色牢度检测？耐光、汗复合色牢度需测试哪些指标？
> 2. GB/T 14576 规定的测试液分为哪几种？与 GB/T 3922 规定的测试液有什么不同？
> 3. GB/T 14576 与 AATCC 125 在测试纺织品耐光、汗复合色牢度时有哪些异同？
> 4. AATCC 125 中耐光、汗复合色牢度的结果评定要点是什么？
>
> 耐光、汗复合色牢度是纺织品的颜色对它在服用过程中承受人体汗液和日光共同作用的抵抗力。

一、中国国家检测标准及 ISO 标准

（一）试验标准

GB/T 14576（耐光、汗复合色牢度）

ISO 105-B07（人造汗浸湿的织物的耐光色牢度）

视频 11-9
耐光、汗
复合色牢
度测试

（二）适用范围

本方法是一种测定在人工汗液作用下纺织品试样耐人造光作用色牢度的检测方法。本方法适用于各种纺织品。

（三）试验方法与原理

将经过人工汗液处理后的试样与 4 级蓝色羊毛标样同时放在耐光试验机中，并在规定条件下曝晒。当 4 级蓝色羊毛标样的褪色达到评定变色用灰色样卡的 4~5 级时，取出试样并清洗，干燥后用灰色样卡或仪器评定其变色级数。

（四）检测仪器与材料

1. 试验设备

天平（精度 0.01 g）；pH 计（精确到 0.01）；分光光度计或色差计（符合 FZ/T 01024 的规定）；耐光试验机（符合 GB/T 8427 或 FZ/T 01096 的规定）；防水白板（不含荧光增白）。

2. 试验材料

（1）人造汗液：酸性汗液 1 同 AATCC 15 成分和用量；酸性汗液 2 同 GB/T 3922 成分和用量；碱性汗液同 GB/T 3922 成分和用量。

（2）蓝色羊毛标样：符合 GB/T 730 或 ISO 105-B08 的规定。

（3）评定变色用灰色样卡：符合 GB/T 250 或 ISO 105-A02 的规定。

（4）三级水：符合 GB/T 6682 或 ISO 3696 的规定。

（五）试样准备

GB/T 14576 规定试样尺寸取决于试样数量及所用耐光试验机试样架的形状和尺寸，保证曝晒面积不小于 45 mm×10 mm；ISO 105-B07 规定试样尺寸要保证曝晒面积不小于 40 mm×10 mm。称取试样质量，精确至 0.01 g。

（六）试验步骤

1. 浸泡汗液

将试样放入汗渍盒里，加入 50 mL 新配制的汗液（所用汗液的种类由有关各方协商确定）。将试样完全浸没于汗液中，室温下浸泡约（30±2）min，期间应对试样稍加揿压和搅动，以保证试样完全润湿。从汗液中取出试样，去除试样上多余的汗液，称取试样的质量，使其带液率为（100±5）%。

2. 曝晒

将浸泡过汗液的试样固定在防水白板上，不遮盖试样。把 4 级蓝色羊毛标样固定在另一块白板上，注意不要被汗液浸湿，用二分之一挡板进行遮盖。将固定好试样和蓝色羊毛标样的试样架置于耐光试验机的曝晒仓内，按照 GB/T 8427 中规定的欧洲温带曝晒条件（中等有效湿度，湿度控制标样 5 级，最高黑标温度 50 ℃）进行曝晒。连续曝晒，直到 4 级蓝色羊毛标样的变色达到灰卡 4-5 级，曝晒即可终止，由于此曝晒终点直接关系到试样耐光、汗复合色牢度的试验结果，所以试验过程中需要特别注意此曝晒终点的控制。

（七）试验结果

取出试样，用室温的三级水清洗 1 min，然后悬挂在不超过 60 ℃ 的空气中晾干。待试样干燥后，将试后样与原样进行对比，用灰色样卡或仪器评定其变色级数。

二、AATCC 标准

（一）检测标准

AATCC 125（耐光汗复合色牢度）

（二）适用范围

AATCC 125 规定了在人工汗液作用下纺织品耐光的作用的测试方法，适用于各种纺织品。

（三）试验方法与原理

将试样（未处理或用人工汗液进行处理）与一组蓝色羊毛标样一起在规定的条件下进行人造光曝晒，然后将试样与蓝色羊毛标样进行变色比较，评定色牢度。

（四）检测仪器与材料

（1）仪器：耐光色牢度试验机（与耐日光色牢度测试设备要求相同）；烘箱（对流风）；天平（精确至±0.01 g）；pH 计（精确至±0.01）；纸板［41 kg，白色，Bristol index（有色试样的区域无需背衬材料）］。

（2）材料。①可以使用两组蓝色羊毛标样，即欧洲研制生产的蓝色羊毛标样 1～8 和美国研制生产的蓝色羊毛标样 L2～L9。较高编号的蓝色羊毛标样的耐光色牢度比前一编号约高一倍。两组蓝色羊毛标样的褪色性能可能不同,所得的结果不可互换。②温度控制标样用红色偶氮染料染色的棉织物,需要定期校准,耐光色牢度为 5 级。③试剂参照 AATCC 15,注意使用的汗渍溶液不能超过 3 天。

(五) 试样准备

耐光、汗复合色牢度试样尺寸为 51 mm × 70 mm。

(六) 试验步骤

(1) 称量试样,允差为 ±0.01 g。将每个试样放入直径为 9 cm、高度为 2 cm 的培养皿中,加入新配制的汗渍溶液至 1.5 cm。试样在汗渍液中浸泡 30 min ± 2 min,偶尔搅动挤压,使其完全浸湿。对于不易润湿的试样,可反复将润湿的试样使用实验室小轧车浸轧,直到试样被汗渍溶液完全浸透。

(2) 从汗液中取出试样,取出试样上多余的溶液,使其含液率为 (100 ± 5)%。将浸透的、无背衬的试样装在曝晒架上,或装在防水背衬和白纸板上。在耐光色牢度测试仪上曝晒试样至 20 AFUS。

(3) 曝晒后,取出试样。试验终点曝晒至 20 AFU(AATCC 蓝色羊毛标样 L4 的色差达到变色灰卡 4 级)。

知识扩展

美国 AATCC 标准中 AFU 是什么单位?

AFU 是一个能量单位,它是 AATCC FADING UNIT 的缩写,中文意思为"AATCC 褪色单位"。它的定义为:使蓝色羊毛标样 L4 褪色达到变色灰卡 4 级时所需曝晒能量的 1/20,即使蓝色羊毛标样 L4 褪色达到 4 级色变需要 20 AFU 的能量。使 L2~L9 达到 4 级色变的 AFU 和辐射能值见表 11-16。

表 11-16　AATCC 蓝色羊毛标样褪色单位(AFU)与辐射能值

AATCC 蓝色羊毛标样	AATCC 褪色单位(AFU)	氙灯能量[kJ/(m^2 · nm),420 nm]
L2	5	21
L3	10	43
L4	20	85
L5	40	170
L6	80	340
L7	160	680
L8	320	1 360
L9	640	2 720

（七）试验结果

（1）评定试样的颜色变化。

（2）变色程度可定量地测定,采用合适的、装有软件的比色计或分光光度计(见 AATCC EP 7)测定原样和试样之间的色差。

（3）按照 AATCC EP 1 通过目光评定试样的颜色变化。为了提高结果的精确性和准确性,评定试样的人员应至少为两人。

任务六　纺织品耐水浸/耐唾液/耐海水色牢度检测

想一想

1. 什么是耐唾液色牢度检测? 是否所有类型纺织面料都需要进行耐唾液色牢度检测?

2. 耐唾液色牢度需测试哪些指标? 如何制备测试液?

3. 待测试织物为聚酰胺织物时,耐海水色牢度和耐唾液色牢度的测试中,第二块单纤维贴衬布的选择有什么不同?

一、试验标准

GB/T 18886(耐唾液色牢度)

GB/T 5713(耐水浸色牢度)

GB/T 5714(耐海水色牢度)

二、适用范围

适用于各种纺织品。

三、试验方法与原理

为了测定纺织材料和纺织品的耐水浸色牢度、耐海水色牢度、耐唾液色牢度,可以将纺织品试样与规定的贴衬织物缝合在一起,放在不同试剂中,浸渍一定时间后,去除多余试液,放在试验装置内两块具有规定压力的平板之间,达到规定时间后干燥试样和贴衬织物,用灰色样卡评定试样的变色和贴衬织物的沾色。

四、检测仪器与材料

1. 试验设备

同 GB/T 3922 耐汗渍色牢度测试的设备。

2. 试验材料

（1）试液。不同试验方法采用的试液不同,耐水浸色牢度测试用三级水,耐海水色牢度测试用 30 g/L 的氯化钠溶液,耐唾液色牢度测试用人造唾液,具体配方见表 11-17。

表 11-17 GB/T 18886 规定的唾液配方

试剂	浓度(g/L)
六水合氯化镁	0.17
二水合氯化钙	0.15
三水合磷酸氢二钾	0.76
碳酸钾	0.53
氯化钠	0.33
氯化钾	0.75

（2）贴衬布：单纤维贴衬织物选择见表 11-18。

表 11-18 单纤维贴衬织物选择

第一块	第二块	
	耐水浸/耐海水色牢度试验	耐汗渍/耐唾液色牢度试验
棉	羊毛	
羊毛	棉	
丝	棉	
麻	羊毛	
黏胶纤维	羊毛	
聚酰胺纤维	羊毛或棉	羊毛或黏胶纤维
聚酯纤维	羊毛或棉	
聚丙烯腈纤维	羊毛或棉	

五、试样准备

同 GB/T 3922 耐汗渍色牢度测试中的试样准备。

六、试验步骤

组合试样在室温下置于相应试液中（耐水浸色牢度和耐海水色牢度无浴比规定,耐唾液色牢度规定浴比为 50∶1）,其他操作同 GB/T 3922。取出试样,去除组合试样上过多的试液,将试样夹在两块试样板中间,用同样的操作步骤放好其他组合试样,并使试样受压(12.5±0.9)kPa。带有组合试样的装置,放入(37±2)℃的烘箱中处理 4 h。取出试样,拆去所有缝线,展开试样并悬挂在温度不超过 60 ℃的空气中干燥。

七、试验结果

用灰色样卡评定试样的变色和贴衬织物的沾色。

任务七　纺织品潜在酚黄变的评估

一、试验标准

GB/T 29778(纺织品色牢度试验:潜在酚黄变的评估)

ISO 105-X18(纺织品色牢度试验:潜在酚黄变的评定)

二、适用范围

规定了评估纺织材料潜在酚黄变的方法,仅针对纺织材料产生酚黄变的情况,不涉及由于其他原因泛黄的情况。

三、试验方法与原理

将各试样和控制织物夹在含有2,6-二叔丁基-4-硝基苯酚的试纸中,置于玻璃板间并叠加在一起。用不含BHT(2,6-二叔丁基-4-甲基苯酚)的聚乙烯薄膜将其裹紧形成一个测试包,在规定的压力下,放入恒温箱或烘箱中一定时间。用评定沾色用灰色样卡评定试样的酚黄变级数,以此评估试样产生酚黄变的可能性。其中2,6-二叔丁基-4-硝基苯酚由BHT与氮的氧化物反应生成。

四、检测仪器与材料

1. 检测仪器

(1)玻璃板:尺寸为(100 ± 1)mm$\times(40\pm1)$mm$\times(3\pm0.5)$mm。

(2)恒温箱或烘箱:试验温度保持在(50 ± 3)℃。

(3)试验装置:由一副不锈钢架组成,配有质量为(5.0 ± 0.1)kg、底部尺寸至少为115 mm$\times$60 mm的重锤,它能与不锈钢架装配在一起。试验装置的结构应保证试验中移开重锤后试样所受压力不变。

2. 材料

(1)试纸:尺寸为(100 ± 2)mm$\times(75\pm2)$mm,20 ℃时单位面积质量为(88 ± 7)g/m^2,纤维素成分大于98%。经过浓度小于0.1%的2,6-二叔丁基-4-硝基苯酚的处理,用评定沾色用灰色样卡评级时,使控制织物的黄变级数等于或小于3级。每次试验需使用新的试纸。用可密封的铝箔包装,储存在阴凉干燥的环境或调湿的实验室中,开封后使用期限为6个月。

(2)控制织物:尺寸为(100 ± 2)mm$\times(30\pm2)$mm,白色聚酰胺纤维织物,按本方法试验后变黄。

(3)聚乙烯薄膜:不含BHT,厚度约为63 μm,尺寸最小为400 mm$\times$200 mm。

(4)评定沾色用灰色样卡:符合GB/T 251或ISO 105-A03标准。

五、试样准备

（1）选取能够代表样品的试样一块，或按相关方协商取样。织物尺寸为(100±2)mm×(30±2)mm。

（2）足量的纱线或散纤维，手工梳压成尺寸约为 100 mm×30 mm 的薄片。

六、试验步骤

（1）取 7 块玻璃板、最多 6 张试纸、最多 5 块试样以及 1 块控制织物，以准备测试包。

（2）将各试样和控制织物分别夹在沿长度方向对折的试纸中间，形成最多 6 份夹心组合试样，再分别置于两块玻璃板之间，各组合试样间均由 1 块玻璃板隔开，如图 11-12 所示。当被测试样少于 5 块时，仍需 7 块玻璃板和 1 块控制织物。

（3）将叠放好的一组玻璃板、试纸、试样和控制织物，用三层聚乙烯薄膜裹紧，再用胶带密封形成一个测试包。将测试包放在试验装置中，并施加(5.0±0.1)kg 的重锤，以使试样承受相应的压力。每个试验装置可同时放置 3 个测试包，彼此叠放在一起。将装有测试包的试验装置放在恒温箱或烘箱里，在(50±3)℃的温度下放置 16 h±15 min。

（4）从恒温箱或烘箱取出试验装置，再取下测试包，冷却，用于评定。

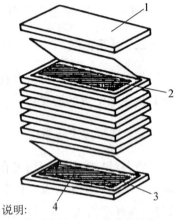

说明：
1—7块玻璃板；　3—1块控制织物；
2—5块试样；　　4—6张试纸

图 11-12　测试包组成

七、试验结果

（1）在打开测试包的 30 min 内完成对各试样的评定，这是由于某些纺织材料在试验过程中产生的色变与空气接触后可能很快发生改变。

（2）先用评定沾色用灰色样卡评定控制织物的泛黄程度，若黄变等于或小于 3 级，证明试验有效；若黄变大于 3 级，则取新的试样和控制织物重新试验。

（3）用评定沾色用灰色样卡（依据 GB/T 6151 描述的观察和照明条件）或仪器（依据 FZ/T 01023）评定试样的黄变级数。如果试样出现黄变不匀或有黄斑，建议重新试验。

任务八　纺织品耐氯化水(游泳池水)色牢度检测

想一想

1. 什么是纺织品耐氯化水(游泳池水)色牢度检测？它与纺织品耐氯漂色牢度检测有什么不同？

2. GB/T 8433 中需测试哪些指标？如何进行结果评定？

3. GB/T 8433 中测试液分为哪几种？分别适用于哪类产品的测试？如何配制测试液？

4. 请比较 ISO 105-E03 与 AATCC 162 中的测试液及测试条件有什么不同？

目前绝大多数的自来水都使用氯气和含氯化合物消毒，并且游泳池中含有较高浓度的。为评价泳衣、浴巾、毛巾等纺织品的颜色对氯化水作用的抵抗力，通过纺织品自身颜色变色程度来反映纺织品耐氯化水牢度质量的优劣，是纺织品性能评价的有效指标。

ISO 105-E03 中规定了三种氯化水浓度，用次氯酸钠溶液模拟游泳池水，并用硫代硫酸钠溶液滴定其浓度。只规定了一种浓度氯化水工作液，即工作液中除了次氯酸钠溶液外，还需要氯化钙和六水合氯化镁共同组成水硬度浓缩液。

一、中国国家检测标准及 ISO 标准

（一）试验标准

GB/T 8433［耐氯化水色牢度（游泳池水）］

ISO 105-E03［耐氯化水色牢度（游泳池水）］

（二）适用范围

适用于测试各类纺织品的颜色耐消毒游泳池水所用浓度的有效氯作用的方法。本标准规定了三种不同测试条件：有效氯浓度 50 mg/L 和 100 mg/L 用于游泳衣；有效氯浓度 20 mg/L 用于浴衣、毛巾等辅料。

（三）试验方法与原理

纺织品经一定浓度的有效氯溶液处理，然后干燥，评定试样变色。

（四）检测仪器与材料

1. 试验设备

与耐洗色牢度测试所用设备相同。

2. 试验材料

次氯酸钠，磷酸二氢钾，磷酸氢二钠二水合物/磷酸氢二钠十二水合物。

一定浓度有效氯溶液配制（现配现用）：溶液 1,20.2 mL/L 次氯酸钠；溶液 2,14.35 g/L 磷酸二氢钾；溶液 3,20.05 g/L 磷酸氢二钠二水合物或 40.35 g/L 磷酸氢十二钠二水合物。

将过量碘化钾和盐酸加至 25 mL 溶液 1 中，以淀粉作指示剂，用 $c(\mathrm{Na_2S_2O_3}) = 0.1$ mol/L 硫代硫酸钠溶液滴定游离碘。设所需硫代硫酸钠溶液为 V mL，则 pH 值为 7.50± 0.05 的每升工作液组成见表 11-19（使用前，用已校准的 pH 计校准 pH 值）。

表 11-19 工作液组成

组成		不同有效氯浓度工作液的用量		
		100 mg/L	50 mg/L	20 mg/L
溶液 1	20.2 mL/L 次氯酸钠	705/V mL	705/2V mL	705/5V mL
溶液 2	14.35 g/L 磷酸二氢钾	100 mL	100 mL	100 mL
溶液 3	20.05 g/L 磷酸氢二钠二水合物或 40.35 g/L 磷酸氢十二钠二水合物	500 mL	500 mL	500 mL
工作液配至		1 000 mL	1 000 mL	1 000 mL

3. 评定变色用灰色样卡

符合 GB/T 250 标准规定。

(五) 试样准备

若试样是织物,取(100±2)mm×(40±2)mm 试样一块;若试样是纱线,将它编织成织物,取(100±2)mm×(40±2)mm 试样一块,或制成平行长度 100 mm、直径 5 mm 的纱线束,两端扎紧;若试样是散纤维,则将其梳压成(100±2)mm×(40±2)mm 的薄层,称量后缝于一块聚酯纤维或聚丙烯纤维织物上以作支撑。浴比仅以纤维质量为基础计算。

(六) 试验步骤

每块试样在机械装置中试验,必须分开容器。将试样浸入次氯酸钠溶液中,浴比 100:1,确保试样完全浸透,关闭容器,在(27±2)℃温度下搅拌 1 h。取出试样,挤压或脱水,悬挂在室温柔光下干燥。

(七) 试验结果评定

用灰色样卡评定试样的变色。

二、AATCC 标准

(一) 检测标准

AATCC 162

(二) 适用范围

该标准适用于测试各类纺织品的颜色耐消毒游泳池水所用浓度的有效氯作用。

(三) 测试原理

纺织品试样在给定浓度的含氯溶液中处理,然后干燥,评定试样的变色。

(四) 设备与材料

1. 试验设备

指定 SGS 干洗及水洗机 6523,ATLAS 轧液机,测试控制织物 162,AATCC 评定变色用灰色样卡。

2. 测试试剂

家用次氯酸钠($NaClO$),有效氯含量约为 5%;无水氯化钙 $CaCl_2$;六水氯化镁($MgCl_2$ •

$6H_2O$)；硫酸（H_2SO_4，3 mol/L）；碘化钾 （KI，12%）；淀粉溶液（1%）；硫代硫酸钠（$Na_2S_2O_3$，0.05 mol/L）；碳酸钠；乙酸（CH_3COOH）；去离子水。

3. AATCC 162 标准检测液的配制

加入 800 mL 蒸馏水或去离子水到 1 L 的容量瓶中，边搅拌边加入 8.24 g 无水氯化钙、5.07 g 六水合氯化镁，用水将体积补充至 1 L，制成硬水溶液，可保留 30 天。再用蒸馏水或去离子水将 51 mL 硬水溶液稀释至 5 100 mL。加入 0.5 mL 保存不超过 60 天的次氯酸钠或等效物。用滴定法准确测量有效氯含量，精确至 5 mg/L。如果有必要，用碳酸钠或乙酸将溶液 pH 值调节至 7.0。

（五）样品准备

试样尺寸约为 60 mm×60 mm，总重为(5.0±0.25)g。如果试样不足 5.0 g，加入多块试样，使包括测试控制织物在内的总重为 5.0 g。不同颜色的试样可以混合。

（六）测试程序

将 5 000 mL 制备溶液加入测试机中，将温度调为 21 ℃。放入测试控制织物和试样，关闭机筒，运转 60 min。取出试样，用轧液机除去多余溶液，用蒸馏水或去离子水彻底冲洗。再次挤干，彻底干燥，在室温下用白纸擦干。

（七）结果评级

AATCC 162 标准用灰色样卡评定测试控制织物的变色，如果评级不等于 2-3 级或 3 级，则认为测试结果无效。如果分类等于 2-3 级或 3 级，则用灰色样卡评定试样的变色。

任务九　色　差　评　定

一、色差及其表示方法

1. 色差的含义

色差是指两个颜色在颜色知觉上的差异，它包括明度差、纯度差和色相差三方面。色差就是两个颜色在色度空间的直线距离。如果能够以两点的距离表示色差，就实现了数字表达。不同的颜色空间，计算两点之间的直线距离的方法也不相同。

2. 色差的量化

色差的量化有模糊量化与数字量化：模糊量化就是用色差级别（五级九档）量化。数字量化就是色差值和色差单位 NBS。1NBS 单位大约相当于视觉色差识别阈值的 5 倍。如果与孟塞尔系统中相邻两级的色差值比较，则 1NBS 单位约等于 0.1 孟塞尔明度值，0.15 孟塞尔彩度值，2.5 孟塞尔色相值（纯度为 1）；孟塞尔系统相邻两个色彩的差别约为 10NBS 单位。根据 CIELAB 色差公式，总色差 ΔE 与两个色样的亮度差 ΔL、红绿色度差 Δa 和黄蓝色度差 Δb 的关系是：

$$\Delta E = (\Delta L^2 + \Delta a^2 + \Delta b^2)^{1/2} \tag{11-1}$$

色差公式有很多种。根据习惯和色差测量的误差大小，目前使用较多的是 CIELAB 色差公式、CMC(2∶1)色差公式、JPC79 色差公式等。

二、人工评定色差

色差检验就是检验颜色之间的差别,通常是化验室确认样与客户来样之间的颜色差别,或生产大样与化验室确认样之间的颜色差别。颜色检验,都需要一定的检验条件,如检验光源的确定、检验场地的光线、检验工具的确定、样品尺寸的确定、对色方法的确定等等。人工检验颜色偏差,最终结果有时需经多人商议才可得出。当有人对人工检验结果提出异议时,可通过第三方检验或者借助计算机测色软件检验,以回复有关方面的质疑。颜色检验的目的是发现颜色之间的差别。这种差别既包括浓淡上的差别,也包括色光上的差别。

1. 检测光源

在测色、评定色差时,必须在客户指定的光源要求下进行。如果客户没有特别的说明,颜色的检验一般在 D_{65} 光源下进行。当客户有特殊要求时,在客户指定的光源下完成颜色检验。

颜色检验时,光源可由标准光源箱内的灯光提供。标准光源箱内一般有 D_{65} 光源、UV光源、CWF 光源和 TL_{84} 光源、A 光源等几种光源。每一种光源有不同的含义和作用。常用标准光源及其含义见表 11-20。

表 11-20　常用标准光源及其含义

光源	色温(K)	含　义
D_{65}	6 500	符合欧洲、太平洋周边地区视觉颜色标准,模拟平均北天空日光
TL_{84}	4 000	稀土商用荧光灯,在欧洲和太平洋周边地区用于商场和办公室照明
CWF	4 100	冷荧光、美国商业光源,典型的美国商场和办公室灯光,同色异谱测试
A 或 F	2 700	白炽灯光源,美国橱窗射灯,主要用于家庭照明和商场照明,同色异谱测试
D_{75}	7 500	符合美国视觉颜色标准,模拟北天空日光
TL_{83}	3 000	稀土商用荧光灯,在欧洲和太平洋周边地区用于商场和办公室照明
UV	紫外光	近紫外线不可视,用于检视增白剂效果、荧光染料等
U_{30}	3 000	美国商业荧光,用于商场照明

2. 色差评定的影响因素

(1) 光线:颜色检验时,检验环境的光线强度对检验结果有较大的影响。北半球用北空光照射,南半球用南空光照射,或用 600 lx 及以上等效光源。自然光的选择原则上要避免太阳光的直射。我国大部分地区在北回归线以北,所以采用北窗光线看色,但是我国在北回归线以南的地区在夏天注意要使用南窗光线看色。

(2) 背景:对色环境包括色样背景颜色和看色的周围环境颜色两个方面。背景颜色就是承载色样的台面颜色,理论上应该是无彩色,即黑色、白色、灰色(中性色),标准灯箱的背景色是亮度 L=20、孟塞尔色立体 N-5 的中性灰。

环境颜色是灯箱内壁的颜色。与背景颜色一致,另外,必须注意一些对环境颜色造成影响的因素:如观察者着装的颜色不要太鲜艳,最好是黑、白、灰(如白色工作服);灯箱内不要摆放杂物(特别是有颜色的杂物);标准光源箱外的照明最好用日光灯,严格来说,灯箱看色时应该关闭照明灯。

（3）样品尺寸大小：一般情况下，在对比颜色差别时，两块色样的尺寸应该尽量接近，样品尺寸最好为 5 cm×5 cm。

（4）对色方法：正确的对样方法有助于准确地判断颜色的差别。视距一般为 39～40 cm，不要将头伸到灯箱里面去。视角有垂直视角和 45°视角两种。在灯箱中色样水平放置就是 45°视角观察，色样 45°放置就是垂直观察。也就是 45/0 和 0/45 两种观察条件。

3.判别色差用灰色样卡（图 11-13）

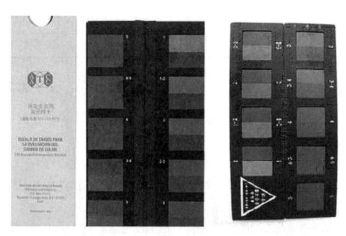

图 11-13　GB/T 250 评定变色用灰色样卡和 AATCC 变色灰卡

在国家标准 GB/T 250 中，明确规定了判断纺织品色差的基本方法。该标准规定颜色差别为 5 级 9 档，其中 5 级最好，1 级最差。5 级 9 档标准设置如下：1 级，1-2 级，2 级，2-3 级，3 级，3-4 级，4 级，4-5 级，5 级。为了准确判断纺织品之间的颜色差别，GB/T 250 还配备了灰色样卡，简称灰卡。

4.色差标准等级

染色产品大小样色差一般要求 4-5 级，印花产品相应低半级，具体要求根据客户订单要求来确定。印染棉布色差的国家标准见表 11-21。

表 11-21　印染棉布色差的国家标准（GB/T 411）

疵点名称和类别			优等品	一等品	二等品
色差（级，≥）	原样	漂色布 同类布样	4	3-4	3
		漂色布 参考样	3-4	3	2-3
		花布 同类布样	3-4	3	2-3
		花布 参考样	3	2-3	2
	左中右	漂色布	4-5	4	4
		花布	4	3-4	3
	前后		4 级以上	3-4	3

5.色差的评级

评级就是确定色差是否达到色差要求的级别。具体色差级别人工评级方法见

表 11-22。

表 11-22　人工评级方法

灰卡级别	描　述	灰卡级别	描　述
1		3-4	有明显色差
1-2	完全不是一个颜色	4	有色差,可以接受
2		4-5	仔细看有色差
2-3		5	没有色差
3	非常明显	—	—

三、计算机测色

用电子计算机技术对颜色的差别进行检测,是目前许多染厂在使用的方法之一。

1. 计算机测配色系统

计算机测配色系统由装有测配色软件的计算机和测色仪构成。测色与配色软件的主要功能是进行测色和配色运算,进行人机对话。计算机测配色软件中包含标准光源(如 A、D_{65}、U_{30}、TL_{84}、CWF 和 UV)。

测色仪是指在标准光源的照射下,对物体反射的光谱进行检测的装置。从而获得物体的分光反射率函数 $\rho(\lambda)$。等能光谱的三刺激值函数有现存的数据,标准光源的光谱函数也是固定的。测色仪是反射光谱检测仪,只要测得物体在某一光源下的反射函数就可以结合仪器计算机中已存储的数据计算出该颜色的三刺激值 X、Y、Z。

2. 色度值与色差计算

根据三刺激值 X、Y、Z 可以计算出 CIELAB 色度空间众颜色的色度坐标 L^*、a^*、b^* 值,有了色度坐标就可以进行各种颜色参数的计算。

3. 颜色的数据分析

X-Rite Color-Eye 7000 Colori Control 软件所测得颜色数据都是基于 CIELAB 色度空间的数据。常用数据的分析如下:

(1) L 值的分析:L 表示亮度,此数值越大表示物体越亮。

(2) a、b 值的分析:a 表示红绿,当 $a>0$ 时表示红,当 $a<0$ 时表示绿;b 表示黄蓝,当 $b>0$ 时表示黄,当 $b<0$ 时表示蓝。a、b 值越大表示颜色的饱和度越高,颜色越鲜艳;a、b 值越小表示颜色的饱和度越低,即颜色越暗(灰)。

(3) C 值分析:C 表示颜色的纯度。数值越大表示颜色越鲜艳,越小表示颜色越灰暗。

(4) h 值分析:h 为色相角。取值范围为 0~360°。0°(360°)、90°、180°、270°分别代表红色、黄色、绿色、蓝色。

(5) DE 值的分析:DE 为试样对标样的总色差。其中包含明度差 DL、色度差 Da 和 Db。根据品质管理要求,虽然总色差 $DECMC$ 的允差值是固定的,一般 DE 为 0.8~1.2。但是 DL、Da、Db 对不同颜色会有不同的允差值。

练 — 练

一、选择题

1. 在 GB/T 7568 关于贴衬织物的描述中,下列说法不正确的是( )。
   A. 标准贴衬织物分单纤维和多纤维两种
   B. 标准贴衬织物是经特殊工艺制成的斜纹织物
   C. 标准贴衬织物是特制白色织物
   D. 多纤维贴衬织物分为 TV 型和 DW 型

2. AATCC 61 中测试项 2A 的试样尺寸为( )。
   A. 50 mm×50 mm
   B. 40 mm×100 mm
   C. 150 mm×50 mm
   D. 100 mm×50 mm

3. 根据 GB/T 250 及 GB/T 251,关于灰色样卡,下列表述正确的是( )。
   A. 有两种,分别是沾色用灰色样卡和变色用灰色样卡
   B. 分为五级九档,五级最差
   C. 应在 600 lx 及以下等效光源下使用
   D. 以上均不对

4. 依据 AATCC 8—2016 进行湿摩擦测试时,摩擦布的含湿率为( )。
   A. (50±5)%
   B. (65±5)%
   C. (75±5)%
   D. 没有确定的数值,完全浸湿即可

5. 在下列蓝色羊毛标样的描述中,不正确的是( )。
   A. 欧洲研制和生产的蓝色羊毛标样编号为 1～8,每一较高编号蓝色羊毛标样的耐光色牢度比前一编号约高一倍。
   B. 美国研制和生产的蓝色羊毛标样编号为 L2～L9,每一较高编号蓝色羊毛标样的耐光色牢度比前一编号约高一倍。
   C. 欧标和美标的蓝色羊毛标样,均可使用,褪色性能类似,因此两组标样所得结果可互换。
   D. 蓝色羊毛标样(简称蓝标),是指评定印染织物耐光、耐气候牢度时,用作对比的一套可表示八级不同褪色程度的蓝色羊毛织物标样。

6. AATCC 61 中,纤维条宽为 8 mm 的多种纤维贴衬织物,由( )等纤维组成。
   A. 醋酯纤维、棉、锦纶、真丝、黏胶纤维和羊毛
   B. 醋酯纤维、棉、锦纶、涤纶、腈纶和羊毛
   C. 醋酯纤维、棉、锦纶、涤纶、黏胶和羊毛
   D. 醋酯纤维、棉、锦纶、涤纶、黏胶纤维和羊毛

7. 根据 GB/T 3921 在进行纺织品耐皂洗色牢度检测时,如果试样为 70/30 涤棉织物,则单纤维贴衬织物是( )。
   A. 第一块贴衬织物为涤纶贴衬布,第二块贴衬织物为羊毛贴衬布。
   B. 第一块贴衬织物为棉贴衬布,第二块贴衬织物为涤纶贴衬布。
   C. 第一块贴衬织物为涤纶贴衬布,第二块贴衬织物为棉贴衬布。
   D. 第一块贴衬织物为羊毛贴衬布,第二块贴衬织物为涤纶贴衬布。

8. AATCC 中仿汗液的 pH 值为( )。
   A. 4.3±0.2
   B. 5.5±0.2

  C. 6.8±0.2   D. 8.0±0.2

9. GB/T 8433 规定的三种不同测试条件为( )。

 A. 有效氯浓度 50 mg/L 和 100 mg/L 用于游泳衣,有效氯浓度 20 mg/L 用于浴衣、毛巾等辅料

 B. 有效氯浓度 20 mg/L 和 50 mg/L 用于游泳衣,有效氯浓度 100 mg/L 用于浴衣、毛巾等辅料

 C. 有效氯浓度 50 mg/L 和 100 mg/L 用于浴衣、毛巾等辅料,有效氯浓度 20 mg/L 用于用于游泳衣

 D. 有效氯浓度 100 mg/L 用于游泳衣,有效氯浓度 20 mg/L 和 50 mg/L 用于浴衣、毛巾等辅料

二、填空

1. GB/T 3922 的试验条件为:试样受压 12.5 kPa,应保持( )℃的温度下放置( )h。

2. 依据 GB/T 29865 进行纺织品旋转摩擦色牢度测试中,摩擦头压力为( ),曲柄转动次数为( )圈。

3. 依据 GB/T 5718 进行纺织品耐干热色牢度检测中,试样所受压力必须达到( )。

4. 依据 GB/T 3921 进行纺织品耐皂洗色牢度检测中,皂液配置时为每升水中含( )g 肥皂。

5. 依据 GB/T 5718 进行纺织品耐干热色牢度检测中,试样受压时间为( )s,而进行纺织品耐热压色牢度检测中,试样受压时间为( )s。

三、判断对错,错误的请改正

( ) 1. 进行耐人造光色牢度测试时,试样的尺寸和形状应与蓝色羊毛标样相同。

( ) 2. 依据 GB/T 3921 进行纺织品耐皂洗色牢度检测中,容器内注入常温的皂液后,放入机器内进行测试。

( ) 3. GB/T 5718 耐热压色牢度检测中潮压是指湿试样用一块干的棉贴衬织物覆盖后,在规定温度和规定压力的加热装置中受压一定时间。

( ) 4. 对织物的耐干热色牢度结果进行评定时,只需评定贴衬织物的沾色等级。

( ) 5. 对织物进行摩擦色牢度测试时,需要对变色色牢度和沾色色牢度分别评级。

( ) 6. 灰色样卡是对印染纺织品染色牢度评级时,对照用的标准样卡,只有变色样卡一种。

( ) 7. AATCC 61(耐洗色牢度)快速法试样杯的容量是(550±50) mL。

( ) 8. 贴衬织物有单纤维贴衬织物和多纤维贴衬织物之分。

( ) 9. 依据 GB/T 3921 进行耐皂洗色牢度检测中,称取组合样质量后,量取皂液的浴比为 50∶1。

项目十二

//

纺织品生态安全性能检测

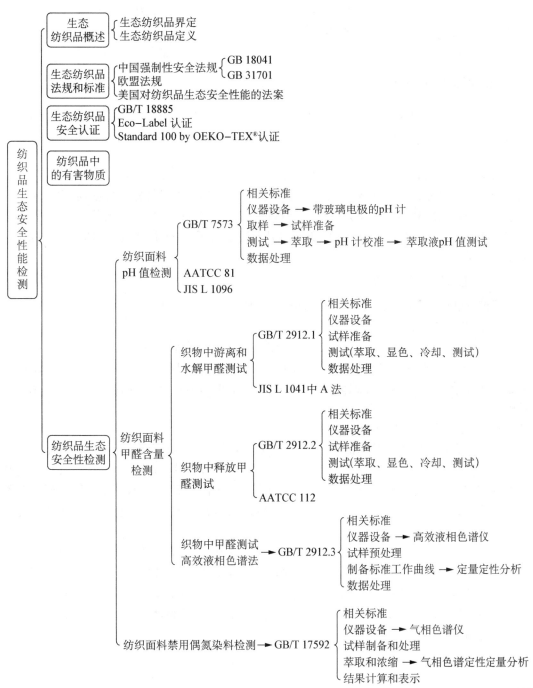

课程思政:掌握生态纺织品认证基本原理。能够根据世界各国的检测标准进行纺织品生态指标的检测,并能分析不同标准检测结果差异。树立质量意识、安全意识、环保意识,增强学生的民族自尊心和自信心,形成对于国家、民族的责任感,培养爱国主义情感。

想一想

1. 什么是生态纺织品?
2. 什么是纺织品中的有害物质?常见的纺织品中的有害物质有哪些?
3. GB 18401—2010《国家纺织产品基本安全技术规范》的检测项目包括哪些?
4. 什么是欧盟 REACH 法规?

一、生态纺织品概述

在纺织服装领域,随着石油工业的发展,以及化学纤维、合成染料和化学助剂等化学物质的广泛应用,纺织业面临两大难题:其一是纺织品使用对人体的安全问题;其二是纺织品生产对环境的污染问题。

为了保障纺织品在生产、流通和消费过程中对人体健康的安全性,应加大对生态纺织品标准的研究。另外,为使我国纺织品冲破国外技术壁垒和促进对外贸易发展,必须对国际贸易中出现的新情况和国外对新兴贸易设限的有关法律法规,以及世界各国的安全保护法规、生态标准、标签法规、生态环保法规、动植物卫生检疫法规等,进行认真的研究,结合我国国情制定应对措施。

(一) 生态纺织品的界定

目前,国际上对生产纺织品的界定标准有两种观点。

1. 广义生态纺织品概念

以欧洲"Eco-Label"为代表的全生态概念,即广义生态纺织品概念,认为生态纺织品所用纤维在生长或生产过程中应未受污染,同时也不对环境造成污染;在生产加工和使用过程中不会对人体和环境造成危害;在失去使用价值后可回收再利用或在自然条件下降解。

2. 狭义生态纺织品概念

另一种观点是以国际纺织品生态研究与检测协会(OEKO-TEX)为代表的有限生态概念,即狭义生态纺织品概念,认为生态纺织品最终目标是在使用过程中不会对人体健康造成危害,没有涉及纺织品原料的种植、纺织品生产环节和生态环境保护,基于现阶段经济和科学技术的发展水平,主张对纺织品的有害物质进行合理的限定,并建立相应的品质监控体系。

从可持续发展角度看,第一种观点是真正意义上的生态纺织品,Eco-Label 是极具发展潜力、更理想的生态标准,并将逐渐成为市场的主导,而且,Eco-Label 标准以法律形式推出,在欧盟范围内具有法律地位,影响力也会进一步扩大。Standard 100 标准虽然只关注纺织品在使用过程中的生态安全问题,但更符合现阶段经济、技术和社会发展现状,可操作性强,且已具有相当影响力。

（二）生态纺织品定义

GB/T 18885—2020《生态纺织品技术要求》定义生态纺织品为：采用对环境和人体无害或少害的原料和生产过程所产生的对人体健康和环境无害或少害的纺织品。

目前，生态纺织品的重点是控制非环保染料、甲醛、重金属、整理剂、异味等有害物质。世界各国生态纺织品认证会因采用标准的不同或通过认证标志的不同而存在差异。

二、纺织产品生态安全性能的相关法规和标准

（一）国内外纺织产品生态安全性能的法规和标准

1. 中国国家强制性标准

（1）GB 18401，是我国现行的国家强制性标准，是纺织产品进入市场的必要条件，是为了保证纺织产品对人体健康无害而提出的最基本的安全技术要求。该标准规定了纺织产品的基本安全技术要求、试验方法、检验规则及实施与监督。纺织产品的其他要求按有关的标准执行。该标准适用于在我国境内生产、销售的服用、装饰用和家用纺织产品。出口产品可依据合同的约定执行（表 12-1）。

表 12-1　GB 18401 的安全技术要求

项　　目		A 类	B 类	C 类
甲醛含量（mg/kg）　　　　　　　≤		20	75	300
pH 值①		4.0~7.5	4.0~8.5	4.0~9.0
染色牢度②（级）　　≥	耐水（变色、沾色）	3-4	3	3
	耐酸汗渍（变色、沾色）	3-4	3	3
	耐碱汗渍（变色、沾色）	3-4	3	3
	耐干摩擦	4	3	3
	耐唾液（变色、沾色）	4	—	—
异味		无		
可分解致癌芳香胺染料③（mg/kg）		禁用		

注1. 必须经过湿处理的非最终产品：其 pH 值可放宽至 4.0~10.5。

　2. 对经洗涤褪色工艺的非最终产品、本色及漂白产品不要求，扎染、蜡染等传统的手工着色产品不要求，耐唾液色牢度仅考核婴幼儿用纺织产品，窗帘等悬挂类装饰产品不考核耐汗渍色牢度。

　3. 致癌芳香胺，限量值≤20 mg/kg。

（2）GB 31701，是我国第一部专门针对婴幼儿及儿童纺织产品的强制性国家标准。该标准考虑到婴幼儿及儿童特殊群体的特点，在 GB 18401 的基础上，对儿童服装的安全性能进行了全面规范，针对化学安全及纺织品机械安全性能提出了更严格的要求。

该标准已于 2016 年 6 月 1 日正式实施，规定了婴幼儿及儿童纺织产品的安全技术要求、试验方法、检验规则。其适用范围是在我国境内销售的婴幼儿及儿童纺织产品，但布艺毛绒类玩具、布艺工艺品、一次性使用卫生用品、箱包、背提包、伞、毛毯、专业运动服等，不属于该标准的范围。

GB 31701 的安全技术类别与 GB 18401 的安全技术类别一一对应，分为 A 类、B 类和 C

类。婴幼儿纺织产品应符合 A 类要求;直接接触皮肤的儿童纺织产品至少应符合 B 类要求;非直接接触皮肤的儿童纺织产品至少应符合 C 类要求。同时标准还提出应在童装上标明安全类别,婴幼儿纺织产品还应加注"婴幼儿用品"。加注以上标签的纺织品可以不必添加 GB 18401 的安全类别标识。

GB 31701 要求婴幼儿及儿童纺织产品应符合 GB 18401 的安全技术要求,即甲醛含量、pH 值、异味、可分解致癌芳香胺染料和染色牢度的技术指标。同时最终产品还应符合该标准新增的四个安全技术要求,具体如表 12-2 所示。

表 12-2　GB 31701 新增的四个安全技术要求

项　　目		A 类	B 类	C 类
耐湿摩擦色牢度(级)　≥		3(深色 2-3)	2-3	—
重金属(mg/kg) ≤	铅	90	—	—
	镉	100	—	—
邻苯二甲酸酯(%) ≤	邻苯二甲酸二(2-乙基)己酯(DEHP)、邻苯二甲酸二丁酯(DBP)和邻苯二甲酸丁基苄酯(BBP)	0.1	—	—
	邻苯二甲酸二异壬酯(DINP)和邻苯二甲酸二辛酯(DNOP)	0.1	—	—

GB 31701 对填充物的要求:婴幼儿及儿童纺织产品所用纤维类和羽毛填充物应符合 GB 18401 中对应安全技术类别的要求,羽绒羽毛填充物应符合 GB/T 17685 中微生物技术指标的要求。另外,GB 31701 对附件规定了婴幼儿产品各类附件抗拉强力要求、锐利尖端和锐利边缘要求及绳带要求等。

2. 欧盟法规——REACH 法规

REACH 法规是欧盟关于化学品注册、评估、授权和限制的法规,是《化学品注册、评估、授权和限制》这一法规英文名称(Registration, Evaluation, Authorization and Restriction of Chemicals)的缩写,是欧盟对进入其市场的所有化学品进行预防性管理的法规,于 2007 年生效、2008 年实施。

REACH 法规整合和取代了欧盟已有的《危险物质分类、包装和标签指令》等 40 多项有关化学品的指令,分为 15 篇和 17 个附件,其中既有法律条文又有技术标准,是一套以测试、风险评估技术体系为支撑的化学品管理制度。其内容涉及化学品注册(Registratiaon)、评估(Evaluation)、授权(Authorization)和限制(Restriction)四部分。

REACH 法规主要对 3 万多种化学品及下游的纺织、轻工、制药等产品的注册、评估、许可和限制等进行管理,任何在欧盟境内生产或进口达到一定量的化学品或制剂,都需要进行注册和使用风险的评估,并确认是否需要纳入"授权使用"或"限制使用"这两种不同的风险控制范围,REACH 实施后,所有欧盟生产或进口超过 1 t/年的化学品要完成注册评估及许可程序,否则,不允许在欧盟市场销售。

REACH 法规遵循预防原则、谨慎责任原则和举证倒置原则,其重要理论依据是"一种化学物质,在尚未证明其安全之前,它就是不安全的"。

欧盟期望通过 REACH 法规收集到大量可靠数据,并通过对化学品用途的风险评估以确定相应的风险管理措施,从而预防性地保证欧盟市场上化学品的安全使用,同时涵盖了通报义务和供应链信息沟通。

3. 美国对纺织品生态安全性能的法案

美国的生态纺织品技术贸易措施体系,由联邦法规及标准认可组成,涉及安全的测试方法来源于美国消费品安全委员会(CPSC)制定的相关标准,涉及纤维标识的标准来源于美国联邦贸易委员会(FTC)制定的强制性标准。

美国几乎没有统一的纺织品国家标准,产品质量标准由各大商家根据客户最终的需求自行制定,大部分美国纺织产品质量标准引用的测试方法来源于 AATCC 和 ASTM 标准。美国对纺织产品安全性能要求,更加关注纺织品燃烧性能。

2008 年提出的《2008 消费品改进法案》(CPSIA)中,针对 12 岁以下儿童用品(包括纺织产品与服装)提出了铅和邻苯二甲酸盐两项有害物质的限量要求。

(二) 国内外重要的纺织产品生态安全认证标准

1. 中国国家标准 GB/T 18885

2020 年 10 月 21 日,国家质量监督检验检疫总局发布了推荐性标准 GB/T 18885—2020《生态纺织品技术要求》,规定了生态纺织品的术语和定义、产品分类、要求、试验方法、取样和判定规则,适用于各类纺织品及其附件,于 2021 年 5 月 1 日开始实施。

GB/T 18885 中的产品分类和技术要求有:pH 值、甲醛、可萃取的重金属、杀虫剂、含氯苯酚、氯苯和氯化甲苯、邻苯二甲酸酯、有机锡化合物、有害染料(可分解芳香胺染料、致癌染料、致敏染料和其他染料)、抗菌整理剂、阻燃整理剂、色牢度、挥发性物质、异常气味、石棉纤维、总铅、总镉以及镍释放的限量要求等技术指标,对婴幼儿用品和直接接触皮肤用品耐湿摩擦色牢度的进行要求,婴幼儿用产品的耐水色牢度需达到 3-4 级。

2. 欧盟生态纺织品(Eco-Label)认证标准

欧盟的 Eco-Label 标准涵盖了某一产品整个生命周期对环境可能产生的影响,如纺织产品从纤维种植或生产、纺纱、织造、前处理、印染、后整理、成衣制作乃至废弃处理的整个过程中可能对环境、生态和人类健康的危害。

纺织产品 Eco-Label 生态标准,其标志如图 12-1 所示,是根据 1999 年 2 月 17 日欧盟委员会发布的第 1999/178/EC 号指令,以授予某些符合要求的纺织产品,形成欧盟生态标签而建立的。标准的主要目的是确定产品在整个生命周期内对环境的影响较低,并不断改进,使得产品来自更可持续发展形式的农业和林业,更有效地利用资源和能源生产,减少污染过程,更洁净地生产,设计和制定高质量和耐久性物质,减少有害物质的产生。

图 12-1　Eco-Label 标志

欧盟环境标志标准的制定原则是对产品从生产到废弃进行终生环保评估,即对其原材料、生产过程、产品流通、消费,一直到最后废弃物处理各个阶段进行评价。

3. Standard 100 by OEKO-TEX 认证标准

Standard 100 by OEKO-TEX 是由国际纺织与皮革生态研究与测试协会（The International Association for Research and Testing in the Field of Textile and Leather Ecology,简称 OEKO-TEX 协会）制定的,属于第三方自愿认证的生态纺织品符合性（合格性）评定的程序标准,是目前在纺织品及纺织品有害物质检测行业使用较为广泛、影响力较大的纺织品生态标签之一。

国际纺织与皮革生态研究与测试协会是由奥地利纺织研究院和德国 Hohenstein 纺织研究院于 1990 年创立的,目前由欧洲和日本等十多家独立的纺织研究与测试机构及其全球代表处组成。1992 年,该协会制定了首版 OEKO-TEX Standard 100 标准,该标准是对生态纺织品的评价的标准,用于评价纺织品、皮革、床垫、羽毛和羽绒、泡棉、室内装饰材料及其相关辅料中的有害物质,并对通过测试的产品颁发证书,授权使用 OEKO-TEX Standard 100 标签,该标准不适用于含有皮革、皮革纤维板、皮或毛皮成分的纺织品。

2016 年 10 月 OEKO-TEX Standard 100 标准正式更名为 Standard 100 by OEKO-TEX。证书和标签模板开始使用新的设计图（图 12-2）。

图 12-2　Standard 100 by OEKO-TEX 标签

"信心纺织品——通过 OEKO-TEX Standard 100 有害物质检测"是指应用于纺织产品或配件上的一种标签,它表明该认证产品符合本标准规定的所有条件,并且该产品及根据本标准规定的测试结果均受国际环保纺织协会成员机构的监督。对于通过 OEKO-TEX Standard 100 标准测试和认证的企业,可获得授权在纺织品上悬挂注有"信心纺织品——通过 OEKO-TEX Standard 100 有害物质检测"的标签。

（1）Standard 100 by OEKO-TEX 中纺织品分类:

Standard 100 by OEKO-TEX 中产品级别是按照其（未来）使用情况分级的。不仅成品需要认证产品级别,其在各个生产阶段的基础产品（纤维、纱线、织物）和辅料同样需要认证。该标准将产品分为四个产品级别:一类产品是指婴幼儿产品即 36 个月及以下的婴幼儿使用的所有物品、原材料和辅料;二类产品是直接接触皮肤类产品;三类产品是非直接接触皮肤类产品;四类产品是装饰用的纺织品。

（2）对有害物质限量要求

Standard 100 by OEKO-TEX 对纺织品中有害物质定义为:可能存在于纺织产品或辅料中,在正常和特定的使用条件下释放超出规定的最高限量,并且根据现有的科学知识,相关的有害物质很可能对人体健康造成某种影响。

现行的 2022 年版 Standard 100 by OEKO-TEX 中的附录 4 列出的检测项目有 26 大

类,分别为:pH 值、游离的和可部分释放的甲醛、可萃取的重金属、被消解样品中的重金属、杀虫剂、氯化苯酚、邻苯二甲酸酯、有机锡化合物、其他化学残余、染料(可裂解出致癌芳香胺、可裂解的苯胺、致癌染料、致敏染料、其他染料和海军蓝染料)、氯化苯、氯化甲苯、多环芳烃、生物活性产品、阻燃产品、溶剂残余、残余表面活性剂/润湿剂、全氟及多氟类化合物、紫外线稳定剂、氯化石蜡(SCCP/MCCP)、硅氧烷、亚硝胺/亚硝基化合物、色牢度、可挥发物释放量、有机棉纤维、原料、气味测定、禁用纤维(石棉)。该标准中的附录 5 列出了附录 4 检测项目的受控物质清单,受控的化学物质超过 300 个。

三、纺织品生态性检测

纺织品上的有害物质含量大多属于微量甚至痕量水平,因此在其检测中需要用到各种具备高灵敏度、低检测限的现代化分析仪器,包括:紫外-可见分光光度计、气相色谱仪、气相色谱-质谱联用仪、高效液相色谱-质谱联用仪、原子吸收分光光度仪、原子荧光分光光度仪、等离子-原子发射光谱仪等。这些仪器及联用技术的使用使得对纺织品上微量甚至痕量有害物质的检测成为现实。

本部分主要介绍纺织品中甲醛、pH 值、可分解芳香胺染料等有害物质的检测方法。

任务一　纺织品甲醛含量检测

含甲醛的纺织品在穿着或使用过程中,部分未交联的或水解产生的游离甲醛会释放出来,对人体健康造成损害。织物上的甲醛包括水解甲醛、游离甲醛、释放甲醛,三者总和称为总甲醛。释放甲醛是指在一定温湿度下的水解甲醛和游离甲醛的混合。纺织品上甲醛定量分析常采用比色法,即采用紫外、可见分光光度计。纺织品上甲醛定量分析也可采用高效液相色谱法(HPLC 技术)。

另外,甲醛含量的测定按样品前处理制备方式的不同,可分为两类:液相萃取法和气相萃取法。

纺织品中甲醛含量是我国的强制指标。我国的强制性标准 GB 18401 及其他各国的法规或标准均对纺织品的游离甲醛含量作出了严格的规定,织物释放甲醛量是重要的检测项目。规定对婴幼儿及直接接触皮肤的纺织品的游离甲醛含量分别应≤20 mg/kg 和≤75 mg/kg。不直接接触皮肤纺织品和装饰材料的游离甲醛含量应≤300 mg/kg。

📚 **辨一辨**

1. GB/T 2912 中纺织品甲醛的测定方法有哪几类? 测试的原理是什么?

2. 如何配制甲醛的标准溶液和校准溶液?

3. GB/T 2912.2 与 AATCC 112 在纺织品释放的甲醛(蒸汽吸收法)测试中有何差异?

4. GB/T 2912.1 与 ISO 14184 在纺织品甲醛的测定中,试验结果表达有何差异?

一、中国国家标准

（一）试验标准

GB/T 2912.1（水萃取法）规定了通过水萃取及部分水解作用的游离甲醛含量的测定方法。

GB/T 2912.2（蒸汽吸收法）规定了任何状态的纺织品在加速储存条件下用蒸汽吸收法测定释放甲醛含量的方法。

GB/T 2912.3（高效液相色谱法）规定了采用高效液相色谱-紫外检测器或二极管阵列检测器测定纺织品中游离水解甲醛或释放甲醛含量的方法。

（二）适用范围

（1）水萃取法和蒸汽吸收法：适用于任何形式的纺织品，适用于游离甲醛含量为 20～3 500 mg/kg 的纺织品。

（2）高效液相色谱法：适用于任何形式的纺织品，适用于甲醛含量为 5～1 000 mg/kg 的纺织品，特别适用于深色萃取液的样品。

（三）试验方法与原理

在甲醛含量的检测时，织物试样中的甲醛要经水萃取或蒸汽吸收处理。

1. 水萃取法

将试样在 40 ℃的水浴中萃取一定时间，萃取液用乙酰丙酮溶液显色后，在 412 nm 波长下，用分光光度计测定显色液中甲醛的吸光度，对照标准甲醛工作曲线计算出样品中游离甲醛的含量。用于考察纺织品在穿着和使用过程中出汗或淋湿等因素可能造成的游离和水解的甲醛，以评估其对人体可能造成的损害。

2. 蒸汽吸收法

将一定质量的织物试样，悬挂于密封瓶中的水面上，置于恒定温度的烘箱内一定时间，释放的甲醛用水吸收，经乙酰丙酮溶液显色后，在 412 nm 波长下，用分光光度计测定显色液中甲醛的吸光度。对照标准甲醛工作曲线，计算出样品中释放甲醛的含量。用于考察纺织品在储存、运输、陈列和压烫过程中释放的甲醛，以评估其对环境和人体可能造成的危害。

3. 高效液相色谱法

试样经水萃取或蒸汽吸收处理后，以 2,4-二硝基苯肼衍生化试剂，生成 2,4-二硝基苯腙，用高效液相色谱-紫外检测器或二极管阵列检测器测定，对照标准甲醛工作曲线，计算出样品中的甲醛含量。

（四）测试流程

甲醛含量检测由甲醛工作曲线制备、样品中甲醛的萃取及甲醛含量测定、数据计算与结果判定三个步骤组成。检测流程如图 12-3 所示。

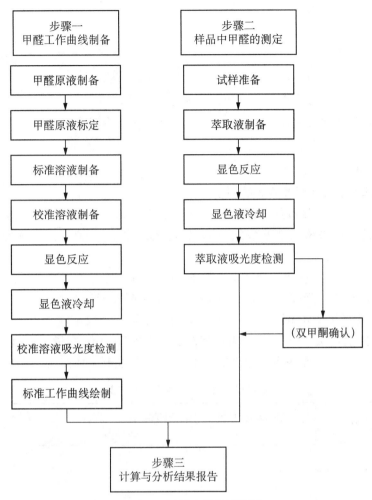

图 12-3　甲醛含量检测流程

(五) 水萃取法

1. 检测仪器与材料

(1) 检测仪器:容量瓶(50 mL、250 mL、500 mL、1 000 mL);三角烧瓶(250 mL 碘量瓶或具塞三角烧瓶);移液管(1 mL、5 mL、10 mL、25 mL 和 30 mL 单标移液管及 5 mL 刻度移液管);量筒(10 mL、50 mL);分光光度计;具塞试管及试管架;恒温水浴锅;2 号玻璃漏斗式过滤器;天平(精确至 0.1 mg)。

(2) 试剂:①蒸馏水或三级水;②乙酰丙酮溶液(纳氏试剂),在 1 000 mL 容量瓶中加入 150 g 乙酸铵,用 800 mL 水溶解,然后加 3 mL 冰乙酸和 2 mL 乙酰丙酮,用水稀释至刻度,用棕色瓶贮存;③甲醛溶液浓度约 37% (质量浓度)。

2. 试样准备

(1) 样品不需调湿,预调湿可能影响样品中的甲醛含量。测试前样品密封保存。

(2) 试样剪碎后,称取(1±0.01) g 共 2 份。如果甲醛含量太低,增加试样量至 2.5 g,

221

以获得满意的精度。

想一想

1. 为什么要绘制甲醛标准工作曲线？
2. 显色后的甲醛溶液冷却时为什么须避光？
3. 纺织品甲醛含量测试,分光光度计法中,应该用什么溶液作为空白试剂？

3. 试验步骤

(1) 甲醛标准溶液和标准曲线的制备:

① 约 1 500 $\mu g/mL$ 甲醛原液的制备:用水稀释 3.8 mL 甲醛溶液至 1 L,用标准方法测定甲醛原液浓度。记录该标准原液的精确浓度。该原液用以制备标准稀释液,有效期为 4 周。

② 稀释:约 1 g 样品中加入 100 mL 水,样品中甲醛含量等于标准曲线上对应的甲醛浓度的 100 倍。a. 标准溶液(S_2)的制备:吸取 10 mL 甲醛原液(约含甲醛 1.5 mg/mL)放入容量瓶中,用水稀释至 200 mL,此溶液含甲醛 75 mg/L。b. 校准溶液的制备:根据标准溶液(S_2)制备校准溶液(表 12-3),根据需要将标准溶液在 500 mL 容量瓶中用水稀释,配制浓度在 0.15～6.0 $\mu g/mL$、至少 5 种浓度的校准溶液,用以绘制工作曲线。

表 12-3　备选校准溶液配制方案

备选校准溶液	含标准溶液(S_2) [mg/(500 mL)]	校准溶液的甲醛含量 ($\mu g/mL$)	织物的甲醛含量 (mg/kg)
1	1	0.15	15
2	2	0.30	30
3	5	0.75	75
4	10	1.50	150
5	15	2.25	225
6	20	3.00	300
7	30	4.50	450
8	40	6.00	600

③ 甲醛标准曲线绘制:以甲醛的浓度为横坐标,吸光度为纵坐标,绘制不同甲醛浓度与吸光度的标准曲线。该曲线在一定范围内为一直线,在同样条件下,测出试样萃取液的吸光度后,即可在标准曲线上查出试样萃取液中的甲醛浓度。此曲线用于所有测量数值,如果试验样品中甲醛含量高于 500 mg/kg,则稀释样品溶液。

(2) 甲醛含量检测:

①用单标移液管吸取 5 mL 过滤后的样品溶液放入一试管,各吸取 5 mL 标准溶液分别放入试管中,分别加 5 mL 乙酰丙酮溶液,摇动。②首先把试管放在(40±2)℃水浴中显色

(30 ± 5)min,然后取出,常温下避光冷却(30 ± 5)min,用 5 mL 蒸馏水加等体积的乙酰丙酮作空白对照,用 10 mm 的吸收池在分光光度计 412 nm 波长处测定吸光度。③若预期从织物上萃取的甲醛含量超过 500 mg/kg,或试验采用 5:5 比例,计算结果超过 500 mg/kg 时,稀释萃取液使之吸光度在工作曲线的范围内(计算结果时,要考虑稀释因素)。④如果样品的溶液颜色偏深,则取 5 mL 样品溶液放入另一试管,加 5 mL 水,按上述操作。用水作空白对照。⑤做两个平行试验。⑥如果怀疑吸光值不是来自甲醛而是由样品溶液的颜色产生的,用双甲酮乙醇进行一次确认试验。⑦双甲酮乙醇确认试验:取 5 mL 样品溶液放入一试管(必要时稀释),加入 1 mL 双甲酮乙醇溶液,并摇动,把溶液放入(40 ± 2)℃水浴中显色(10 ± 1)min,加入 5 mL 乙酰丙酮试剂摇动,继续按②操作。对照溶液用水而不是样品萃取液。来自样品中的甲醛在 412 nm 的吸光度将消失;将已显现的黄色暴露于阳光下一定的时间会造成褪色,因此在测定过程中应避免在强烈阳光下操作。

4. 结果计算和表示

(1) 校准样品吸光度计算:

$$A = A_s - A_b - (A_d) \tag{12-1}$$

式中:A 为校准吸光度;A_s 为试验样品中测得的吸光度;A_b 为空白试剂中测得的吸光度;A_d 为空白样品中测得的吸光度(仅用于变色或沾污的情况下)。

用校准后的吸光度数值,通过工作曲线查出甲醛含量,用 μg/mL 表示。

(2) 从每一样品中萃取的甲醛量计算:

$$F = \frac{c \times 100}{m} \tag{12-2}$$

式中:F 为从织物样品中萃取的甲醛含量(mg/kg);c 为读自工作曲线的萃取液中的甲醛浓度(μg/mL);m 为试样的质量(g)。

取两次检测结果的平均值作为试验结果,计算结果修约至整数位。

如果结果小于 20 mg/kg,试验结果报告"未检出"。

(六) 蒸汽吸收法

1. 设备和器具

(1) 玻璃(或聚乙烯)广口瓶,1 L,有密封盖,蒸汽吸收法如图 12-4(2)[或瓶盖顶部带有小钩的密封盖,如图 12-4(3)]。

(2) 小型金属丝网篮,如图 12-4(1)所示(或用双股缝线将织物的两端分别系起来,挂于水面上,线头系于瓶盖顶部钩子上)。

(3) 烘箱;容量瓶;移液管;量筒;分光光度计;试管或比色管或测色管;恒温水浴锅;天平,精度为 0.1 mg。

2. 甲醛标准溶液的配制和标定

同 GB/T 2912.1 相关内容。

3. 试样的制备

样品不进行调湿,样品的预调湿可能影响样品中的甲醛含量。测试前样品密封保存,试样剪碎后,称取(1 ± 0.01) g,共 2 份。可以把样品放入一聚乙烯包袋里储藏,外包铝,其理

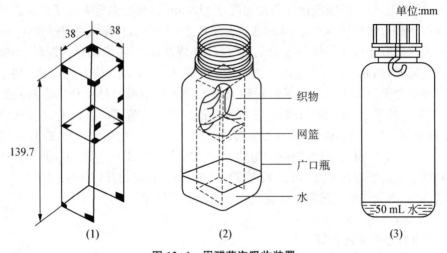

图 12-4　甲醛蒸汽吸收装置

由是这样储藏可预防甲醛通过包袋的气孔散发。此外,如果直接接触,催化剂及其他留在整理过的未清洗织物上的化合物和铝发生反应。

4. 操作步骤

(1) 每只试验瓶中加入 50 mL 水,试样放在金属丝网篮上或用双股缝线将试样系起来,线头挂在瓶盖顶部钩子上(避免试样与水接触),盖紧瓶盖,小心置于(49±2)℃烘箱中 20 h±15 min 后,取出试验瓶,冷却(30±5)min,然后从瓶中取出试样和网篮,再盖紧瓶盖,摇匀。

(2) 用单标移液管吸取 5 mL 乙酰丙酮溶液放入试管申,加 5 mL 试验瓶中的试样溶液混匀,再吸取 5 mL 乙酰丙酮溶液放入另一试管中,加 5 mL 蒸馏水作空白试剂。

(3) 把试管放在(40±2)℃水浴中显色(30±5)min,然后取出,常温下避光冷却(30±5)min,用 10 mm 的吸收池在分光光度计 412 nm 波长处测定吸光度。通过甲醛标准工作曲线计算样品中的甲醛含量(μg/mL)。

(4) 若预期从织物上释放的甲醛含量超过 500 mg/kg,或试验采用 5∶5 比例,计算结果超过 500 mg/kg 时,稀释吸收液使之吸光度在工作曲线的范围内(在计算结果时,要考虑稀释因素)。

5. 结果的计算和表示方式

织物样品中的甲醛含量计算:

$$F = \frac{c \times 50}{m} \tag{12-3}$$

式中:F 为织物样品中的甲醛含量(mg/kg);c 为读自工作曲线的样品溶液中的甲醛含量(μg/mL);m 为试样的质量(g)。

取两次平行试验的平均值作为检测结果,计算结果修约至整数位。如果结果小于 20 mg/kg,试验结果报告"未检出"。

（七）高效液相色谱法

1. 试剂和材料

除非另有说明，所用试剂均为分析纯。试验用水应符合 GB/T 6682 中规定的二级水。

（1）乙腈：色谱纯。

（2）甲醛溶液：浓度约 37%（质量分数）。

（3）衍生化试液：称取 0.05 g 2,4-二硝基苯肼，用适量内含 0.5%（体积分数）醋酸的乙腈溶解后置于 100 mL 棕色容量瓶中，用水稀释至刻度，摇匀（此溶液不稳定，应现配现用）。

（4）甲醛标准贮备溶液：吸取 3.8 mL 甲醛溶液于 1 000 mL 棕色容量瓶中，用水稀释至刻度（甲醛含量约 1 500 μg/mL），按 GB/T 2912.1 中附录 A 的方法标定其准确浓度。

注：甲醛标准贮备溶液于 4 ℃条件下避光保存，保存期为 6 周。

（5）甲醛标准贮备溶液：准确移取 1.0 mL 甲醛标准贮备溶液于 100 mL 容量瓶中，用水稀释至刻度，摇匀（此溶液不稳定，应现配现用）。

2. 设备和仪器

天平，称量精度为 0.001 g；恒温水浴锅，（60±2）℃；高效液相色谱仪，配有紫外检测器（UVD）或二极管阵列检测器（DAD）；0.45 μm 滤膜。

3. 分析步骤

（1）样品预处理：测定游离水解的甲醛：按 GB/T 2912.1 中第 7 章的规定进行。

测定释放甲醛：按 GB/T 2912.2 中第 7 章和 8.1 的规定进行。

（2）衍生化：准确移取 1.0 mL 上述样液和 2.0 mL 衍生化试液于 10 mL 具塞试管中，混合均匀后在（60±2）℃水浴中静置反应 30 min。此溶液冷却至室温后用 0.45 μm 的滤膜过滤，供 HPLC/UVD 或 HPLC/DAD 分析。

（3）测定：

① 液相色谱分析条件：由于测试结果取决于所使用的仪器，因此不能给出色谱分析的普遍参数，一般合适参数如下。

a. 液相色谱柱：C_{18}，5 μm，4.6 mm×250 mm 或相当者；b. 流动相：乙腈＋水（65＋35）；c. 流速：1.0 mL/min；d. 柱温：30 ℃；e. 检测波长：355 nm；f. 进样量：20 μL。

② 标准工作曲线：a. 分别准确移取 1.0、2.0、5.0、10.0、20.0 和 50.0 mL 甲醛标准工作液于 100 mL 容量瓶中，用水稀释至刻度（甲醛浓度分别为 0.15、0.30、0.75、1.5、3.0 和 7.5 μg/mL），稀释后的甲醛标准系列溶液按（2）要求进行衍生化。b. 按①分析条件进样测定，以甲醛浓度为横坐标，2,4-二硝基苯腙的峰面积为纵坐标，绘制标准工作曲线。

③ 定性、定量分析：经衍生化的样品溶液，按①分析条件进样测定，以保留时间定性，以色谱峰面积定量。

4. 结果计算

用③测得的 2,4-硝基苯腙峰面积，通过工作曲线查出甲醛浓度，用 μg/mL 表示。按下式分别计算样品游离水解的甲醛含量与样品释放甲醛含量：

$$F = \frac{c \times 100}{m}; \quad F = \frac{c \times 50}{m} \tag{12-4}$$

式中：F 为样品中的甲醛含量（mg/kg）；c 为自工作曲线上读取的甲醛浓度（μg/mL）；m 为

试样的质量(g)。

计算两次结果的平均值,计算结果修约至 0.1 mg/kg。若两次平行试验结果的差值与平均值之比大于 20%,应重新测定。若结果小于 5.0 mg/kg,试验结果报告为"<5.0 mg/kg"。

5. 检出限和回收率

本方法的检出限为 5.0 mg/kg,在 7.5~75 mg/kg 的甲醛浓度下,回收率为 85%~105%。

二、国外检测标准

(一) 游离和水解甲醛测试

1. 水萃取法

测试方法同 GB/T 2912.1 中的水萃取法,适用范围和检测结果表达有差异。其中 ISO 14184-1 适用于游离甲醛含量为 16~3 500 mg/kg 的纺织品;ISO 14184-1 测定结果小于 16 mg/kg,试验结果报告为"未检出"。

2. 液相萃取法

> **想一想**
>
> JIS L 1041 中对游离甲醛测定时,A 法和 B 法的适用范围和结果表达有何差异?

JIS L 1041 中对游离甲醛的测定分为 A 法(2.5 g 法)和 B 法(1 g 法),A 法适用于 24 个月及以下婴幼儿的纺织产品;B 法适用于除 A 法以外的其他纺织产品。

(1) JIS L 1041 A 法(2.5 g 法):

① 取样:将试样剪成碎片,准确称取 2.5 g。

② 萃取:将试样放入 200 mL 具塞锥形瓶中,加 100 mL 蒸馏水,塞紧瓶塞,充分振荡使样板完全浸润,在(40±2)℃的水浴锅中振荡萃取 1 h,萃取结束后,用玻璃过滤器趁热将萃取液用过滤器过滤,收集萃取液。

③ 显色:取 5 mL 萃取液于试管中再加 5 mL 乙酰丙酮溶液,加盖摇动使充分混合,放在(40±2)℃的水浴中 30 min 显色,取出放置冷却 30 min。同时在另一个试管中放 5 mL 蒸馏水再加 5 mL 乙酰丙酮溶液,操作同萃取液,作为对照空白溶液,在波长 412~415 nm 下测量吸光度 A_1。另外,再取 5 mL 萃取液放入试管中,加 5 mL 蒸馏水代替乙酰丙酮溶液,用 10 mL 蒸馏水作空白溶液,操作同前,测量吸光度 A_0。

④ 按下式计算测试结果,结果保留小数点后两位:

$$A_F = A_1 - A_0 \tag{12-5}$$

式中:A_F 为相当于 2.50 g 试样中游离甲醛的吸光度;A_1 为萃取液加乙酰丙酮溶液的吸光度(水加乙酰丙酮做空白);A_0 为萃取液加蒸馏水的吸光度(蒸馏水做空白)。

日本法规 112 法令规定婴幼儿纺织产品,吸光度 $(A_1 - A_0) < 0.05$。

(2) JIS L 1041 B 法(1 g 法):

① 取样:将试样剪成碎片,准确称取 1.0 g。

② 萃取:同 JIS L 1041 A 法的萃取步骤。

③ 显色:取 5 mL 萃取液放入试管中,再加 5 mL 乙酰丙酮溶液,加盖摇动使充分混合,放在(40±2)℃的水浴中 30 min,取出放置冷却 30 min。同时在另一个试管中放 5 mL 蒸馏水再加 5 mL 乙酰丙酮,操作同萃取液,作为空白对照,在波长 412～415 nm 下测量吸光度 A_2。另外再取 5 mL 萃取液放入试管中,加 5 mL 蒸馏水代替乙酰丙酮,用 10 mL 蒸馏水作空白,操作同前,测量吸光度 A_0。取 5 mL 甲醛标准溶液(已知溶度 K),加 5 mL 乙酰丙酮溶液,操作同前,用 5 mL 蒸馏水加 5 mL 乙酰丙酮溶液做空白,测量吸光度 A_S。

④ 按下式计算测试结果,结果保留小数点后两位:

$$A_p = K \times \frac{A_2 - A_0}{A_S} \times 100 \times \frac{1}{m} \tag{12-6}$$

式中:A_p 为试样中游离甲醛含量(mg/kg);K 为甲醛标准溶液的质量浓度(μg/mL);A_2 为萃取液加水测得的吸光度(蒸馏水做空白);A_0 为甲醛标准溶液加乙酰丙酮测得的吸光度(水加乙酰丙酮做空白);m 为试样质量(g)。

此方法测得的是样品中游离的和水解的甲醛总量。

3. 各国标准关于游离和水解甲醛测试对比(表 12-4)

表 12-4 游离和水解甲醛测试标准对比

项目	GB/T 2912.1	ISO 14184-1	JIS L 1041	
			A 法	B 法
适用范围	20～3 500 mg/kg	16～3 500 mg/kg	适用于 24 个月及以下婴幼儿的纺织产品	适用于除 A 法以外的其他纺织产品
试样质量	1 g(可增至 2.5 g)		2.5 g	1 g
萃取容器	250 mL 碘量瓶		200 mL 烧瓶	
萃取液	100 mL 蒸馏水		100 mL 蒸馏水	
萃取温度(℃)	40±2		40±2	
萃取时间(min)	60±5		60	
取液量(mL)	5 mL		5 mL	
显色剂及用量	5 mL 纳氏试剂		5 mL 纳氏试剂	
显色温度(℃)	40±2		40±2	
显色时间(min)	30±5		30	
冷却时间(min)	30±5		30	
测试波长(nm)	412		412～415	
结果表达	从样品中萃取的甲醛含量(mg/kg),计算结果修约至整数位。结果小于 20 mg/kg,试验结果报告为"未检出"	从样品中萃取的甲醛含量(mg/kg),计算结果修约至整数位。结果小于 16 mg/kg,试验结果报告为"未检出"	2.50 g 试样中游离甲醛的吸光度,结果保留小数点后两位	1 g 样品中萃取的甲醛含量(μg/g)

(二) 释放甲醛测试

1. AATCC 112(织物中释放的甲醛的测定:密封广口瓶法)

(1) 适用范围:AATCC 112标准特别适用于释放甲醛含量≤3 500 μg/g 的织物。

(2) 检测原理:一定质量的织物试样,悬挂于密封瓶中的水面上,置于恒定温度的烘箱内一定时间,释放的甲醛用水吸收,经乙酰丙酮显色后,用分光光度计比色法测定显色液中的吸光度。对照标准甲醛工作曲线,计算出样品中释放甲醛的含量。

(3) 检测仪器与材料:①检测仪器及设备与 GB/T 2912.2—2009《纺织品甲醛的测定第2部分:释放的甲醛(蒸汽吸收法)》所用的设备基本相同,除 GB/T 2912.2—2009 使用 1 L 密封广口瓶,而 AATCC 112—2020 使用 0.95 L 密封广口瓶。②所有试剂均为分析纯,a. 蒸馏水为三级水。b. 乙酰丙酮试剂(纳氏试剂)在 1 000 mL 容量瓶中加入(150.0±0.1)g 乙酸铵用 800 mL 水溶解,然后加(3.0±0.1)mL 冰乙酸和(2.0±0.1)mL 乙酰丙酮,用水稀释至刻度,用棕色瓶储存。

(4) 样品准备:要求样品不进行调湿,预调湿可能影响样品中的甲醛含量。测试前样品密封保存。将样品剪成小块,称取 1.0±0.01 g。两个测试样品。

(5) 测试程序:① 甲醛标准溶液的配制和标定的程序如下:约 1 500 μg/mL 甲醛标准储备液的制备:用水稀释(3.8±0.1)mL 甲醛溶液至 1 L,用标准方法测定甲醛储备液浓度。记录该标准储备液的精确浓度。该储备液用以制备标准稀释液,有效期为四周。采用 0.1 mol/L 盐酸滴定亚硫酸钠法标定甲醛溶液的浓度,精确计算并配制各溶液,使甲醛含量分别为 1.5 μg/mL、3.0 μg/mL、4.5 μg/mL、6.0 μg/mL 和 9.0 μg/mL,绘制甲醛标准工作曲线。

② 样品甲醛浓度测定:a. 每只试验瓶中加入 50 mL 水,试样放在金属丝网篮上,线头挂在瓶盖顶部钩子上,盖紧瓶盖,置于(49±1)℃烘箱中,20 h±10 min 后取出试验瓶,冷却 30 min,然后从瓶中取出试样和网篮,再盖紧瓶盖。摇晃,混合瓶壁上形成的凝聚物。b. 移取 5 mL 乙酰丙酮溶液到试管中,再吸取 5 mL 乙酰丙酮溶液到另外一个试管中作为空白试剂,从每只试验瓶吸取 5 mL 萃取液到试管中,空白试剂中加入 5 mL 蒸馏水,摇匀。放入(58±1)℃水浴中 6 min±15 s。冷却,使用蓝色滤光镜或在波长 412 nm 处,以空白试剂为参比,用分光光度计测出试样萃取液的吸光度。使用绘制好的工作曲线测定甲醛萃取液中的甲醛浓度。

(6) 结果表述:用下式计算织物样品中的甲醛含量:

$$F = \frac{c \times 50}{m} \tag{12-7}$$

式中:F 为织物样品中甲醛含量(μg/g);c 为读自工作曲线的样品溶液中的甲醛含量(μg/mL);m 为试样的质量(g)。

2. 各国标准关于释放甲醛测试对比

表 12-5 释放甲醛测试标准对比

项目	GB/T 2912.2	ISO 14184-2	AATCC 112
适用范围	20～3 500 mg/kg	20～3 500 mg/kg	≤3 500 μg/g
试样质量	1 g(可增至 2.5 g)		1 g

228

(续表)

项目	GB/T 2912.2	ISO 14184-2	AATCC 112
萃取容器	1 L 密封广口瓶		0.95 L 密封广口瓶
萃取液	50 mL 蒸馏水		50 mL 蒸馏水
萃取温度(℃)	49±2		49±1
萃取时间	20 h±15 min		20 h
萃取液冷却时间(min)	30±5		至少 30
取液量(mL)	5		5
显色剂及用量	5 mL 纳氏试剂		5 mL 纳氏试剂
显色温度(℃)	40±2		58±1
显色时间(min)	30±5		6
显色液冷却时间(min)	30±5		需冷却
测试波长(nm)	412		412
结果表达	从样品中萃取的甲醛含量(mg/kg),计算结果修约至整数位。结果小于 20 mg/kg,试验结果报告为"未检出"	从样品中萃取的甲醛含量(mg/kg),计算结果修约至整数位。结果小于 16 mg/kg,试验结果报告为"未检出"	织物样品中甲醛含量(μg/g)

任务二 纺织品 pH 值检测

纺织品在染色和整理过程中,使用各种染料和化学助剂加工处理后,纺织品上不可避免地带有一定的酸碱性物质,其酸碱度通常用 pH 值来表示。纺织品的水萃取液 pH 值在中性至弱酸性,即 pH 值略低于 7,对人体皮肤最为有益。

目前,世界上使用的测试方法可分为指示剂显色测定法和电化学测定法。指示剂显色测定法通常在生产现场快速试验时使用。电化学测定法是在室温下用带玻璃电极的 pH 计对纺织品水萃取液进行电测量,然后转换成 pH 值。中国国家标准、美国标准、欧盟标准均采用电化学测定法。

我国的强制性标准 GB 18401 规定婴幼儿及直接接触皮肤纺织品的 pH 值应在 4.0~7.5,不直接接触皮肤纺织品和装饰材料的 pH 值应在 4.0~9.0。

想一想

1. GB/T 7573(纺织品水萃取液 pH 的测定)标准中可以采用哪几种萃取液?

2. AATCC 81 中校准 pH 仪的缓冲溶液的 pH 值与 GB/T 7573 中的缓冲溶液的 pH 值相同吗?

3. GB/T 7573 的测试结果是如何表达的？

4. JIS L 1096(织物和针织物的试验方法)中第 8.37 条包括几种测试纺织品 pH 值的方法？不同方法测试时有何差异？

一、中国检测标准

GB/T 7573,适用于各种纺织品。

1. 试验原理

在室温下,用带有玻璃电极的 pH 计测定纺织品水萃取液的 pH 值。

2. 试验设备及试验材料

(1) 试验设备与器具:pH 计;配备玻璃电极,测量精度至少 0.1(图 12-5)。

机械振荡器(往复速率 60 次/min);天平(精度 0.01 g);具塞玻璃烧瓶或碘量瓶;烧杯;量筒;容量瓶;玻璃棒。

(2) 试剂:①蒸馏水或去离子水,pH 值在 5~7.5;②氯化钾溶液,0.1 mol/L;③缓冲溶液,测定前用于校准 pH 计,缓冲溶液 pH 值与待测溶液的 pH 值相近,

图 12-5 带有玻璃电极的 pH 计

推荐使用 pH 值在 4.00、6.86 和 9.18 的缓冲溶液,见表 12-6,用三级水配制,每月至少更换一次。

表 12-6 标准缓冲溶液

标准缓冲溶液	制备		pH 值	
			20 ℃	25 ℃
邻苯二甲酸氢钾缓冲溶液 0.05 mol/L(pH=4.0)	称取 10.12 g 邻苯二甲酸氢钾	放入 1 L 容量瓶中,用去离子水或蒸馏水溶解后定容至刻度	4.00	4.01
磷酸二氢钾和磷酸二氢钠缓冲液 0.08 mol/L(pH=6.9)	称取 3.9 g 磷酸二氢钾和 3.54 磷酸二氢钠		6.87	6.86
四硼酸钠缓冲溶液 0.01 mol/L (pH=9.2)	称取 3.8 g 四硼酸钠十水合物		9.23	9.18

想一想

为什么 GB/T 7573 进行试样准备时需将试样剪成尺寸为 5 mm×5 mm 的碎片,然后再称重？

3. 试样准备

(1) 从批量大样中选取有代表性的实验室样品,其数量应满足全部测试样品。

(2) 将试样剪成尺寸为 5 mm×5 mm 的碎片,避免污染和用手直接接触样品。每份试样需准备 3 份平行样,且每份称取(2.00±0.05 g)。

4. 检测流程(图 12-6)

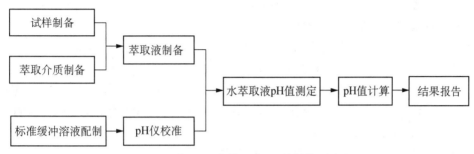

图 12-6 纺织品水萃取液 pH 值的检测流程

5. 试验步骤

(1) 水萃取液的制备:在室温下制备三个平行样的水萃取液:在具塞烧瓶(碘量瓶)中加入一份试样和 100 mL 水或 0.1 mol/L 氯化钾溶液,盖紧瓶塞。充分摇动片刻,使样品完全湿润。将烧瓶置于机械振荡器上振荡 2 h±5 min。记录萃取液的温度。

(2) 水萃取液 pH 值的测量:在萃取液温度下用两种或三种缓冲溶液校准 pH 计。将第一份萃取液倒入烧杯,迅速把电极浸没到液面下至少 10 mm 的深度,用玻璃棒轻轻地搅拌溶液直到 pH 示值稳定(本次测定值不记录)。迅速把电极(不清洗)浸没到第二份萃取液液面下至少 10 mm 的深度,静置直到 pH 示值稳定并记录。测取第三份萃取液 pH 值。记录的第二份萃取液和第三份萃取液的 pH 值作为测量值。

6. 计算

如果两个 pH 测量值之间差异(精确到 0.1)大于 0.2,则另取其他试样重新测试,直到得到两个有效的测量值,计算其平均值,结果保留一位小数。

二、外国检测标准

1. AATCC 81(经湿态加工处理的纺织品水萃取物 pH 值的测定)

(1) 适用范围:用于测试精炼或漂白的湿处理的纺织品的 pH 值。

(2) 试验原理:样品在蒸馏水或去离子水中煮沸,在室温下测定水萃取液的 pH 值。

(3) 试验设备及试验材料:pH 计(精度 0.1)、烧杯、缓冲溶液(pH 值在 4.0、7.0 和10.0 或其他需要的)。

(4) 试样准备:称取 1 个(10±0.1)g 样品,如果单位面积质量太小,把样品剪成小块。

(5) 试验步骤:以适中的速度将 250 mL 蒸馏水煮沸 10 min,浸入样品,用表面皿盖上烧杯,再煮沸 10 min;之后冷却至室温,用镊子取出样本,让水滴回萃取液中;用 pH 计测试萃取液。

(6) 结果计算:记录检测结果,通常保留一位小数。

(7) 注意事项:AATCC 81 测试方法主要适用于纺织品生产中湿处理加工过程控制,而不适用于最终的纺织产品的质量控制。

2. JIS L 1096(织物和针织物的试验方法)

JIS L 1096 对纺织品 pH 值测定有两种方法,方法 A 是 JIS 方法,方法 B 与 ISO 3071 相同,方法 A 与方法 B 在样品萃取条件上不同。

方法 A 具体操作如下:

① 测试仪器及材料:pH 计:符合 JIS Z 8805—2011 pH 测定用玻璃电极;天平:精度 0.01 g;具塞玻璃或聚丙烯烧瓶;缓冲溶液。

② 试样准备:将样品剪成约为 10 mm×10 mm 的碎片,称取 2 个(5.0±0.1)g 样品。

③ 试验步骤:制备两个平行样的水萃取液:在 200 mL 具塞烧瓶中加入 50 mL 水,盖紧瓶塞,加热至沸腾保持 2 min 后,从加热装置上取下,每个烧瓶中加入一份试样,盖紧瓶塞,静置 30 min,温度降至(25±2)℃,采用符合 JIS Z 8805—2011 pH 测定用玻璃电极的 pH 计测定萃取液的 pH 值并记录。

④ 结果表述:得到两个有效的测量值,计算其平均值。

3. 纺织品 pH 值检测方法对比(表 12-7)

表 12-7　纺织品 pH 值检测方法对比

项目		GB/T 7573	ISO 3071	AATCC 81	JIS L 1096 第 8.37 条 A 法
试样准备	质量(g)	2±0.05	2±0.05	10±0.1	5.0±0.1
	份数	3	3	2	1
	尺寸(mm×mm)	5×5	5×5	质量小的织物剪成小块	10×10
萃取	萃取液	三级水（pH=5.0～7.5）或 0.1 mol/L 的 KCl	三级水（pH=5.0～7.5）或 0.1 mol/L 的 KCl	蒸馏水	蒸馏水
	萃取液前处理	三级水 pH 值不达标需蒸馏	三级水 pH 值不达标需蒸馏	煮沸 10 min	煮沸 2 min,离开热源
	萃取液体积(mL)	100	100	250	50
	容器	250 mL 碘量瓶	250 mL 碘量瓶	400 mL 烧杯和表面皿	200 mL 带塞烧瓶
	过程	将试样加入已放萃取液的碘量瓶中,浸润,室温震荡(120±5)min	将试样加入已放萃取液的碘量瓶中,浸润,室温震荡(120±5)min	直接将试样放入容器并继续煮沸 10 min	将试样放入离开热源的萃取液中加塞放置 30 min,并摇动
	测试	测定 pH 值,取第二份和第三份萃取液的 pH 值的平均值作为测量值	测定 pH 值,取第二份和第三份萃取液的 pH 值的平均值作为测量值	加盖冷却至室温,测定 pH 值	将萃取液降温至 25 ℃。测定 pH 值,取两份求得平均值
	结果表达	保留一位小数	保留一位小数	保留一位小数	保留一位小数

任务三　纺织品中禁用偶氮染料检测

可分解芳香胺染料,也称禁用偶氮染料,是一种对人体有毒有害的染料,但是并非所有偶氮染料都有问题,这些染料在人体的正常代谢所发生的生化反应条件下,可能发生还原反应而分解出致癌芳香胺化合物,并经过人体的活化作用改变 DNA 的结构,引起人体病变和诱发癌症,并且潜伏期可以长达 20 年。

各国的法规或标准均对纺织品的禁用偶氮染料提出了明确要求:纺织品中禁止使用能够分解出芳香胺的禁用偶氮染料。目前,禁用偶氮染料的监控已成为国际纺织品贸易中最重要的品质控制项目之一,也是生态纺织品最基本的质量指标之一。

想一想

1. 禁用偶氮染料的测试原理是什么?如何取测试样品?
2. 连二亚硫酸钠溶液的作用是什么?
3. 内标法测试结果和外标法测试结果有何差异?

一、试验标准

GB/T 17592(纺织品禁用偶氮染料的检测),规定了纺织产品中可分解出致癌芳香胺的禁用偶氮染料的检测方法。适用于经印染加工的纺织产品。

二、试验原理

纺织样品在柠檬酸盐缓冲溶液介质中用连二亚硫酸钠还原分解以产生可能存在的致癌芳香胺,用适当的液-液分配柱提取溶液中的芳香胺,浓缩后,用合适的有机溶剂定容,用配有质量选择检测器的气相色谱仪(GC-MSD)进行测定。必要时,选用另外一种或多种方法对异构体进行确认。用配有二极管阵列检测器的高效液相色谱仪(HPLC-DAD)或气相色谱-质谱仪进行定量。

三、试剂和材料

1. 试剂

(1) 除非另有说明,在分析中,所用试剂均为分析纯和 GB/T 6682 规定的三级水;乙醚;甲醇;柠檬酸盐缓冲液(0.06 mol/L,pH=6.0);连二亚硫酸钠水溶液(200 mg/mL)。

(2) 标准溶液:

① 芳香胺标准储备溶液(1 000 mg/L):用甲醇或其他合适的溶剂将 GB/T 17592 中附录 A 所列的芳香胺标准物质分别配制成浓度约为 1 000 mg/L 的储备溶液。

注:标准储备溶液保存在棕色瓶中,并可放入少量的无水亚硫酸钠,于冰箱冷冻室中保存,有效期一个月。

② 芳香胺标准工作溶液(20 mg/L):从标准储备溶液中取 0.2 mL 置于容量瓶中,用甲醇或其他合适溶剂定容至 10 mL。

注:标准工作溶液现配现用,根据需要可配制成其他合适的浓度。

③ 混合内标溶液(10 μg/mL):用合适溶剂将下列化合物配制成浓度约为 10 μg/mL 的混合溶液。

萘-d8   CAS 编号:1146-65-2;

2,4,5-三氯苯胺   CAS 编号:636-30-6;

蒽-d10   CAS 编号:1719-06-8。

④ 混合标准工作溶液(10 μg/mL):用混合内标溶液将 GB/T 17592 中附录 A 所列的芳香胺标准物质分别配制成浓度约为 10 μg/mL 的混合标准工作溶液。

注:标准工作溶液现配现用,根据需要可配制成其他合适的浓度。

2. 材料

多孔颗粒状硅藻土,于 600 ℃下灼烧 4 h,冷却后贮于干燥器内备用。

四、设备和仪器

(1) 反应器:具密闭塞,约 60 mL,由硬质玻璃制成管状。

(2) 恒温水浴锅:能控制温度(70±2)℃。

(3) 提取柱:20 cm×2.5 cm(内径)玻璃柱或聚丙烯柱,能控制流速,填装时,先在底部垫少许玻璃棉,然后加入 20 g 硅藻土,轻击提取柱,使填装结实;或采用其他经验已证明符合要求的提取柱。

(4) 真空旋转蒸发器。

(5) 高效液相色谱仪,配有二极管阵列检测器(DAD)。

(6) 气相色谱仪,配有质量选择检测器(MSD)。

五、分析步骤

1. 测试流程(图 12-7)

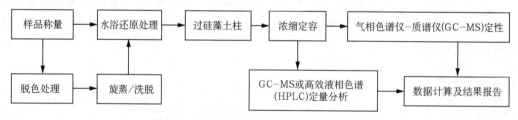

图 12-7 纺织品禁用偶氮染料的测试流程

2. 试样的制备和处理

取有代表性试样,剪成约 5 mm×5 mm 的小片,混合。从混合样中称取 1.0 g,精确至 0.01 g,置于反应器中,加入 17 mL 预热到(70±2)℃的柠檬酸盐缓冲溶液,将反应器密闭,用力振摇,使所有试样浸于液体中,置于已恒温至(70±2)℃的水浴中保温 30 min,使所有的试样充分润湿。然后,打开反应器,加入 3.0 mL 连二亚硫酸钠溶液,并立即密闭振摇,将反应器再于(70±2)℃水浴中保温 30 min,取出后 2 min 内冷却到室温。

注:不同的试样前处理方法其试验结果没有可比性。GB/T 17592 附录 B 中先经萃取然后再还原处理的方法供选择,如果选择该方法须在试验报告中说明。

3. 萃取和浓缩

(1) 萃取:用玻璃棒挤压反应器中试样,将反应液全部倒入提取柱内,任其吸附 15 min,用 4×20 mL 乙醚分四次洗提反应器中的试样,每次需混合乙醚和试样,然后将乙醚洗液滗入提取柱中,控制流速,收集乙醚提取液于圆底烧瓶中。

(2) 浓缩:将上述收集的盛有乙醚提取液的圆底烧瓶置于真空旋转蒸发器上,于 35 ℃左右的温度低真空下浓缩至近 1 mL,再用缓氮气流驱除乙醚溶液,使其浓缩至近干。

4. 气相色谱-质谱定性分析

(1) 分析条件:由于测试结果取决于所使用的仪器,因此不可能给出色谱分析的普遍参数。采用操作条件为:①毛细管色谱柱:DB-5MS 30 m×0.25 mm×0.25 μm,或相当者;②进样口温度:250 ℃;③柱温:60 ℃（1 min）$\xrightarrow{12\ ℃/min}$ 210 ℃ $\xrightarrow{15\ ℃/min}$ 230 ℃ $\xrightarrow{3\ ℃/min}$ 250 ℃ $\xrightarrow{25\ ℃/min}$ 280 ℃;④质谱接口温度:270 ℃;⑤质量扫描范围:35～350 amu;⑥进样方式:不分流进样;⑦载气:氦气(≥99.999%),流量为 1.0 mL/mim;⑧进样量:1 μL;⑨离化方式:EI;⑩离化电压:70 eV;⑪溶剂延迟:3.0 min。

(2) 定性分析:准确移取 1.0 mL 甲醇或其他合适的溶剂加入浓缩至近干的圆底烧瓶中,混匀,静置。然后分别取 1 μL 标准工作溶液与试样溶液注入色谱仪,按规定条件操作。通过比较试样与标样的保留时间及特征离子进行定性。必要时,选用另外一种或多种方法对异构体进行确认。采用该分析条件时,致癌芳香胺标准物 GC-MS 总离子流图参见 GB/T 17592 附录 C 的图 C.1。

5. 定量分析方法

(1) HPLC-DAD 分析方法:由于测试结果取决于所使用的仪器,因此不可能给出色谱分析的普遍参数。一般采用操作条件为:①色谱柱:ODS C_{18}(250 mm×4.6 mm×5 μm),或相当者;②流量:0.8～1.0 mL/min;③柱温:40 ℃;④进样量:10 μL;⑤检测器:二极管阵列检测器(DAD);⑥检测波长:240 nm,280 nm,305 nm;⑦流动相 A:甲醇;⑧流动相 B:0.575 g 磷酸二氢铵＋0.7 g 磷酸氢二钠,溶于 1 000 mL 二级水中,pH=6.9;⑨梯度:起始时用 15% 流动相 A 和 85% 流动相 B,然后在 45 min 内线性地转变为 80% 流动相 A 和 20% 流动相 B,保持 5 min。

准确移取 1.0 mL 甲醇或其他合适的溶剂加入浓缩至近干的圆底烧瓶中,混匀,静置。然后分别取 10 μL 标准工作溶液与试样溶液注入色谱仪,按上述条件操作,外标法定量。采用该分析条件时,致癌芳香胺标准物 HPLC 色谱图参见 GB/T 17592 附录 C 的图 C.2。

(2) GC-MSD 分析方法:准确移取 1.0 mL 内标溶液,加入浓缩至近干的圆底烧瓶中,混匀,静置。然后分别取 1 μL 混合标准工作溶液与试样溶液注入色谱仪,按规定条件操作,可选用选择离子方式进行定量。内标定量分组参见 GB/T 17592 附录 D。

6. 结果计算和表示

(1) 外标法:试样中分解出芳香胺 i 的含量按式(12-8)计算。

$$X_i = \frac{A_i \times c_i \times V}{A_{iS} \times m} \qquad (12-8)$$

式中：X_i 为试样中分解出芳香胺 i 的含量（mg/kg）；A_i 为样液中芳香胺 i 的峰面积（或峰高）；C_i 为标准工作溶液中芳香胺 i 的浓度（mg/L）；V 为样液最终体积（mL）；A_{iS} 为标准工作溶液中芳香胺 i 的峰面积（或峰高）；m 为试样质量（g）。

（2）内标法：试样中分解出芳香胺 i 的含量按式（12-9）计算：

$$X_i = \frac{A_i \times c_i \times V \times A_{iSC}}{A_{iS} \times m \times A_{iSS}} \qquad (12-9)$$

式中：X_i 为试样中分解出芳香胺 i 的含量（mg/kg）；A_i 为样液中芳香胺 i 的峰面积（或峰高）；C_i 为标准工作溶液中芳香胺 i 的浓度（mg/L）；V 为样液最终体积（mL）；A_{iSC} 为标准工作溶液中内标的峰面积；A_{iS} 为标准工作溶液中芳香胺 i 的峰面积（或峰高）；m 为试样质量（g）；A_{iSS} 为样液中内标的峰面积。

（3）结果表示：试验结果以各种芳香胺的检测结果分别表示，计算结果表示到个位数。低于测定低限时，试验结果为未检出。

7. 测定低限

本方法的测定低限为 5 mg/kg。

练 一 练

一、选择题

1. 测定织物上的游离甲醛含量常用（　　）。

A. 气相色谱法　　　　　　　　　　　B. 液相色谱法

C. 分光光度法　　　　　　　　　　　D. 薄层层析法

2. 应用 AATCC 112—2020 织物中释放的甲醛：密封广口瓶法进行织物上释放甲醛测试过程中，应将试样置于（　　）℃烘箱中，（　　）h 后取出试验瓶。

A. （49±1）×4　　　　　　　　　　　B. （49±1）×20

C. （65±1）×8　　　　　　　　　　　D. （65±1）×20

3. 目前被列为致癌性芳香胺的有（　　）种。

A. 8　　　　　　　B. 9　　　　　　　C. 24　　　　　　　D. 380

4. GB/T 7573 及 ISO 3071 在检测纺织品 pH 值的方法中，萃取剂除可以采用三级试验水外，还可以采用（　　）。

A. 自来水　　　　　　　　　　　　　B. 河水

C. 饱和 KCl 溶液　　　　　　　　　　D. 0.1 mol/L KCl 溶液

5. JIS L 1096—2011 第 8.37 条纺织品 pH 值测定包括两种方法，其中方法 B 的测试方法与（　　）标准的测试方法相同。

A. ISO 3071—2011　　　　　　　　　B. ISO 14184-2：2011

C. AATCC 81—2012　　　　　　　　　D. AATCC 112：2020

6. GB/T 7573—2009 纺织品水萃取液 pH 值测试中，结果以下面的（　　）方法表示。

A. 三份水萃取液测得的 pH 值平均值

B. 前两份水萃取液测得的 pH 值平均值

C. 第一、第三份水萃取液测得的 pH 值平均值

D. 后两份水萃取液测得的 pH 值平均值

7. GB 31701—2015《婴幼儿及儿童纺织产品安全技术规范》应标明的安全技术要求类别中的 GB 31701 B 类产品是指(　　)。

　　A. 36 个月及以下婴幼儿纺织产品　　　　　B. 直接接触皮肤的纺织产品

　　C. 直接接触皮肤的儿童纺织产品　　　　　D. 不直接接触皮肤的纺织产品

二、判断对错,错误的请改正

(　　) 1. AATCC 81 标准用于测试精炼或漂白的湿处理的纺织品的 pH 值。

(　　) 2. GB/T 17592—2011《纺织品禁用偶氮染料的测定》的试验原理是纺织样品在柠檬酸盐缓冲溶液介质中用连二亚硫酸钠还原分解以产生可能存在的致癌芳香胺,用配有质量选择检测器的气相色谱仪(GC-MSD)进行测定。

(　　) 3. ISO 3071—2011 标准在纺织品水萃取物的 pH 值的测定中使用的校准 pH 计的缓冲标准溶液的 pH 值为 4.0、7.0 和 10.0。

(　　) 4. JIS L 1041:2011 树脂整理纺织品试验方法(液相萃取法)中萃取试验条件为:(49±2)℃,20 h±15 min。

(　　) 5. AATCC 112 标准特别适用于释放甲醛含量≤3 500 $\mu g/g$ 的织物。

三、填表题

1. 各国纺织品 pH 值测试方法间的差异填表。

标准	试样要求		萃取试剂	萃取方式	萃取时间(min)
	质量(g)	尺寸(mm)			
JIS L 1096 (表 8.37 条)					
GB/T 7573					
AATCC 81					

2. 各国纺织品甲醛含量测试方法间的差异填表。

测试方法		试剂	试样质量(g) 及份数	测试过程
AATCC 112	释放甲醛			
JIS L 1041	游离甲醛			
ISO 14184-1	游离甲醛			
ISO 14184-2	释放甲醛			

项目十三

纺织品检测实验室安全规则

　　近几年,国家和省市都针对各种类型实验室出现的安全事故高度重视,出台各种管理制度和加强常态化检查工作,防止实验室事故造成人员伤亡,为实验室带来巨大的经济损失。我国是全球纺织品生产第一大国家,纺织品检测实验室数量和从业人员数量众多,实验室内存放各种易燃、易爆、有毒物质,如对各种风险管理和控制意识不足,极易出现危险,因此做好纺织品检测实验室的安全管理是实验室管理第一要务,每一位实验参与者、操作者必须按照制定的程序和准则进行实验操作,以便在实验要求标准范围内为课程开展提供一个安全环境。以下规则和准则包括:一般安全规则、实验室保管安全规则、着装规范安全规则、个人防护安全规则、化学品安全规则、化学实验室安全规则、电气安全规则。

一、一般安全规则

　　1. 确保各种实验室安全设备的位置,包括急救箱、灭火器、洗眼器和安全淋浴器,以及正确使用方法。

　　2. 确保阅读火灾警报和安全标志,并在发生事故或紧急情况时遵循指示。

　　3. 在获得实训中心、任课或任务指导教师许可后,才能在实验室使用明火。

　　4. 如果有消防演习,确保关闭所有电气设备,并关闭所有容器。

　　5. 始终在通风良好的区域工作。

　　6. 在实验室内,不能嚼口香糖、喝饮料或吃食物。

　　7. 严禁品尝化学药剂。

　　8. 实验室里的玻璃器皿绝不能用作食品或饮料的容器。

　　9. 不要用嘴进行移液操作。

　　10. 操作过程中,切勿将任何玻璃器皿、溶液或其他类型的仪器高度高于眼睛。

　　11. 实验过程出现任何伤害、事故或损坏的设备或玻璃器皿,立即报告。

　　12. 如果化学物质溅入眼睛或皮肤,立即用自来水冲洗受影响的部位至少20分钟。

　　13. 如果出现受伤,立即大声报告,以确保第一时间得到帮助。

　　14. 如果注意到实验室里有任何不安全的情况,请尽快通知指导教师或实训中心。

　　15. 使用玻璃器皿前,必须检查器皿是否有碎片和裂缝。如果有碎裂情况,及时通知实验室人员,以便妥善处理,绝不允许将其直接丢弃于实验室垃圾桶。

　　16. 不要使用未经实训中心批准或培训的实验室设备进行操作。

　　17. 如果仪器或设备在使用过程中出现故障,或不能正常运行,请立即向实训中心人员报告,安排专业售后人员进行维护,不能私自进行修理。

　　18. 实验进行过程中,必须有人现场看管。

　　19. 必须按照实验室废弃物类型选择正确处理程序对废弃物进行处理。

二、实验室保管安全规则

1. 始终保持工作区域的整洁和干净。
2. 确保所有的洗眼器、紧急淋浴器、灭火器可以正常使用,安全出口始终畅通。
3. 确保工作区域只放置工作需要的材料,其他无关物品都应该存放于储物区。
4. 储物柜上层只应放置轻型物品,较重的物品应始终放在底部。
5. 固体药品应远离实验室水槽或者潮湿的地方。
6. 使用中会大量发热或者有散热要求的设备必须放置于通风处,以防止设备过热。

三、着装规范安全规则

1. 进入实验室,非短发的人员必须先束起或夹住头发。
2. 进入实验室应穿上实验服,避免穿着宽松或有悬垂装饰物的衣服进入实验室。
3. 实验室不能穿短裤或裙子进入。
4. 穿着完全覆盖脚的鞋子进入实验室,实验室禁止穿着高跟鞋、凉鞋、拖鞋或者或其他开趾鞋。

四、人身保护安全规则

1. 在使用设备、危险材料、玻璃器皿、加热化学品时,请佩戴面罩或安全眼镜。
2. 当处理任何任何有毒或危险的物质时,请戴手套操作。
3. 每个实验结束后应清洗双手。
4. 离开实验室前,或者实验休息需要进食前,请使用肥皂清洗双手。
5. 进行对卫生、安全要求高的实验时,请穿着相应的实验防护服。
6. 使用实验室设备和化学品时,五官、脸部和身体必须与实验操作保持最大距离。

五、化学品安全规则

1. 每个化学实验都具有一定危险性,但是实验规程是经过安全设计的,因此必须按照要求进行操作。
2. 防止实验中任何溶剂接触皮肤。
3. 所有的化学品都应该清楚地标明该物质的名称。
4. 在从化学瓶中取出任何内容物之前,请阅读两次标签。
5. 化学品取用量严格按照实验方案取用,不得超标。
6. 取出后未使用的化学品,不得放回原来的容器中。
7. 化学品或其他材料不得带出实验室。
8. 废弃化学品要在指定位置排放,不得随意倒入水槽。
9. 易燃和挥发性化学品只能在通风柜中使用。
10. 如果发生化学品泄漏,请立即清理干净。
11. 确保所有的化学废物都按照要求妥善处理。

六、化学实验室安全规则

1. 实验前,确保充分了解实验过程中相关材料的危害和危险性。

2. 在使用挥发性液体过程中,一定要格外小心。

3. 总是把化学物质从大容器中倒到小容器中。

4. 切勿将已使用过的化学品倒回原储存容器中。

5. 切勿敲击处于真空环境下的烧瓶。

6. 混合、测量或加热化学物质,要远离脸部。

7. 在许多情况下,酸与水的混合是放热反应,因此混合时应将酸慢慢倒入水中,同时不断搅拌。

七、电气安全规则

1. 在获得指导教师或实训中心许可后,才能使用高压设备。

2. 高压设备不得以任何方式进行修改或改装。

3. 在安装高压设备时,一定要关闭高压电源。

4. 调整任何高压设备只使用一只手。最安全的做法是把另一只手放在背后或放在口袋里。

5. 确保所有电气面板都畅通且易于使用。

6. 设备使用应直接使用实验室相应的插座电源,避免使用延长线插排。

表　纺织品检测实验室安全检查样表

实验楼:＿＿＿＿＿　　实验室♯:＿＿＿＿＿　　检查员:＿＿＿＿　　日期:＿＿/＿＿＿/＿＿＿

问题	实验室安全检查表	是	否	无
一般安全				
1	当实验室内无人时,实验室门关闭并上锁。			
2	实验室里每个人都穿合适的衣服(不穿短裤或凉鞋)。			
3	在处理化学品、挥发性材料或任何其他对健康/(身体)有危害的实验室中,可以使用个人防护装备(如实验室外套、丁腈手套、安全眼镜等)			
4	通道畅通,紧急情况下可步行至紧急洗眼器和出口门。			
5	实验室内,包括实验室内的工作台,无存放使用有害化学品、生物材料和/或放射性材料,无进食和饮食现象。			
6	在每个实验室张贴学校应急管理电话号码和实验室应急计划。			
7	所有实验室走廊的门上应贴有负责人(实验室安全员)的姓名和24小时联系信息,以及实验室内发现的危险物清单。			
化学品安全				
8	实验室紧急冲洗设备无阻挡(实验室工作人员能够闭着眼睛找到紧急冲洗设备)。			
9	化学品没有存放在通风橱中。(通风橱是用来保护处理危险材料的实验室工作人员的,而不是用来存放化学品的。物品存放和杂乱会干扰其适当的气流流动。)			
10	化学品容器标明产品名称和适当的危险警示。			

(续表)

问题	实验室安全检查表	是	否	无
11	在实验台和开放式货架上新、在用和废弃的易燃液体总量没有超过安全规定量。如果存放超额,使用获得批准的易燃品存储柜进行存储。			
12	实验室常规冰箱中不得存放易燃化学品。			
13	必须确保材料/放射性材料安全存放,防止未经授权进入。			
14	气瓶竖直运输、储存和使用(阀门向上),牢固固定,不存在倒下或被撞倒风险。			
15	气瓶阀门在不使用时(空或满)必须用保护盖保护。			
16	定期检查货架和容器,确认无容器泄漏、膨胀、标签脱落,货架没有生锈或有溢出物。			
17	实验室提供泄漏控制设备,能迅速应对实验室使用的化学品类型和产生的危险废物小型泄漏。			
危险废物				
18	产生危险化学废物,请确保遵循适当的危险废物管理程序。			
19	收集存放区由直接产生废物的个人负责控制,位置设置在产生废物的地方或附近。			
20	当危险废物量超过危险废物最大储存容量时,多余的废物须标记日期,并在 3 天内移至主存储区,符合所有与相关的法规。			
21	废物容器状况良好(无泄漏、锈蚀、膨胀或损坏)。			
22	每个容器都标有"危险废物"字样。			
23	每个容器上必须标明所有危险成分的完整化学名称(例如,丙酮、甲苯);不使用缩写或化学式。			
24	所有危险废物存储容器必须保持关闭,除非正在添加或移除废物。			
25	对于所有存放在或靠近排水口的液体危险废物容器,必须使用次级收容设施,其容量能够容纳所有废物容器总体积的 10%,或者最大容器的 110%。			
26	二次收容设施状态良好(无裂缝、缝隙,能防止泄漏)。			
27	实验室产生受监管的医疗废物或"锐器"废物,遵循相应的管理程序进行处理和存放。			
28	所有锐器废物被丢弃在适当标记、防穿刺的容器中,不使用时保持关闭。			
29	固态废物被放置在专用的红色收集桶内,收集物应建立台账登记。			
意见:				

总之,纺织品检测实验室的安全管理对于保护人员、设备、环境和合法权益都至关重要,有助于确保实验室的正常运行和可持续发展。

参考文献

1. 顾学明. 纺织产品使用性能评价与检测[M]. 北京：中国纺织出版社,2019.
2. 张晓红. 纺织产品基本物理性能评价与检测[M]. 北京：中国纺织出版社,2019.
3. 白刚,刘艳春. 染整产品检验教程[M]. 北京：中国纺织出版社,2021.
4. 程朋朋,陈道玲,陈东生. 纺织服装产品检验检测实务[M]. 北京：中国纺织出版社,2019.
5. 刘中勇. 国外纺织检测标准解读[M]. 北京：中国纺织出版社,2011.
6. 陈丽华. 服装面辅料测试与评价[Ml. 北京：中国纺织出版社,2015.
7. 李南. 纺织品检测实训[M]. 北京：中国纺织出版社,2010.
8. 邢声远. 生态纺织品检测技术[M]. 北京：清华大学出版社,2006.
9. 翁毅. 纺织品检测实务[M]. 北京：中国纺织出版社,2012.
10. 张振,过念薪. 织物检验与整理[M]. 北京：中国纺织出版社,2000.
11. 蒋耀兴. 纺织品检验学[M]. 北京：中国纺织出版社,2008.
12. 张海霞,孔繁荣,贾琳,翟亚丽. 纺织品检测技术[M]. 上海：东华大学出版社,2021.
13. 耿琴玉,瞿才新. 纺织材料检测. 东华大学出版社[M]. 上海：2013.
14. 严瑛. 纺织材料检测实训教程. 东华大学出版社[M]. 上海：2012.
15. Adanur，Sabit. Wellington sears handbook of industrial textiles. Routledge，2017.
16. Ahmad，Sheraz, et al. Advanced textile testing techniques. CRC Press，2017.
17. Amutha，K. A practical guide to textile testing. CRC Press，2016.
18. Horrocks，A. Richard，Subhash C. Handbook of technical textiles. Elsevier，2000.
19. Saville，B. P. Physical testing of textiles. Elsevier，1999.